Photovoltaik

für Quereinsteiger

Von Jürgen D. Henning

an Elektor Publication

LEARN DESIGN SHARE

1. Auflage 2016

Umschlaggestaltung: Elektor, Aachen (Die oberste Grafik auf dem Cover stammt vom Autor. Die mittlere Grafik ist von Prof. Dirk Uwe Sauer. Die untere Grafik ist von Ilmari Karonen und ist Public Domain.)

Satz und Aufmachung: D-Vision, Julian van den Berg | Oss (NL)
Druck: WILCO, Amersfoort (NL)
Printed in the Netherlands

ISBN 978-3-89576-316-8

Elektor-Verlag GmbH, Aachen
www.elektor.de

Inhalt

Vorwort

Es ist schon ziemlich lange her, dass der letzte Universalgelehrte lebte. Seither ist es unmöglich, in allen Wissensgebieten profunde Kenntnisse zu besitzen, einfach weil es so viel zu wissen gibt. Es ist also keine Schande, über viele Gebiete so gut wie nichts zu wissen, sondern es ist der Normalzustand für alle Menschen. Sie haben schon Ihr ganzes Leben wunderbar ohne Wissen über Photovoltaik verbracht und so hätte es sicherlich auch weiter gehen können. Irgendetwas brachte Sie jedoch dazu, dieses Buch lesen zu wollen, und ich hoffe, dass es hilfreich für Sie sein wird, egal was Sie vorhaben. Es geht in diesem Buch nur ganz selten um Details, sondern fast immer um Abschätzungen, Zusammenhänge und Daumenregeln, also um Dinge, die eine leichte Orientierung ermöglichen.

Heilfasten ohne Verzicht macht keinen Sinn. Ähnlich verhält es sich mit Lernen ohne Mühe. Es ist jedoch machbar, den Stoff auf das Relevante zu beschränken und dieses mithilfe nachvollziehbarer Beispielen zu vermitteln (es gehen zwar viele Details verloren, aber man kann eben nicht immer alles haben). Damit wäre der Anspruch des vorliegenden Buches zur Photovoltaik schon einmal umrissen. Nichtsdestotrotz handelt es sich um ein Fachbuch, also erwarten Sie nicht, dass wirklich alles leicht verdaulich ist oder in einfach zu kauende kleine Häppchen zerlegt wurde! Im Folgenden soll zunächst kurz dargelegt werden, warum es für Sie interessant sein könnte, dieses Buch zu lesen.

Die erste Nachricht dieses Buches lautet so: Es ist ziemlich einfach, eine Photovoltaikanlage erfolgreich in Betrieb zu nehmen. Man muss nur wissen, auf welcher Seite man einen Schraubenzieher anfassen muss (na gut, ein wenig mehr muss man schon wissen, aber nicht viel mehr).

Die zweite Nachricht des Buches ist folgende: Die notwendigen Kalkulationen dazu, ob sich eine Solaranlage für einen selbst lohnen könnte, passen (fast) auf einen Bierdeckel.

Die dritte Nachricht des Buches ist diese: Elektrischer Strom kann mit Photovoltaik schon heute für **3,5 Eurocent** pro Kilowattstunde erzeugt werden. Allerdings nur tagsüber und auch nicht überall auf der Welt (aber an sehr vielen Orten).

Nur zum Vergleich: In Deutschland zahlt der normale Endverbraucher 29 Eurocent pro kWh, in Spanien um die 22 Eurocent und in Frankreich knapp unter 15 Eurocent (Quelle: Wikipedia). In Katar gehört elektrischer Strom zur kostenlosen Grundversorgung der Einwohner und in weiten Teilen der USA zahlt man nur um die 7 bis 10 Eurocent pro kWh. Ob sich eine Solaranlage überhaupt lohnt, ergibt sich also nicht nur aus den lokalen Klimadaten, sondern auch aus anderen Rahmenbedingungen. So wird Strom beispielsweise in sehr vielen Ländern stark subventioniert.

Folglich kann dieses Buch nur ein allgemeiner Ratgeber sein. Ob sich eine Anlage letztendlich rechnet oder nicht, muss man selbst und auf eigenes Risiko kalkulieren. Wenn man kein Risiko eingehen möchte, kann man Firmen beauftragen, die Planung und Durchführung zu übernehmen. Diese Firmen kennen natürlich die Preise für die Anlagenteile und den kWh-Preis der Elektrizitätswerke. Also kalkulieren sie ihren Preis so, dass der Auftraggeber noch einen kleinen Vorteil hat, wenn er den Auftrag vergibt. Der Rest des Geldes ist Beute!

Ich stolperte zufällig über einen Angebotsrechner einer holländischen Firma und ließ eine Kalkulation erstellen. Der angegebene Endpreis war von der Höhe her so, dass sich die PV-Anlage innerhalb von 18 Jahren amortisieren könnte. Von dem Preis habe ich dann den Materialpreis und den geschätzten Arbeitslohn abgezogen und anschließend auch die vermuteten Steuern (ich kenne allerdings die aktuellen Steuersätze in Holland nicht) und das Ergebnis war folgendes: 50% vom Gesamtpreis war reiner Profit der Solar-Firma. Ohne diesen Profit könnte sich eine solche Anlage in spätestens 7 bis 8 Jahren amortisieren - und das im nicht gerade sonnenverwöhnten Holland. Anschließend hätte man voraussichtlich 13 Jahre lang (oder mehr) kostenfrei elektrische Energie und würde den Profit selbst machen.

Jetzt könnte man vermuten, dass dieser Profit für die entsprechenden Firmen ja auch berechtigt ist, denn die Mitarbeiter haben sich durch eine lange Ausbildung viel Knowhow aneignen müssen. An diesem Punkt muss ich zugeben, dass man wirklich lange braucht, bis man endlich einen Durchblick hat. Und der Grund, weshalb es so lange dauert, ist der, dass alle etwas anderes behaupten, je nach den Eigeninteressen. Ich will (natürlich außer diesem Buch) nichts verkaufen, weshalb ich in jede Richtung spötteln darf. Schauen wir mal, wen wir da so alles haben.

Da haben wir die großen Elektrizitätsunternehmen, dann gibt es die Netzbetreiber, die Hersteller von Solaranlagen, die kommerziellen Betreiber von Solaranlagen, die Politiker, natürlich die Solateure (das sind diejenigen, die die Anlage auf das Dach bringen) und noch viele weitere mehr. Dabei verfolgen alle ihre eigenen Interessen und alle erzählen etwas anderes. Niemand informiert aber letztendlich so, dass es gut für meinen Geldbeutel wäre (Es sind alles Egoisten!).

Ich hatte mich über ein Jahr lang intensiv mit der Photovoltaik beschäftigt und oft war es eine echte Hilfe, dass ich ein Diplom in Elektrotechnik besitze - und trotzdem weiß ich immer noch nicht alles über dieses Thema. Wenn Sie dieses Buch lesen, benötigen Sie vielleicht eine Woche dafür. Ich muss mein Wissen also im Verhältnis 50 zu 1 zusammenfassen und so strukturieren, dass alle wichtigen Themenbereiche zumindest kurz und neutral abgehandelt werden. Wenn man sich die schiere Menge an Internetseiten und Büchern und Broschüren zur Thematik ansieht, dann wird klar, dass es sich bei diesem Buch nur um eine kurze Abhandlung handeln kann. Und egal, wie ich es auch anstelle, es wird Leute geben, die meinen, ich hätte es völlig falsch angepackt. Na gut, die haben recht, aber das hier ist exakt das Buch, das ich mir vor einem Jahr gerne gekauft hätte.

Und es findet eine Selbstbeschränkung statt: Dieses Buch richtet sich an Privatpersonen und die Inhaber kleiner Firmen in den Bereichen der Welt, in denen sich Photovoltaik definitiv schon heute lohnt (wir sehen gleich, welche Gebiete das sind). In diesem Buch werden Sie keine (weiterführenden) Informationen über Subventionen und Vergütungen finden. Wenn Sie eine kommerzielle Anlage errichten wollen, dann sind Sie hier falsch. Wenn Sie sich in den andalusischen Bergen ein kleines Häuschen gekauft haben und sich nicht sicher sind, ob Sie eine 500 Meter lange Zuleitung verlegen lassen sollten oder ob eine Photovoltaikanlage preislich günstiger sein wird, dann sind Sie hier absolut richtig.

Egal, wo auf der Welt Sie leben: Wenn Sie meinen, dass es bei Ihnen viel Sonnenschein gibt und es keine Verbindung zum Stromverteilernetz zur Verfügung steht oder der von dort bezogene Strom zu teuer ist (also inklusive aller Nebenkosten deutlich über 15 Eurocent liegt), dann sollten Sie sich die Mühe machen und dieses Buch intensiver lesen. Sie könnten auf diese Weise eine Menge Geld sparen oder Ihre Lebensqualität mit wenig Geld erheblich verbessern.

Ich kann (und werde) nicht auf einzelne Geräte eingehen. Worauf ich eingehen werde, sind verschiedene Gerätetypen. Nehmen wir das Thema Batterien. Es gibt viele verschiedene Arten und Bauformen. Ich beschränke mich auf die Blei-Säure-Batterien mit ihren Unterarten. Ich werde Ihnen nun einen Überblick über die wichtigsten Untertypen geben und ausführen, warum einige für Solaranlagen nicht so geeignet sind oder welche Nachteile sie haben. Wenn Sie dann selber im Internet blättern, um sich Ihre Anlage zusammenzustellen, verfügen Sie über das notwendige Grundwissen, um eine qualifizierte Auswahl zu treffen. Sinn des Buches soll also unter anderem der sein, dass die Chancen deutlich steigen, dass die Auswahl dann auch noch gut ist.

Anmerkung: Alle Kalkulationen wurden mit Preisen durchgeführt, die 2015 am Markt für Endkunden in Deutschland gefunden wurden. Zur Vereinfachung habe ich immer alle Kleinigkeiten weggelassen. Bei Krediten habe ich die Zinsen dadurch berechnet, dass ich den Zinssatz auf den halben Betrag und über die volle Laufzeit nehme. Das ist nicht völlig korrekt, dient aber der schnelleren Berechnung. Außerdem gehe ich **meistens** von einer Laufzeit von 20 Jahren aus bei 5% Zinsen, damit die Ergebnisse vergleichbar bleiben.

Manchmal ist es extrem schwer (bis unmöglich), fachlich korrekt und trotzdem noch verständlich zu bleiben. In diesem Sinne möge man mir verzeihen, dass ich bisweilen einem unterhaltsamen Stil den Vorzug vor der detaillierten Korrektheit gegeben habe.

Wenn Sie sich schon ein wenig mit Photovoltaik auskennen, werden Sie feststellen, dass bei den Kalkulationen zu Beginn des Buches vieles fehlt, was man berücksichtigen sollte. Das soll so sein, damit die Leser, für die alles neu ist, nicht erschlagen werden.

Kapitel 1 • Eine kurze Betrachtung der Energiewende

Wir schreiben das Jahr 2016. Vor einigen Jahren beschloss das deutsche Volk (oder zumindest viele Leute), dass es so mit der Energie nicht mehr weiter gehen kann, also mit CO_2 und Ruß, Umwelterwärmung und Feinstaub. Es genügt ja nicht, dass man etwas länger lebt, als all die anderen, man muss hinterher noch eine ganze Weile überleben, sonst hat man irgend etwas grundsätzlich falsch gemacht.

Es funktioniert beim Klimawandel nicht wie in diesem Witz:

> Gehen zwei Forscher durch die Savanne. Fragt einer den anderen: „Was würdest du machen, wenn uns jetzt ein Löwe verfolgen würde?" Antwortet der andere: „Ich würde schnell meine Sportschuhe anziehen!" „Aber damit bist du doch nicht schneller als ein Löwe!" „Muss ich auch gar nicht, ich muss nur schneller sein als du!"

Ich persönlich werde die Auswirkungen einer Klimakatastrophe (so sie denn überhaupt kommen sollte) nicht mehr erleben, und auch alle anderen nicht, die schon ihr goldenes Rentnerdasein am Horizont sehen können. Was mich umtreibt, ist der Kampf gegen die menschliche Dummheit. Es werden immer wieder die falschen Fragen gestellt, und natürlich wird man dann immer wieder die Antworten erhalten, die einem schon früher nicht weitergeholfen haben (wenn man immer nur mit dem Finger in der Nase bohrt, wird man nicht ernsthaft erwarten können, dass die Ergebnisse eines Tages grundsätzlich anders sein werden).

Seit ungefähr 40 Jahren (Entdeckung des Ozon-Lochs) weiß man, dass die Auswirkungen der Menschheit auf die Umwelt nicht so wahnsinnig positiv sind. Seitdem beschäftigen sich immer mehr intelligente Leute damit, wie wir die Erde noch in einem Zustand retten können, der ein Leben auf diesem Planeten weiterhin erstrebenswert macht. Und um ein wenig zu polemisieren: Es gewinnt leider immer die Gier derjenigen, denen das Thema am Hinterteil vorbei geht und denen eigene Umsatzzahlen wichtiger sind, als die Lebensqualität anderer Menschen. Insbesondere, wenn diese tausende Kilometer entfernt leben.

Das Blöde daran ist, dass wir Menschen so sind und auch schon immer so waren. Da könnte ich meckern, solange ich will, daran würde sich überhaupt nichts ändern!

Es gab in den letzten Jahren in Deutschland und anderen nördlichen Ländern den Versuch, andere Strategien im Hinblick auf Energie zumindest einmal anzudenken. Es entwickelte sich das, was weltweit und in vielen Sprachen als die ‚Energiewende' bezeichnet wird. Das mag man phantastisch, dümmlich oder sonst wie finden, Fakt ist jedoch, dass entsprechende Maßnahmen eingeleitet wurden. Die Regierung gab viel Geld (anderer Leute) aus und das Vorhaben bekam so viel Schwung, dass es kaum noch zu kontrollieren war.

Oftmals findet man Artikel darüber, wie viel bei diesem Vorhaben falsch gemacht wird und wurde. Wenn ich es aber mit den Vorgängen beim Neubau des Flughafens in Berlin vergleiche, dann würde ich sagen, dass fast alles reibungslos abläuft. Es ist eher völlig unverständlich, dass es dermaßen gut läuft, wenn man bedenkt, wie viele fähige und motivierte Saboteure es gibt. Aber das ist nicht der Punkt.

Der Punkt ist der, dass ein künstlicher Markt geschaffen wurde. So, wie man überall dort, wo es Menschen gibt, auch Fliegen findet, so entwickelt sich immer ein Angebot, wenn es eine Nachfrage gibt. Die Nachfrage war künstlich, aber genau so war es gewollt. Auch außerhalb der akademischen Zirkel wurde geforscht, wie man Solarpanele zuverlässiger, preiswerter oder mit deutlich besserem Wirkungsgrad baut. So weit, so gut und so war es auch angedacht.

Dann kam die Überraschung, denn alles ging sehr viel schneller, als irgend jemand zuvor vermutet hätte. Viele Bürger machten völlig begeistert mit und installierten Solaranlagen, obwohl sich diese eigentlich nicht rechneten. Die Preise für Solarpanele fielen ständig, die Elektronik wurde günstiger, es entwickelte sich ein Markt mit beginnendem Wettbewerb. Das fiel zunächst niemandem auf, denn die Deutschen kauften regelmäßig den Weltmarkt leer. In Deutschland gab es zeitweise mehr Solarpanele als in der ganzen restlichen Welt zusammen.

Am 21. Juni 2013 geschah um die Mittagszeit etwas Denkwürdiges. Es wurden über 60% der gesamten elektrischen Energie in Deutschland aus alternativen Quellen produziert. Gut, es war im Sommer, dennoch wurde offensichtlich, dass die alternative Vollversorgung in greifbarer Nähe liegt. Grob gesagt fehlt im Sommer allerdings noch der Faktor zwei und im Winter vielleicht noch der Faktor zehn (wenn ich mal nicht so kritisch auf die Nächte schaue). Aber es funktioniert!

Das hatte zwei grundlegende Folgeeffekte:

1. Der Strompreis an der Börse liegt oftmals so niedrig, dass sich viele konventionelle Kraftwerke kaum noch lohnen (und das in Deutschland!).

2. Die Subventionen für alternative Energien wurden drastisch heruntergefahren, um die Kraftwerksbetreiber zu schützen. Der Markt für Solaranlagen und Zubehör brach ein, viele Firmen machten Pleite.

Ich spiele jetzt mal Politiker und stelle mir ein paar Fragen, die natürlich zuvor abgesprochen waren. (Dieses Interview wurde 2014 geführt; es würde jetzt einen etwas anderen Inhalt haben - weshalb das so ist, werden Sie in Kürze erfahren).

Frage: War diese Entwicklung vorhersehbar?

Antwort: Eindeutig ja, denn die relevanten Zahlen werden mehrfach im Jahr veröffentlicht.

Frage: Ist das nicht zum Nachteil der deutschen Wirtschaft?

Antwort: Wenn Unternehmensleitungen die Zeichen der Zeit nicht sehen_können oder wollen, dann wären sie in näherer Zukunft sowieso den Bach runtergegangen. Das Knowhow ist ja (noch) nicht verloren! Das war nur eine notwendige Marktbereinigung! Und Deutschland hat sowieso einen zu hohen Exportüberschuss.

Frage: Was sollte denn grundsätzlich anders gemacht werden?

Antwort: Die Zeit der subventionierten Märkte ist bei der elektrischen Energie vorbei (auch wenn das noch nicht alle Politiker und Firmenleiter mitbekommen haben)! Entweder man schafft es, Produkte für einen nicht subventionierten Markt anzubieten (und das wäre der freie Weltmarkt), oder man sieht die rote Karte und wird vom Platz gestellt.

Frage: Wie wird sich denn die Situation weiter entwickeln?

Antwort: Es war ja nicht der reine Altruismus, der dazu führte, dass die alternativen Energien in Deutschland gefördert wurden, es sollte ja auch dafür gesorgt werden, dass später etwas für den Export zur Verfügung steht, über das andere nicht verfügen. Einige deutsche Firmen haben ein paar Jahre Vorsprung, aber die ganze Welt weiß jetzt, dass und wie es funktioniert. Wenn die deutschen Solarunternehmen jetzt nicht in die Puschen kommen, dann sind sie in drei Jahren weg. Dann hätten die deutschen Bürger netto die Klimarettung finanziert, ohne dafür belohnt zu werden.

Frage: Ist das nicht eine schamlose Übertreibung?

Antwort: Nein, durchaus nicht. Deutschland hat die Entwicklung soweit finanziert, dass in weiten Teilen der Welt elektrischer Strom für 3,5 Cent pro Kilowattstunde erzeugt werden kann (wenn die Sonne zu diesem Zeitpunkt scheint). Wenn die Solartechnologie überall dort eingesetzt wird, wo es noch keine oder keine hinreichende Stromversorgung gibt, dann ist der so erzeugte Strom für diese Länder sehr viel billiger und praktisch umweltneutral. Der befürchtete Zuwachs beim Ausstoß von klimaschädlichen Gasen könnte vollkommen ausbleiben - und man muss noch nicht einmal Geld dafür ausgeben, denn Photovoltaik bezahlt sich selbst aus der Preisdifferenz zu anderen Energieträgern.

Frage: Und warum setzt das niemand um?

Antwort: Das ist die Eine-Milliarde-Euro-Frage. Ich schiebe das im Moment auf Unwissenheit, Faulheit und Gier, also auf die Interessenpolitik der zukünftigen Verlierer! Nein, ich muss mich berichtigen: die Interessenpolitik derer, die hoffentlich verlieren werden, denn wenn sie nicht verlieren, dann verlieren wir alle.

Vielen Dank für das Gespräch.

Kapitel 2 • Der Strom und sein Preis

Wenn man sich über den Strompreis unterhält, dann sollte man sich zunächst ansehen, wie er sich generell zusammensetzt. Ich gebe hier die Situation in Deutschland wieder, die sich von der in anderen Ländern unterscheidet, denn kaum irgendwo ist großtechnisch erzeugter Strom teurer als hier (es gibt Ausnahmen wie etwa Hawaii, Dänemark und wenige andere). Der Preis beim normalen Endverbraucher in Deutschland beträgt 29 Cent und setzt sich folgendermaßen zusammen (wenn es nicht ausdrücklich angegeben ist, dann handelt es sich bei Cent-Angaben immer um Eurocent; Daten für 2015 von Wikipedia):

	Anteil in %	**Anteil in Cent**
Energieerzeugung plus Gewinn	25,00	7,12
Energieverteilung, Abrechnung	23,00	6,76
Erneuerbare Energien Gesetz	21,40	6,17
Stromsteuer	7,10	2,05
Konzessionsabgabe	5,80	1,66
Umsatzsteuer (19%)	16,00	4,60
Sonstige Abgaben	1,70	0,64

Wir haben also einen Preis von 13,88 Cent, um die elektrische Energie zu erzeugen und bis zu den Verbrauchern zu verteilen. Und wir haben 15,12 Cent an Steuern, Abgaben und Umverteilungen (in Deutschland zahlt der normale Endverbraucher etwa dafür, dass die Großindustrie von den Abgaben für den Transport befreit wird).

Wenn jemand in Deutschland elektrische Energie erzeugt und sie verkauft, dann handelt es sich um eine unternehmerische Tätigkeit und alle Gebühren und Steuern müssen bezahlt werden. In diesem Fall müsste man in der Lage sein, die elektrische Energie für einen Preis unter 7,12 Cent pro kWh zu produzieren, um noch einen Gewinn machen zu können.

Jetzt müssen wir die Preise natürlich auch noch mit anderen Ländern vergleichen. Für die EU war die Ermittlung dieser Preise relativ einfach, bei anderen Ländern faktisch unmöglich.

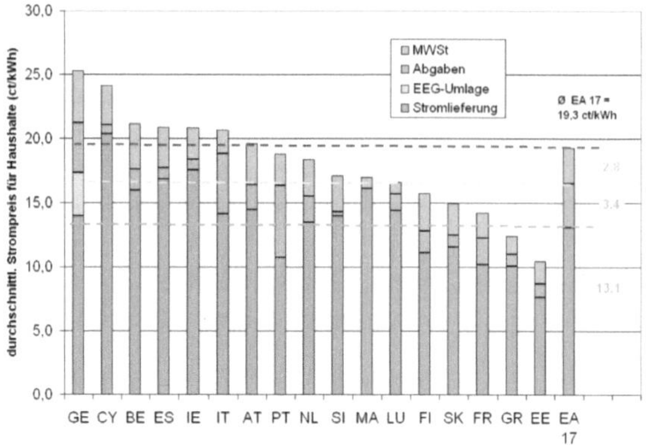

Abbildung 1: Endverbraucherpreise in verschiedenen Ländern

In dieser Abbildung von 2011 (Quelle: Wikipedia; Railweh10) haben wir die Endverbraucherpreise in den verschiedenen Ländern der EU. Man sieht deutlich, dass die staatlichen Begehrlichkeiten recht unterschiedlich ausgeprägt sind.

Wenn Sie in einem anderen Land leben (oder diese Daten schon etwas zu alt sind, weil Sie dieses Buch in der fernen Zukunft lesen), dann müssen Sie Ihren Vergleichspreis selbst berechnen. Dabei gibt es einige Länder, in denen man es Ihnen schwer macht. Oftmals hat man einen Grundpreis, Miete für den Zähler und/oder Sockelbeträge entsprechend der Kapazität des Anschlusses und vielleicht gibt es auch noch Staffelungen, die von der Abnahmemenge abhängen. Nehmen Sie sich einfach alle Abrechnungen für ein komplettes Jahr und addieren Sie alle Zahlungen auf. Dann teilen Sie den Betrag durch die Anzahl verbrauchter kWh. Das Ergebnis zeigt, wie viel Sie ***effektiv*** pro kWh bezahlen. Diese Kennzahl benötigen Sie, um beurteilen zu können, ob sich Photovoltaik überhaupt für Sie lohnt.

2.1 Zum Umfeld des Strompreises in Deutschland

In Deutschland gibt es das sogenannte EEG, das Erneuerbare-Energien-Gesetz. Sinn dieses Gesetzes war und ist, von den traditionellen Wegen der Erzeugung elektrischer Energie fortzukommen, was durch eine Art Anschubfinanzierung geschehen sollte. Vor 20 Jahren konnte man 40 Cent pro kWh an Einspeisevergütung erwarten. Im Sommer 2013 bekam der Betreiber einer Kleinanlage nur noch knapp über 14 Cent pro ins Netz eingespeiste kWh. 2015 lag dieser Preis schon bei nur noch 12 Cent, was sich auch bis Anfang 2016 nicht änderte.

Bei der Betrachtung der Preise wurde ich stutzig. Wenn ich 29 Cent bezahlen muss, um eine kWh zu erhalten, aber nur 12 Cent bekomme, wenn ich sie verkaufe (und da geht noch Einkommensteuer von ab!), dann bin ich doch ziemlich blöde, wenn ich die Anlage nicht so auslege, dass sie möglichst vollständig meinen eigenen Bedarf deckt und ich nur zukaufe, wenn es unbedingt nötig ist. Der Einfachheit halber könnte man vollständig auf jede Einspeisung verzichten (ob das wirtschaftlich sinnvoll ist, sehen wir uns später genauer an).

Wenn es sich anbietet, eine etwas größere Anlage für mehrere Beteiligte zu erstellen, kann man auch eine Genossenschaft gründen, deren Ziel es ist, die Mitglieder mit günstigem

Strom zu versorgen. Außer zur Bildung von notwendigen Rücklagen macht die Genossenschaft keinen Gewinn, also ist fast keine Einkommensteuer (oder das Äquivalent) zu entrichten. Da die Verteilung nicht über das öffentliche Netz erfolgt, entfallen alle Gebühren und Abgaben komplett. Andererseits muss man ein kleines privates Netz installieren und finanzieren (ich weiß nicht, wie das in anderen Ländern aussieht, aber in Deutschland ist das absolut legal; es gibt sogar ganze Dörfer, die es so gemacht haben).

Bei den 12 Cent pro kWh (also die Einspeisevergütung) war ja der Gewinn schon mit drin. Hiervon wird man in Deutschland ganz grob 30% an den Staat in Form von Einkommensteuer abgeben müssen. Da das EEG nicht entwickelt wurde, damit die Betreiber gerade eben kostendeckend arbeiten können, sondern um möglichst viele Investoren für dieses Geschäft zu begeistern, kann man davon ausgehen, dass die tatsächlichen Gestehungskosten für Photovoltaikstrom in Deutschland bei unter 10 Cent pro kWh liegen - und das bei dem Mistwetter in Deutschland (zumindest im Frühjahr, Herbst und Winter)!
Jetzt wurde ich noch einmal stutzig, denn ich konnte mir nicht vorstellen, dass ich der Einzige sein sollte, dem dieser Sachverhalt auffällt. Mit einigem Rechercheaufwand habe ich dann herausgefunden, dass ich wirklich nicht allein auf weiter Flur mit diesem Wissen stehe. Im Gegensatz zu fast allen anderen habe ich aber kein Interesse daran, dass dieses Wissen nicht allgemeines Wissen wird.

Schauen wir uns noch einmal die anderen Beteiligten an.

Da haben wir zunächst die Elektrizitätsunternehmen. Man kann grob vereinfacht sagen, dass es in Deutschland vier große Stromkonzerne gibt (mit Atomkraftwerken und allem Drumherum) und jede Menge Stadtwerke, die eigene Kraftwerke betreiben (oftmals sogenannte Heizkraftwerke; in Deutschland ist es im Winter kalt und dunkel, es wird also viel Wärme und Strom benötigt; bei Heizkraftwerken wird die sonst ungenutzte Abwärme zum Heizen der Häuser verwendet, sie sind also wesentlich effektiver in Bezug auf die eingesetzte Primärenergie).

Keiner dieser Kraftwerksbetreiber hat irgendein Interesse daran, dass die Leute anfangen, ihren eigenen Strom selbst zu produzieren. Darüber hinaus müssen die Unternehmen den Strom aus alternativen Quellen vorrangig kaufen (Vorgabe durch das Erneuerbare Energien Gesetz), bevor sie ihren eigenen Strom verkaufen dürfen, was ihnen natürlich ein absoluter Dorn im Auge ist. Dass es entsprechende groß angelegte Kampagnen gab (die Stromproduktion in Deutschland ist nicht mehr sicher; hunderttausende Arbeitsplätze sind in Gefahr; im nächsten Winter wird es den totalen Blackout geben), verwundert da nicht.

Dann sind noch die Betreiber der Höchstspannungsnetze zu nennen. Das sind in Deutschland auch vier an der Zahl (was kein Zufall ist). Wenn Strom zu einem erheblichen Teil dort produziert wird, wo er auch verbraucht wird, dann verlieren auch sie einen großen Teil ihres Geschäfts. Zusätzlich wären da noch die Betreiber der Verteilernetze. Ihnen kann man die gleiche Motivation unterstellen. Und aus alten Zeiten bestehen (natürlich kaum nachweisbar) noch viele gute Kontakte und Gemeinsamkeiten mit den großen Elektrizitätserzeugern.

Jetzt kommen wir zum Staat. Politiker wollen wiedergewählt werden; wenn also ein sehr großer Anteil der Bevölkerung sagt, man müsse zumindest mittelfristig aus der traditionellen Stromerzeugung aussteigen (im Zuge von Themen wie Umweltverschmutzung, Klimaerwärmung, Atommüll etc.), dann können sich Politiker nicht beliebig lange gegen diesen Wunsch verschließen (zumindest wäre es unklug, sich öffentlich auf diese Weise zu äußern).

Wenn etwas geändert werden soll, dann kostet das natürlich auch Geld. Somit kann man dem Wähler verständlich machen, dass der Strom dadurch, dass teure alternative Quellen bevorzugt angezapft werden sollen, natürlich teurer wird. Würden die Leute jetzt auf breiter Front anfangen, für sich selbst Strom zu erzeugen, dann würden dem Staat aber erhebliche Einnahmen wegbrechen (Sie erinnern sich an die 15,12 Cent Steuern, Abgaben und Umverteilungen?). Was macht man also? Richtig, man fördert nur die Einspeisung ins Verbundnetz. Da bei den meisten Menschen der Verstand aussetzt, wenn sie etwas umsonst bekommen können (oder sie es zumindest glauben), stellte sich auch der gewünschte Erfolg ein.
Dies hatte auch noch einen netten Nebeneffekt, denn jeder, der Subventionen abgreifen will, muss einen Vertrag mit dem Elektrizitätsversorger abschließen. Folglich kann der auch gleich die ganze Abwicklung und Verwaltung mit übernehmen und der Staat muss nicht einen einzigen Beamten zusätzlich im Finanzamt mit alternativer Stromerzeugung beschäftigen - und nicht einen einzigen Cent an Steuerverlusten hinnehmen, denn es wird ja noch genauso viel Strom verbraucht, wie zuvor (das könnte auch erklären, warum die Programme für effektive Energienutzung nur so langsam vorankommen).

Dann haben wir noch die große Gruppe der Photovoltaik-Betreiber, die auch über eine eigene und nicht völlig machtlose Lobby verfügt. Diejenigen, die Dachbesitzer waren und deren Dachausrichtung auch noch halbwegs gut war, bekamen vom Staat das folgende Geschäftsangebot: „Du baust dir Solarpanele auf das Dach und speist ins Verbundnetz ein. Der Staat garantiert einen Gewinn in Höhe von 15% jährlich auf 20 Jahre; völlig ausfallsicher, denn deinen Gewinn bezahlt der einfache Stromkunde!" Da muss man nicht sehr lange rechnen. Man schließt ein paar zusätzliche Versicherungen ab (Diebstahl, Beschädigungen und Produktionsausfall) und hat einen zu 100% abgesicherten Profit von 10% und das für 20 Jahre. (Nur um politisch ein wenig zu spötteln: Das nennt sich Umverteilung des Vermögens von unten nach oben!)

Betrachten wir als letzte Gruppe die Hersteller. Hier muss man anmerken, dass über Jahre hinweg die deutschen Kunden den Weltmarkt leer gekauft haben. Regelmäßig! Die Hersteller von Solarpanelen kamen mit dem Produzieren nicht hinterher und die Hersteller der elektronischen Komponenten (Wechselrichter und so weiter) verbesserten die Geräte für die direkte Netzeinspeisung, denn das war es, was nachgefragt wurde. Zur Absicherung der Geschäftsfelder wurde auch noch der Markt für solare Lifestyle-Produkte entwickelt, also vernetztes Hightech vom Feinsten (der einzige Nachteil dieser Technik besteht darin, dass der Preis pro kWh näher an 50 Cent liegt als an 29 Cent). Jetzt schreien sie um Hilfe, denn die Subventionen werden deutlich gekürzt. Werden die irgend jemandem erzählen wollen, dass sie über die Klippe sprangen, weil sie nur hochpreisige Produkte verkaufen wollten? Wohl kaum.

2.2 Die Situation heute (Anfang 2016)

Der Vorfall vom Juni 2013 zeigt auf, dass die Energiewende nicht nur begonnen hat, sie hat auch schon auf ganzer Linie gewonnen. Sie sind nicht überzeugt? Wir haben den Beweis, dass alle Komponenten für solare Stromerzeugung als Massenprodukt hergestellt werden können. Und wir haben den Beweis, dass elektrische Energie solar für rund 3,5 Cent produziert werden kann (jetzt schon!). Man muss nur die Idee fallen lassen, dass die alternativen Energien die vorhandenen Netze unterstützen müssen, statt lokal zu arbeiten. Diese Wende hat aber auch Konsequenzen (hauptsächlich schon mal für Deutschland).

Es ist absehbar, dass man die Dreckschleudern der Nation, also die Braunkohlekraftwerke, nicht mehr lange nutzen kann. Das Gleiche gilt für Atom- und Steinkohle-Kraftwerke. Es hat 20 Jahre gedauert, um den steilen und steinigen Teil des Weges bei der Energiewende zurückzulegen und es wird keine 20 Jahre mehr dauern, bis sein Ende erreicht ist (deshalb dürfen die Kohlekraftwerke auch noch mal kräftig laufen, denn die Betreiber müssen ja ihre Investitionen wieder hereinbekommen; und ein Ausgleich für entgangenen zukünftigen Gewinn ist in ihren Augen natürlich auch angemessen).

In Kürze wird man wissen, ob sich dieses energiepolitische Abenteuer gelohnt hat - ob man also wirklich etwas für die Natur als Ganzes tun kann und dabei langfristig auch noch Geld spart. Ob alternative Energien sich tatsächlich auf diese Weise auswirken und einen positiv Einfluss auf die Volkswirtschaften der Länder haben können, die eine Energiewende nachmachen oder zumindest zulassen, werden wir in den nächsten 10 bis 20 Jahren sehen.

Um es kurz zu machen: Wäre ich nicht zu dem Ergebnis gekommen, dass eine weltweite solare Revolution absolut sinnvoll und machbar ist, hätte ich dieses Buch nicht geschrieben. Denn eines habe ich als deutscher Ingenieur gelernt: Rechnen! Und Ihre Aufgabe ist das Prüfen, denn nur wenn Sie meine Angaben geprüft und für richtig befunden haben, können Sie auch überzeugt sein. Und nur wenn Sie wirklich absolut überzeugt sind, dann nehmen Sie auch Geld in die Hand und machen sich an die Arbeit. Natürlich zu Ihrem eigenen finanziellen Vorteil, aber dagegen hat wohl keiner etwas einzuwenden!

Also, los gehts!

2.3 Nachtrag für die zweite Auflage

Seit dem Erscheinen der ersten Auflage hat sich einiges in der Photovoltaik getan, allerdings nicht zum Vorteil, zumindest nicht in Deutschland. Dies kann man am besten anhand der Zubauzahlen verdeutlichen. 2010, 2011 und 2012 wurden jedes Jahr rund 7.500 Megawatt an Photovoltaik zugebaut. 2014 waren[1] es nur rund 1.900 Megawatt und für 2015 rechnete man mit knapp über 1.300 Megawatt . Das ist ein Rückgang von über 80% in vier Jahren. Wie sich das auf den Umsatz und auf die Mitarbeiterzahlen ausgewirkt hat, wird man sich leicht vorstellen können.

1) http://www.solarbranche.de/ausbau/deutschland/photovoltaik

In einem Fachforum wurde kürzlich diskutiert, ob[2] sich Photovoltaik überhaupt noch lohnt, und falls ja, unter welchen Rahmenbedingungen . Man kann das Meinungsbild ungefähr so zusammen fassen: Eine Einspeiseanlage, die nach EEG vergütet wird, lohnt sich minimal (3%) mehr, als das Geld auf einem Sparbuch anzulegen (0,4%) - allerdings auch bei deutlich höherem Risiko.

2) http://www.photovoltaikforum.com/finanzen-steuern-f9/photovoltaik-ein-verlustgeschaeft--t110529.html

Noch (!) gibt es in Deutschland die Möglichkeit, seinen Strom selbst zu erzeugen und zu verbrauchen. Wenn man nicht in der Lage ist, einige der notwendigen Arbeiten selbst zu erledigen, sondern sie durchführen lässt, kostet einen die selbst erzeugte kWh ungefähr genauso viel, wie die von den Stadtwerken gekaufte (laut Wikipedia rund 29 Cent pro kWh in Privathaushalten in 2014 und 2015).

Wenn man handwerklich gut drauf ist (oder Freunde hat, die man zur Arbeit knechten kann) und sich einige Zeit mit den verschiedenen einzelnen Themen auseinandersetzt, sollte man die kWh auch für unter 18 Cent erhalten können. Die Preisdifferenz ergibt sich also aus Ihrer Arbeitszeit!

Deutlich günstiger würde es aussehen, wenn die EU den Mindestpreis für Solarpanele (wegen der angeblichen Subvention der Hersteller in China) abschaffen würde. Als Endkunde kostet einen ein gängiges Solarpanel in Deutschland über 70 Cent pro Wp (das sind Watt peak); der Weltmarktpreis liegt bei 48 Cent und der vorgegebene Minimalpreis für Panele aus China liegt bei 53 Cent. Ohne diese ‚Behinderung' käme die Photovoltaik auf einen Schlag ohne Subventionen aus. Ein Schurke, wer denkt, dass hier eine politische Absicht dahintersteht, ein schlauer Kopf, wer wirtschaftliche Interessen dahinter vermutet (obwohl man munkelt, dass viele ausgediente Politiker in Nordrhein-Westfalen noch einen Aufsichtsratsposten bei...; aber lassen wir das)!

Kapitel 3 • Ein Minimum an Physik

Ich glaube, dieses Thema sollten wir als Erstes angehen, denn dann haben Sie es hinter sich, und schlimmer als auf diesen drei Seiten wird es im ganzen Buch nicht werden. Wenn dieser (psychologische) Berg überwunden ist, geht es mit der Schwierigkeit nur noch bergab (mit kleinen Buckeln zwischendurch).

Stellen Sie sich vor, Sie haben einen Eimer, an den unten ein Schlauch angeschlossen ist, und am Ende des Schlauchs befindet sich ein Wasserhahn. Jetzt füllen wir den Eimer mit Wasser, stellen ihn auf einen Tisch und der Wasserhahn liegt auf dem Boden. Wenn wir den Wasserhahn jetzt öffnen, wird ein wenig Wasser mit wenig Kraft aus dem Wasserhahn kommen.

Jetzt ziehen wir den Eimer mit einem Seil in den ersten Stock hoch und stellen ihn dort auf die Fensterbank. Wenn wir jetzt den Wasserhahn öffnen, kommt das Wasser mit deutlich mehr Kraft aus dem Hahn heraus. Wir halten einen Messbehälter für 10 Sekunden unter den Wasserhahn und haben dann (beispielsweise) einen halben Liter in diesem Behälter. Jetzt ziehen wir den Eimer in den zweiten Stock hoch und wiederholen das Experiment: Der Druck ist deutlich stärker (um genau zu sein, er ist doppelt so hoch) und nach 10 Sekunden ist ein ganzer Liter Wasser im Messbehälter.

Genau dieses Experiment hat ein Herr Ohm vor ungefähr 200 Jahren durchgeführt, allerdings war der Gegenstand der Messung nicht Wasser sondern elektrischer Strom. Die Höhe des Eimers entspricht hierbei der elektrischen Spannung - dies ist die Kraft, mit der die Elektronen bewegt werden. Die elektrische Spannung wird in Volt (Formelzeichen ‚U') angegeben. Die Menge an Wassermolekülen pro Sekunde entspricht der Menge an Elektronen, die sich pro Sekunde durch einen elektrischen Leiter bewegen - dies ist der elektrische Strom. Die Anzahl an Elektronen pro Zeiteinheit wird in Ampere (Formelzeichen ‚I') angegeben.

Jetzt fehlt uns noch eine Größe, und das ist der elektrische Widerstand. Diesen können wir uns als die Dicke des Schlauches vorstellen oder als Strömungswiderstand (Formelzeichen ‚R' für resistance). Wenn man die Querschnittsfläche des Schlauches halbiert, kann auch nur halb so viel Wasser pro Sekunde durch den Schlauch fließen, der Widerstand ist also doppelt so hoch.

Was Herr Ohm herausgefunden hatte, war schlicht Folgendes: Wenn man bei konstantem Schlauchdurchmesser die Fallhöhe des Wassers verdoppelt, dann verdoppelt sich auch die Wassermenge, die pro Sekunde durch den Schlauch fließt. Verdreifacht man die Fallhöhe, dann verdreifacht sich die Wassermenge. Halbiert man bei gleicher Fallhöhe den Schlauchquerschnitt, dann halbiert sich auch die Wassermenge. Diesen Zusammenhang formulierte er in einem Gesetz, dass später als ohmsches Gesetz bezeichnet wurde

Fallhöhe = Strömungswiderstand * Wassermenge pro Zeiteinheit

oder

Spannung = el. Widerstand * Strom

oder mit den üblichen Formelzeichen (U = Spannung in Volt; R = Widerstand in Ohm; I = Strom in Ampere)

$$U = R * I.$$

Sind zwei der Größen bekannt, kann man immer auch die dritte Größe berechnen.
Jetzt kommt noch etwas hinzu, die Leistung, und das sogar exakt im wörtlichen Sinne, denn ich bin der Meinung, richtig etwas geleistet zu haben, wenn ich für die Experimente zwanzig mal den Wassereimer in den zweiten Stock hinaufgezogen habe.
Hier ist klar, dass ich doppelt so viel leisten muss, wenn ich den Eimer in der gleichen Zeit statt in den ersten in den zweiten Stock ziehe. Und je voller der Eimer ist, desto schwieriger wird es. Die Leistung wird (nicht nur bei elektrischem Strom) in Watt angegeben. Weil die Leistung sowohl mit der Fallhöhe als auch mit der Wassermenge linear ansteigt, ergibt sich folgende Formel:

Leistung = Fallhöhe * (Wassermenge / Zeit)

oder

$$P = U * I$$

Die beiden Gleichungen sind gleichwertig, weil der Strom als Elektronen pro Sekunde definiert ist, also schon durch die Zeit geteilt wurde. Von dieser Formel gibt es noch zwei Abwandlungen, nämlich wenn wir die Formel U = R * I nach I oder nach U auflösen (also so umstellen, dass I oder U jeweils alleine links vom Gleichheitszeichen steht) und in P = U * I einsetzen. Dann ergeben sich zusätzlich folgende Formeln:

$$P = I^2 * R$$

und

$$P = U^2 / R$$

So, der Berg ist überwunden, schlimmer kommt es nicht mehr! Aber wir müssen diese Formeln jetzt noch mit unserer Alltagserfahrung verknüpfen (also ein Gefühl für die Sache entwickeln). Außerdem ist es noch erforderlich, dass wir uns noch kurz mit den beiden Erscheinungsformen von elektrischem Strom beschäftigen.

Nehmen wir an, Sie haben eine Schreibtischlampe mit einer 75 Watt Glühbirne. Das Netz hat (zumindest in weiten Teilen von Europa) 230 Volt. Wir kennen also die Leistung und die Spannung; folglich können wir den Strom ausrechnen, der fließen muss (zwei Größen bestimmen die dritte Größe immer eindeutig). Wir haben also 75 Watt / 230 Volt = 0,326 Ampere (eine solche Berechnung ist etwa erforderlich, wenn Sie wissen möchten, welche Art Sicherung Sie einbauen müssen, denn Sicherungswerte werden immer in Ampere angegeben).

Oder wir haben ein Auto mit 75 kW (kW sind Kilowatt; Kilo steht für tausend, also kann das Auto 75.000 Watt leisten, was übrigens 100 PS entspricht). Leistung ist Arbeit pro Zeiteinheit. Wenn ich also wissen möchte, wie viel Arbeit das Auto in einer Stunde geleistet hat, dann muss ich die Leistung mit der Zeit multiplizieren (eine Stunde lang eine **Leistung** von 75 kW ist also die **Arbeit** 75 kWh, sprich Kilowattstunden). Ob man während einer Stunde 75 kW verbraucht oder zwei Stunden lang 37,5 kW macht keinen Unterschied, beides beinhaltet eine Arbeit von 75 kWh.

Es ist Winter und wir stellen einen kleinen Heizlüfter ins Wohnzimmer, weil uns kalt ist. Wir schauen auf das Typenschild und sehen dort, dass er 2 kW leisten kann. Ein Pferd leistet 750 Watt (kurzfristig auch mehr). Würde der Strom mit Pferdekraft produziert werden, dann würden jetzt 2,66 Pferde schuften, damit wir warme Füße bekommen.

Ist doch eigentlich ganz einfach und wir benötigen diese Formeln später, damit wir berechnen können, wie groß unsere Solaranlage sein muss.

So, jetzt noch schnell zu den Erscheinungsformen von Strom. Vielleicht werden Sie sich gerade fragen, wie es denn sein kann, dass es verschiedene Erscheinungsformen von Strom gibt, wenn er doch als Anzahl von Elektronen pro Sekunde definiert war. Nun, es geht dabei darum, wie diese sich bewegen.

In unserem Beispiel mit dem Eimer floss das Wasser immer abwärts. Bei elektrischem Strom nennen wir es Gleichstrom, wenn die Elektronen immer in die gleiche Richtung fließen. Gleichstrom kommt beispielsweise aus Batterien.

Gleichstrom ist lokal eingesetzt sehr praktisch, bereitet aber Probleme, wenn man ihn über große Entfernungen transportieren möchte. Da auch ein Kabel einen Widerstand hat, steigen die Übertragungsverluste (das Kabel wird erwärmt) entsprechend der Formel $P = I^2 * R$. Die Verluste bei der Übertragung steigen also mit dem Quadrat des Stromes, man muss also versuchen, den Strom möglichst klein zu halten. Nach $P = U * I$ funktioniert das bei gleicher Leistung und gleichem Kabel nur dann, wenn man mit einer höheren Spannung arbeitet. Genau darin liegt das Problem, denn es gibt keine einfache (und billige) Möglichkeit, um die Spannung von Gleichstrom an einem Übergabepunkt zu verändern. Andererseits wäre es nicht sehr praktisch, wenn man in der Wohnung mit Hochspannung arbeiten würde und einen Sicherheitsabstand von einem Meter zu jeder Steckdose einhalten müsste.

Als die ersten (lokalen) Netze mit Gleichstrom (oft auch mit dem englischen DC für Direct Current bezeichnet) aufgebaut wurden, entwickelte sich ein großer Konkurrent, nämlich der Wechselstrom (der im Englischen als AC für Alternate Current bezeichnet wird). Strom ist ja das Fließen von Elektronen. Bei Gleichstrom fließen diese immer in eine Richtung, bei Wechselstrom fließen die Elektronen hin und her. In Europa machen sie das 50 mal pro Sekunde, es gibt also 100 Richtungswechsel pro Sekunde. Vielen elektrischen Verbrauchern (etwa Glühlampen) ist es übrigens völlig egal, ob sie mit Gleich- oder Wechselstrom betrieben werden, nur die Spannung muss passen.

Allerdings gibt es bei Wechselstrom einen witzigen Effekt, denn bei der Umkehrung der Bewegungsrichtung bleiben die Elektronen einen kurzen Moment lang stehen. Da eine Glühlampe leuchtet, weil die Elektronen mit den Atomen in der Glühwendel zusammenstoßen und hierbei Wärme erzeugen, gibt es zum Zeitpunkt der Umkehr der Bewegungsrichtung keine Zusammenstöße und somit keine Wärme. Die Lampe geht kurz aus. Uns Menschen stört das nicht, weil unsere Wahrnehmung zu träge ist. Aber stellen Sie sich einmal vor, außerirdische Besucher mit anders ausgeprägten Augen würden sich nachts der Erde über Europa nähern. Ein ganzer Kontinent, der 100 mal pro Sekunde beleuchtet wird. Die Erdlinge müssen verrückt sein!

Der Vorteil von Wechselstrom besteht darin, dass man an Übergabepunkten problemlos die Spannung wechseln kann, wozu ein Transformator erforderlich ist. (Ein Transformator besteht letztlich aus zwei Kupferdrähten, die um einen gemeinsamen Eisenkern gewickelt werden; das ist schon alles und er ist sogar ziemlich preiswert). Deshalb gibt es ein Höchstspannungsnetz, um elektrische Energie über hunderte Kilometer zu transportieren, ein Mittelspannungsnetz, um die Energie in einer Region (etwa einem großen Industriegelände) zu verteilen, und das Niederspannungsnetz, das den Strom dann (in Europa mit 230 Volt Wechselspannung) in die Häuser bringt.

Der große Nachteil von Wechselstrom besteht darin, dass man ihn nicht direkt speichern kann. Bevor man die Energie von Wechselstrom speichern kann, muss eine Umformung erfolgen. Wir werden uns später etwas genauer damit befassen.

So, das waren jetzt drei Seiten Physik und ich glaube, es war nicht sehr schwierig, meinen Ausführungen zu folgen. Wenn Sie noch nicht alles verstanden haben, ist das nicht so schlimm. Lesen Sie ab und zu noch einmal diese drei Seiten. Wenn Sie nichts verstanden haben, suchen Sie sich jemanden, der es besser erklären kann als ich. Machen Sie sich aber nicht an die praktische Umsetzung ohne fachkundige Hilfe!

Kapitel 4 • Kosten bei einem normalen Generator

In Nordeuropa verbraucht ein normaler Haushalt mit zwei Erwachsenen und zwei Kindern ungefähr 10 kWh pro Tag. Wir nehmen an, wir hätten einen Haushalt, der ohne Verbindung zum normalen Stromnetz leben will oder muss. Wenn man verbrauchsbewusst lebt, kann eine solche Familie ohne Probleme ihren Verbrauch auf ungefähr 5 kWh pro Tag reduzieren, ohne dass es zu dramatischen Einschnitten in der Lebensqualität kommt. Unsere Familie würde in einer gut isolierten Wohnung leben, über eine Zentralheizung verfügen (wir befinden uns ja nicht in den Tropen), die mit Gas arbeitet, und die zusätzlich heißes Wasser liefert. Es gäbe eine Waschmaschine mit je einem Anschluss für kaltes und warmes Wasser, die Wäsche würde im Garten oder auf dem Dachboden trocknen, der Abwasch würde per Hand in der Spüle erfolgen, und man würde alles abschalten, was aktuell nicht genutzt wird. Es wäre ein absolut normales Leben möglich, ohne dass man kleinlich jede Energieverschwendung vermeiden müsste.

Doch woher erhält man die 5 kWh pro Tag? Nun, wir könnten uns einen Generator mit allem Schnickschnack kaufen, einen, der groß genug ist, jederzeit jede Leistungsanforderung im Haus zu bedienen. Jetzt kommt es sehr darauf an, wo in der Welt wir leben. Wir könnten einen Generator kaufen, der mit Benzin betrieben wird oder einen, der mit Gas oder Diesel läuft. Alle Länder erheben unterschiedliche Steuern auf Brennstoffe; das, was in einem Land preiswert ist, ist im Nachbarland möglicherweise teuer. Für die Berechnungen werde ich die Zahlen verwenden, die für die EU in 2013 typisch waren. Im Zweifelsfalle müssen Sie die Zahlen einsetzen, die für Ihr Land zutreffen. Für die Berechnung setze ich 1,50 Euro pro Liter Normalkraftstoff an, und für das energetische Äquivalent in Gas (zum Beispiel Butan) rechne ich mit 0,80 Euro.

Anmerkung: Jetzt, Anfang 2016, sind die Preise für Kraftstoffe um rund 25% niedriger als in meiner Schätzung aus 2014. Ich habe die alten Preise bei der Überarbeitung übernommen, denn ich vermute, dass sie nicht sehr lange so niedrig bleiben werden. Bei der Größe des Generators wird von einem für einen Haushalt passenden ausgegangen; Generatoren, die ein Stadtviertel versorgen können, haben einen wesentlich besseren Wirkungsgrad und liefern daher deutlich preiswerter.

Wir müssen ungefähr 500 Euro für einen Generator mit 2,2 kW Leistung ausgeben (es sind auch solche für 200 Euro oder weniger erhältlich), damit wir einen Generator haben, der leise ist und über eine relativ lange Lebensdauer verfügt. Mit ‚leise' sind 65 dB gemeint, was einer Waschmaschine im Schleudergang entspricht (die Nachbarn fallen also nicht aus dem Bett, wenn man den Generator startet). Ein solcher Generator kann auch eine Slow-Start-Waschmaschine direkt betreiben, aber man sollte während dieser Zeit dann wohl besser seinen 135 cm Plasma-Fernseher oder die Mikrowelle nicht einschalten (das sind die minimalen Einschränkungen, mit denen man leben muss).

Morgens, direkt nach dem Aufwachen, schaltet man den Generator ein, und bevor man sich schlafen legt, schaltet man ihn wieder aus. Der Generator läuft also 16 Stunden am Tag und während der Nacht betreibt man die notwendige Beleuchtung und den Kühlschrank über eine Batterie. Im Laufe eines Jahres würde unser Generator 5.860 Stunden laufen. Spätestens nach zwei Jahren würde der Generator anfangen, echte Schwierigkeiten zu bereiten; Stromversorgungen dieser Art haben keinen sehr guten Ruf.

Hierfür gibt es einen Grund, und dieser Grund liegt meist nicht in der Verantwortung des Herstellers - es ist schlichtweg eine „mangelhafte Wartung". Nur, um den Bezug zum normalen Leben zu bekommen: Viele haben einen Wagen, mit dem sie ungefähr 400 Kilometer pro Woche fahren. Da man im Durchschnitt selten schneller als 70 Kilometer pro Stunde fahren kann, werden sie ungefähr 6 Stunden in der Woche in ihrem Auto verbringen. Im Jahr wären das rund 300 Stunden und in dieser Zeit würden sie ungefähr 20.000 Kilometer fahren. Und nach 20.000 Kilometern ist spätestens eine Inspektion fällig. Der Motor erhält neue Filter, ein Ölwechsel wird durchgeführt und vielleicht müssen die Ventile neu eingestellt werden. Wenn ein Generator 16 Stunden am Tag läuft, dann hat er diese 300-Stunden-Grenze nach 20 Tagen überschritten! Ich hoffe, es ist klar, worauf ich hinaus will.

Wenn man einen Generator einsetzt, sollte das Wartungsintervall nicht über 1.000 Arbeitsstunden liegen (das ist dreimal so viel, wie bei einem Auto), bei einer Nutzung von 16 Stunden am Tag ist diese Wartung also spätestens nach zwei Monaten fällig. Eine solche Wartung ist keine große Sache, und wenn man weiß, wie es geht, dauert sie vielleicht eine halbe Stunde. Falls Sie es sich selbst nicht zutrauen, diese Arbeit durchzuführen (oder es nicht wollen), müssen Sie ein wenig Geld beiseitelegen und jemand entsprechenden beauftragen. Früher rechnete man bei einfachen Autos damit, dass ein Motor 100.000 Kilometer durchhält. Rechnen Sie also nicht damit, dass ein normaler Generator länger als 5 Jahre hält.

Jetzt müssen wir uns natürlich auch noch Gedanken darüber machen, wie viel Treibstoff ein Generator benötigt, der über den Tag verteilt 5 kWh erzeugt. Manchmal wird der Generator voll belastet und manchmal rotiert er eher im Leerlauf. Ein 2,2 kW-Generator wird typischerweise 1,5 Liter verbrauchen, wenn er voll belastet wird, und nur etwa einen halben Liter pro Stunde, wenn nur ein paar Energiesparlampen brennen und eine kleine Stereoanlage Freude verbreitet. Ohne irgendeinen echten Nachweis für die Korrektheit gehe ich einmal von 13 Litern unverbleiten Benzins pro Tag aus. Das würde also 20 Euro pro Tag kosten. Wenn wir diesen Preis auf die Kilowattstunde umrechnen kommen wir auf einen Preis von **4,00 Euro pro kWh**, statt der vielleicht 0,29 Euro, die von den Stadtwerken berechnet werden würden. Keine gute Geschäftsidee!

Jetzt entsteht natürlich ein sehr großer Teil dieser Kosten dadurch, dass der Generator jeden Tag 16 Stunden läuft, obwohl die meiste Zeit vielleicht nur 100 Watt benötigt werden oder auch sehr viel weniger. Es könnte eine sinnvolle Idee sein, den Generator nur laufen zu lassen, um ein paar Batterien aufzuladen (oder aktuell die Waschmaschine anzutreiben), und den Rest der Zeit liefe dann alles (völlig leise) über diese Batterien.

In einer Batterie mit 100 Ah kann man bei 12 Volt 1,2 kWh an Energie speichern. Wir benötigen für den ganzen Tag 5 kWh. Mit ein wenig Sicherheitsspielraum brauchen wir 6 Batterien, die zusammen 7,2 kWh speichern können. Und wir benötigen ein Batterieladegerät, das den Strom vom Generator in die Batterie leiten kann. Ein Gerät, das die notwendigen Ströme handhaben kann, kostet um die 350 Euro. Auf diese Weise können wir die Batterie innerhalb von drei Stunden aufladen (ich vernachlässige hier, dass wir die Batterien damit ziemlich quälen würden) und genau das ist jetzt die Zeit, die der Generator maximal pro Tag laufen muss. Wir sind großzügig und machen zweimal im Jahr eine Wartung. Wenn man nur die Volllastzeiten berücksichtigt, kommt man zu folgendem Ergebnis: 3 Stunden pro Tag * 1,5 Liter pro Stunde * 365 * 1,5 Euro pro Liter = 2.460 Euro. Wir nehmen an, dass alle Teile 10 Jahre lang halten. Daraus ergibt sich folgende Kalkulation:

Generator	€500 / 10	50,00 €
Batterien	€600 / 10	60,00 €
Ladegerät	€350 / 10	35,00 €
Wechselrichter	€250 / 10	25,00 €
Wartung	€20 * 2	40,00 €
Treibstoff		2.460,00 €
--		
Summe pro Jahr		2.670,00 €

Unter diesen Voraussetzungen kommen wir auf einen Preis von **1,46 Euro pro kWh**. Das ist wesentlich besser als die 4,00 Euro von unserem letzten Versuch, aber wir sind noch sehr weit entfernt von den 0,29 Euro pro kWh, die von den lokalen Stadtwerken angeboten werden. Es ist ganz offensichtlich, dass die Kosten für den Treibstoff zu hoch sind!

OK, wir versuchen legal, billigeren Treibstoff zu erhalten. In vielen Ländern gibt es Treibstoff für Autos und Lastwagen und dieser Treibstoff wird relativ hoch besteuert. Es gibt den gleichen/fast identischen Kraftstoff aber auch deutlich günstiger, wenn er dazu dient, Häuser zu beheizen oder stationäre Motoren zu betreiben (dabei kann es sich um Diesel, Benzin oder auch Gas handeln). Der Treibstoff für Fahrzeuge kostet 1,50 Euros, das energetische Äquivalent hingegen lediglich 80 Cents. Wir rüsten unseren Generator (völlig legal) auf Gas um und benötigen dafür ein Umbau-Kit, das ungefähr 200 Euro kostet.

Generator + Kit	700 / 10 €	70,00 €
Batterien	600 / 10 €	60,00 €
Ladegerät	350 / 10 €	35,00 €
Wechselrichter	250 / 10 €	25,00 €
Wartung	20 € * 2	40,00 €
Treibstoff		1.312,00 €
--		
pro Jahr		1.542,00 €

Jetzt geben wir nur noch 1.542 Euro pro Jahr aus, aber das sind immer noch **0,85 Cent pro kWh**. Falls Sie keinen Zugang zu Treibstoff haben, der deutlich günstiger ist, dann ist dies das letzte Wort in Bezug auf die Kosten! Innerhalb der EU gibt es schlicht keine Möglichkeit, mit einem kleinen Generator die kWh privat billiger zu erzeugen.

Wir haben also gesehen, dass es ein ziemlich teures Hobby ist, einen Generator zu betreiben.

Wo könnte man billigere Energie erhalten? Falls nicht ein kräftiger Bach durch Ihr Grundstück fließt, ist auch Wasserkraft keine Option. Atomkraft liegt, falls überhaupt erwünscht, finanziell sowieso völlig außer Reichweite. Kohle, egal ob schwarz oder braun, ist auch keine Option, denn bevor diese bis zu unserer Türschwelle kommt, ist sie durch Transport, Steuern und Zwischenhandel so teuer, dass man nicht mit den ‚normalen' Kraftwerken konkurrieren kann. Keine Chance, nicht einmal annähernd!

Falls ich mich nach etlichen Monaten der Recherche nicht völlig täusche, bleiben einzig zwei Optionen, um privat seinen Energieverbrauch kostengünstig zu decken: Windmühlen oder Photovoltaik.

Wie der Titel des Buches schon andeutet, werden wir uns hier nicht mit der Windenergie befassen, sondern nur prüfen, wie günstig Photovoltaik sein könnte. Wie üblich lasse ich die ganzen Kleinigkeiten weg, denn es geht mir zunächst darum, die korrekte Größenordnung hinsichtlich des Preises zu ermitteln.

Anmerkung: Etwas anders sieht die Situation bei Firmen aus. Früher war es absolut üblich, dass Fabriken ihre eigenen Kraftwerke nutzten. Sie kamen preisgünstig an die Energieträger, da sie in großen Mengen einkaufen konnten und ihre Einkäufe weitgehend steuerfrei waren (die Ausgaben für Energie wurden von den Einkünften abgezogen, bevor der Gewinn versteuert wurde). Im Zuge des Outsourcing verschwanden diese Kraftwerke im Laufe der Zeit. Seit einigen Jahren kommen sie aber wieder in Mode, insbesondere Wind- und Solaranlagen. Die Industrie hat also schon begriffen, wo man einsparen kann.

Kapitel 5 • Es ist möglich: Die kWh für 3,5 Cent!

Wenn man wissen möchte, wie teuer Photovoltaik letztendlich ist, stellt sich natürlich sofort die Frage, für wen sie denn sein soll und wo sie sich befinden soll. Ich gehe jetzt noch einen Schritt weiter und stelle gedanklich eine PV-Anlage in Kolumbien auf, denn in diesem Land wird keine Importsteuer und keine Mehrwertsteuer auf PV-Produkte erhoben (das ist übrigens in den meisten Ländern Südamerikas auch so) - man kann also mit Weltmarktpreisen kalkulieren. Zudem gehe ich davon aus, dass man nicht nur eine Kleinanlage hinstellt, sondern einen ganzen 20-Fuß-Container mit Panelen oder Wechselrichtern kaufen wird.

Bei einer Anlage in Kolumbien kommt hinzu, dass das Lohnniveau recht niedrig ist (um die 200 Euro pro Monat für angelernte Arbeiter) und es genügend freie Flächen gibt. Die Dächer haben meist eine Neigung von ungefähr 20° (es gibt keinen Schnee, nur das Regenwasser muss zuverlässig ablaufen), und aus Gründen, die später noch eingehender erläutert werden, ist somit jedes Dach dort für PV geeignet.

Die Komponente, die früher mit Abstand am teuersten war, ist das Solarpanel. Aktuell gibt es in der EU einen Mindestpreis für Panele, und der liegt deutlich über dem Preis, wie er in anderen Regionen zu finden ist. Da der Transport anteilig fast nichts kostet, wählen wir Südostasien aus, wo der Preis pro Wp im Oktober 2015 bei rund 48 Cent für ‚Mainstream-Ware' lag. Ein kWp Panelleistung kostet uns also 480 Euro.

1) http://www.pv-magazine.com/investors/module-price-index/#axzz3zV4kSe9C

Jetzt muss man natürlich erst einmal wissen was ‚Wp' bedeuten soll. Es handelt sich hier um die Abkürzung für ‚Watt peak', also die Spitzenleistung in Watt. Diese Spitzenleistung wird bei den sogenannten Standard-Test-Konditionen gemessen (STC; ich werde später noch auf sie eingehen).

Die zweite früher recht teure Komponente ist der Wechselrichter. Ein Wechselrichter ist ein elektronisches Gerät, das Gleichstrom in Wechselstrom umwandelt, also etwa die 12 Volt einer Batterie in die 230 Volt AC, die man benötigt, um einen Kühlschrank zu betreiben. Bei einem Zentralwechselrichter handelt es sich um ein etwas größeres Gerät (ab ein paar hundert Kilowatt bis in den Megawattbereich hinein). Ein String-Wechselrichter hingegen ist ein relativ kleines Gerät (im Leistungsbereich weniger Kilowatt oder darunter), aber es lassen sich ohne größere Probleme hunderte von ihnen parallel schalten, um große Leistungen zu erzielen.

Zentral- und String-Wechselrichter werden mit dem öffentlichen Stromnetz verbunden, müssen also synchron mit diesem arbeiten. Zusätzlich gibt es Inselwechselrichter, die völlig unabhängig von einem Netz arbeiten. Dann wären da noch die Hybridwechselrichter zu nennen, die beides können. In diesem Kapitel lege ich einfache Einspeisewechselrichter zugrunde, da diese preisgünstiger sind (die anderen sind aber auch nicht um ganze Größenordnungen teurer).

Im Mai 2015 veröffentlichte das ‚pv magazine Deutschland' einen Artikel[1], demzufolge „der durchschnittliche Verkaufspreis für Photovoltaik-Wechselrichter in China bei 0,07 US-Dollar pro Watt liege; der durchschnittliche Weltmarktpreis bei 0,16 US-Dollar pro Watt." Da wir uns die Freiheit nehmen, dort zu kaufen, wo es am günstigsten ist, kaufen wir natürlich in China ein. Wir müssen also (ein US-Dollar gleich 0,89 Euro) 62,30 Euro für einen Wechselrichter zahlen, der eine Leistung von 1 kW abgeben kann.

1) http://www.pv-magazine.de/nachrichten/details/beitrag/sma--abb-und-omron-weiter-an-der-spitze-der-wechselrichter-hersteller_100019098/

PVWatts (ein amerikanischer Solarrechner) gibt an, dass man in Bogota in einem Jahr 1.267 kWh aus einer Anlage mit einem kWp gewinnen kann, was einer durchschnittlichen täglichen Energiemenge von 3,47 kWh entspricht (nur zum Vergleich: in Deutschland rechnet man bei guten Standorten überschlägig mit 1.000 kWh pro kWp und Jahr; normal sind eher 950 kWh; wenn man eine schnelle überschlägige Kalkulation machen will, sind die 1.000 kWh pro kWp und Jahr eine brauchbare Daumenpeilung).

Angenommen, wir möchten jeden Tag 10 kWh ernten (Verbrauch einer normalen Familie pro Tag in Deutschland), dann benötigen wir 3,0 kWp an installierter Panelleistung. Zusätzlich nehmen wir an, dass der Verbrauch sich gleichmäßig über den Tag verteilt, demnach also ein Wechselrichter mit 1 kW Leistung erforderlich ist.

Dies führt zu folgender Schätzung pro Kilowatt:

Wechselrichter	70,00 €
Solarpanele	1.440,00 €
Installation + Material	200,00 €
Anlagenpreis	1.710,00 €

Die Anlage wird mit einem Kredit finanziert, der über 20 Jahre läuft und für den 5% Zinsen fällig werden (die lokalen Konditionen dürften eher bei 10 Jahren Laufzeit und 10% Zinsen liegen, aber wir möchten ja nur Vergleichswerte erhalten):

Rückzahlung pro Tag	23,42 Cent
Zinsen pro Tag	11,71 Cent
täglich zu zahlen	35,13 Cent

Da wir pro Tag 10 kWh erzeugen, ergibt sich ein Preis von 3,51 Cent pro kWh elektrischer Energie. Die tatsächlichen Kosten werden sicherlich etwas höher liegen, es geht hier aber zunächst um eine Schätzung, in welchem Bereich man tendenziell liegt. Wir haben also prinzipiell Kosten von **3,5 Cent pro kWh**, wenn wir Energie über Solarpanele und Wechselrichter erzeugen und den Strom sofort verbrauchen können.

Wir haben somit den Beweis, dass elektrische Energie mit Photovoltaik kostengünstiger erzeugt werden kann als mit Kohle- oder Atomkraftwerken! Es gibt keine Verteilungskosten und es gibt keine Steuern oder Abgaben (da werden in Zukunft sicherlich einige Staaten sehr erfinderisch werden; siehe nächstes Kapitel).

Allerdings müssen auch zwei Nachteile angeführt werden.

- Die günstige Stromerzeugung funktioniert nur in der Zone zwischen 37° Nord und 37° Süd. Nur um diesen ja doch eher abstrakten Koordinaten mal reale Städte zuzuordnen: Auf 37° Nord findet man San Francisco oder Málaga, auf 37° Süd Buenos Aires oder Melbourne.

- Günstigen Strom gibt es nur, wenn die Sonne scheint. Für einen verwöhnten Nordeuropäer mag dies ein Schock sein, aber für jemanden, der zuvor ganz ohne Strom auskommen musste, ist das weit mehr als die halbe Miete. Zusätzlich besteht die Möglichkeit, Batterien einzusetzen, was die Sache aber deutlich teurer macht (Details hierzu folgen später).

Ich werde in Kürze etwas genauer darlegen, für wen die Photovoltaik am interessantesten ist, und wir werden sehen, dass diese 37°-Begrenzung nicht völlig willkürlich von mir eingeführt wurde. Außerdem werde ich darlegen, dass Photovoltaik auch außerhalb dieses Gürtels durchaus sinnvoll sein kann. Doch zuvor werfen wir einen Blick darauf, wie sich die Energieriesen wehren.

Kapitel 6 • Dumm, bestochen oder schlicht kriminell?

Haben Sie schon einmal eine Rechnung von einem Restaurant bekommen, weil Sie dort nicht gegessen haben, obwohl Sie es gekonnt hätten? Ich habe mir abends daheim eine Dosensuppe warm gemacht und jetzt schickt mir jedes Restaurant aus der Umgebung eine Rechnung über eine dort nicht eingenommene Mahlzeit (Beträge zwischen 4 und 50 Euro). Ich würde nicht einmal im Traum daran denken, auch nur einem von diesen einen einzigen Cent zu zahlen. Die spanische Regierung macht eine entsprechende Verpflichtung (Ende 2013) gerade zum Gesetz. Das glauben Sie nicht? Dann lesen Sie mal weiter.

Spanien gehört wie auch Portugal, Italien und Griechenland zu den Ländern in Westeuropa, in denen sich Photovoltaik am meisten lohnen könnte. Genau genommen fragt man sich, wieso dort die Sonnenenergie nicht wesentlich intensiver genutzt wird. Wenn ein Land mehr importieren muss als exportiert werden kann, sollte man doch vermuten, dass die jeweilige Regierung ein riesiges Interesse daran hat, etwas an diesem Zustand zu ändern, denn jeder hierbei eingesparte Euro vermindert das allzu große Außenhandelsdefizit! Spanien ist zwar Stromexporteur (5.894 TWh Import und 16.485 TWh Export), könnte aber die Importe deutlich verringern.

Stattdessen werden diejenigen, die sich auf eigene Kosten und Risiko eine Solaranlage installierten, als Schmarotzer bezeichnet. Und genau aus diesem Grund habe ich den sehr provokanten Titel für dieses Kapitel gewählt, denn es ist wirklich unglaublich, was in Spanien geschieht!

6.1 Zunächst einmal: Was genau ist da los?

Im Jahre 2011 war ein Gesetz verabschiedet worden, das den Betrieb von Solaranlagen für den Eigenverbrauch (autoconsumo) legalisierte, und es wurde das Einspeisen ins Netz geregelt. Es waren noch nicht einmal sehr viele Leute, die sich für eine Einspeiseanlage entschieden, denn PV galt als teuer und unzuverlässig. Anfang 2013 setzte die Regierung alle Fördertarife aus (wenn Sie jetzt vermuten, dass es sich hierbei um Vertragsbrüche handelte, dann liegen Sie sehr wahrscheinlich richtig).

Im Juli 2013 beschloss die Regierung ein Gesetz, das eine sogenannte „Rückfallabgabe“ einführte. Dieses Gesetz sollte Anfang 2014 vom Parlament beschlossen werden. Wenn jemand eine Solaranlage besitzt und zusätzlich einen ganz normalen Stromanschluss, dann kann er ja, wenn seine Solaranlage schwächelt, seinen normalen Stromanschluss als Rückfallstufe nutzen (für den er übrigens auch bezahlt). Für diese Art der Notstromversorgung sollte eine Gebühr fällig werden und zwar in Höhe von 6,2 Cent für jede solar generierte Kilowattstunde. Die Amortisationszeit einer normalen Anlage erhöht sich hierdurch von 12 bis 15 Jahren auf deutlich über 20 Jahre. Spätestens hier winkt jeder Investor desinteressiert ab.

Ich habe das mit der freien Marktwirtschaft und dem Kapitalismus immer irgendwie anders verstanden. Da war doch noch irgendetwas mit freiem Wettbewerb: Wer das bessere Angebot macht, der bekommt den Dollar!

Ich gehe also durch ein Geschäft von Sky und dann durch eines von Aldi, schaue in mein Portemonnaie und entschließe mich, bei Aldi einzukaufen, weil die Produkte meiner Meinung nach preiswerter sind. Kaum bin ich daheim, kommt ein Angestellter der Handelskammer und fordert 5,50 Euro von mir. Sky wäre ja gezwungen, seine Infrastruktur aufrecht zu erhalten und weil ich nicht dort eingekauft hätte, müsste ich Sky entschädigen! Oder Fahrradfahrer zahlen eine Sondersteuer für den Erhalt von Tankstellen. Alle erwachsenen Einwohner des Landes müssen sich jährlich einer kostenpflichtigen ärztlichen Untersuchung unterziehen; falls die Lunge nicht deutlich geschwärzt ist, gibt es eine Anklage wegen Verkürzung der Tabaksteuer. Ich hoffe, Sie haben bemerkt, dass ich versuche, die Thematik ins Lächerliche zu ziehen, aber es fällt schwer.

Ein Kumpel von mir sagte einmal vor Jahren zu mir: „Es gibt drei Gegner, mit denen man sich nie anlegen darf, denn sie gewinnen immer: Geheimdienste, Mafia und das Finanzamt!" Die Geheimdienste dürften bei den spanischen Strompreisen wohl kaum involviert sein (zumindest nicht direkt). Bleiben also zwei mögliche Schuldige. Das wird interessant!

Jetzt kann man natürlich einwenden, dass Spanien ein souveräner Staat ist und von daher natürlich seine Gesetzgebung gestalten kann, wie es das Parlament für richtig hält. Dem stimme ich prinzipiell zu, wende jedoch meinerseits ein, dass auch Spanien eine Verfassung hat und in internationale Verträge eingebunden ist, die es erfüllen sollte (die anderen Vertragspartner könnten sonst ihrerseits legale Konsequenzen ziehen).

In jeder mir bekannten Verfassung wird das Eigentum garantiert. Das beinhaltet auch einen Bestandsschutz, denn legal erworbenes Vermögen (dazu gehören auch Rechte aus Verträgen) darf nicht nachträglich beschlagnahmt werden. Es war zu einem bestimmten Zeitpunkt legal, sich Solarpanele zu kaufen und mit ihnen, entsprechend der damaligen Kostenkalkulation, elektrische Energie zu erzeugen, und der spanische Staat zieht jetzt einseitig seine Zusage zur Vergütung zurück und ersetzt sie zusätzlich durch eine Abgabe von 6,2 Cent pro kWh. Hieraus ergibt sich, dass dieses neue Gesetz sogar in Spanien verfassungswidrig sein dürfte! Da ist überhaupt kein Zweifel möglich! Dennoch las ich von spanischen Anwälten, die lieber ihre Panele demontierten und ich schätze, die wissen, warum sie das tun.

Offiziell wird behauptet, dass sich wegen den Einspeisevergütungen in den letzten Jahren ein Defizit von 24 Milliarden Euro angesammelt habe und jedes Jahr kämen 4 Milliarden dazu. Die Verursacher, diese Schmarotzer mit ihren Solarpanelen (Originalton), müssten das jetzt abbezahlen. Wenn man sich dann ansieht, dass die Photovoltaik nur etwa 3% des elektrischen Stroms in Spanien liefert, erscheint das irgendwie unglaubwürdig und man beginnt, ein wenig tiefer zu graben.

Hierbei stieß ich auf eine interessante Statistik (die URL ist leider nicht mehr gültig). Im Jahre 1999 kostete in Spanien die Erzeugung einer kWh ungefähr 4 Cent und die Verteilung 3 Cent. Im Jahre 2009 kostete die Erzeugung einer kWh ungefähr 4 Cent und die Verteilung 6 Cent.

In Spanien werden pro Jahr 267 Terawatt Strom verbraucht, das sind 267.000.000.000

kWh. Irgendjemand hat dafür gesorgt, dass die Verteilung des Stromes um 3 Cent pro kWh teurer wurde. Das ist ein Betrag von ungefähr 8 Milliarden Euro zusätzlich. Es kommen dann noch die 4 Milliarden Euro Verlust hinzu, die angeblich immer noch bei der Verteilung anfallen. Es sackt also jemand, Jahr für Jahr, 12 Milliarden Euro ein, denn das spanische Elektrizitätsnetz ist in den letzten Jahren nicht so viel besser geworden. Das Finanzamt ist also auch nicht der Übeltäter.

Ach, ehe ich vergesse, es zu erwähnen: Der spanische Staat hat die Oberhoheit über das Stromnetz und legt fest, was getan werden soll und was es kostet. Ein Schuft, wer jetzt.....

6.2 My home is my castle!

In sehr vielen Ländern ist die Privatsphäre ein sehr hoch gehandeltes Gut (was anscheinend nicht für die englischen und amerikanischen Geheimdienste gilt, aber das ist ein anderes Thema). In jedem zivilisierten Land gilt, dass prinzipiell niemand Zutritt zu meinen privaten Räumen hat, es sei denn, ich gestatte es ihm ausdrücklich. Hiervon gibt es nur wenige Ausnahmen. Die erste Ausnahme ist eine richterliche Ermächtigung (allgemein als Durchsuchungsbefehl bekannt) und die anderen Ausnahmen gelten nur bei akuter Gefahr für Leib und Leben oder Gefahr für wesentliche Wirtschaftsgüter (die Feuerwehr darf über meinen Rasen latschen, um das Feuer auf dem Nachbargrundstück zu bekämpfen) oder wenn die staatliche Sicherheit gefährdet ist. Fein!

Was sieht jetzt das neue spanische Gesetz vor? Zunächst einmal, dass man seine Solaranlage mit dem Versorgungsnetz verbinden muss, falls eins vorhanden ist, damit genau gemessen werden kann, wie viele kWh jemand erzeugt hat. Dies wird bisher so interpretiert, dass man alles einspeisen muss. Man erhält keine Vergütung für die Einspeisung und doch besteht die Verpflichtung zu einer Abgabe in Höhe von voraussichtlich 6,2 Cent pro kWh, und zwar **für jede kWh die man erzeugt**. Es war im Gespräch, dass die Zähler halbstündig saldieren, man also in dieser Zeit den Netzbezug unterhalb der Einspeisemenge nicht bezahlen muss.

Und was, wenn man seinen Strom heimlich erzeugt? Das ist voraussichtlich ziemlich risikoreich, denn es drohen Geldbußen zwischen 2 Millionen und 30 Millionen Euro (ja, Sie haben richtig gelesen, Minimalstrafe nach aktuellem Gesetzentwurf 2 Millionen Euro!). Und wie soll man erwischt werden können? Ganz einfach: Die Inspektoren des Ministeriums für Wirtschaft, Tourismus und Energie haben das Recht, jedes Grundstück und jede Wohnung zu betreten, falls sie den (noch nicht einmal begründeten) Verdacht haben, jemand erzeuge da per Photovoltaik seinen eigenen Strom. Na, dann lässt man die eben nicht rein! Gute Idee, aber läuft nicht. Dann geht dieser Inspektor nämlich zum nächsten Amtsgericht, lässt sich eine richterliche Verfügung ausstellen (die er sofort erhält) und kommt mit der Nationalpolizei zurück. Lässt man die nicht rein, wird die Tür eingetreten!

Und was dann? Vermutlich wandert man sofort in den Knast, denn bei einer zu erwartenden Minimalstrafe von 2 Millionen Euro besteht ja akute Fluchtgefahr und das nicht nur bei Ausländern. Die Nutzung eines Solarpanels soll geahndet werden wie ein schweres Verbrechen! Es zahlt sich für den Staat eben doch aus, wenn er nicht vergessen hat, wie die spanische Inquisition organisiert wurde und wie wirkungsvoll sie war (hier wurde übrigens das bei der

amerikanischen Inquisition so beliebte Waterbording erfunden).
Sie weigern sich, das zu glauben. Ihr gutes Recht. In Deutschland herrscht Religionsfreiheit und Sie dürfen glauben, was Sie wollen, natürlich auch, dass das große Spaghettimonster die Welt erschaffen hat. Aus eben diesem Grunde beschränke ich mich auf die Fakten.

1) http://www.heise.de/tp/news/Verdeckte-Enteignung-von-Solaranlagen-in-Spanien-2008581.html

Wir haben hier den ersten direkten Angriff auf Solarenergie in privater Hand und es gehört ziemlich wenig Phantasie dazu, die Schuldigen zu verorten. Die privaten Solarpanele sind aber nicht ihr erstes Opfer, sie haben schon ein Großprojekt zu Fall gebracht (der Name lebt noch, jetzt in Dubai, aber es geht nicht mehr darum, Strom nach Europa zu schicken).

6.3 Desertec

Ausgehend vom Club of Rome gab es die Idee, dass man mit Sonnenkraft Strom in der Sahara erzeugen und ihn von dort per Hochspannungs-Gleichstrom-Übertragung (HGÜ) nach Europa übertragen könnte. Dieses Projekt wurde von vielen belächelt, denn es würden Investitionen von hunderten Milliarden Euro benötigt werden. Aber rein technisch war es machbar.

Es sollten solarthermische Kraftwerke zum Einsatz kommen. Nach innen gewölbte und sehr lange Spiegel werden der Sonne nachgeführt und konzentrieren die Sonnenstrahlung auf ein Rohr, in dem ein spezielles Öl zirkuliert. Mit diesem Öl wird die Wärme zum Teil in Phasenwechsel-Speicher geleitet oder direkt in einen Verdampfer. Dort wird Wasser verdampft und einer ganz normalen Turbine zugeführt, die einen Generator antreibt, der elektrischen Strom erzeugt. In den Phasenwechsel-Speichern befindet sich ein spezielles Salz. Die Schmelztemperatur dieses Salzes liegt knapp unter der normalen Öltemperatur. Beim Schmelzen des Salzes lassen sich gigantische Wärmemengen speichern und beim Erstarren wieder abrufen (bei diesem Vorgang ändert sich die Temperatur nicht). Auf diese Weise sollte die Stromproduktion auch über Nacht und zur Not auch über mehrere Tage aufrecht erhalten werden.

Sämtliche Komponenten waren seit Jahren bekannt, geprüft und getestet. Der Strom würde vor Ort für ungefähr 6,5 Cent pro kWh erzeugt werden können. Mit der HGÜ kann man die Verluste auf ungefähr 3% pro eintausend Kilometer drücken. Aus der Sahara bis nach Deutschland wäre das also ein Verlust von 10%. Damit kann man recht gut leben. Sie können jetzt zurückblättern oder mir sofort glauben: Im Kapitel über die Strompreise hatten wir die Angabe, dass die konventionelle Erzeugung (inklusive Gewinn) 7,12 Cent pro kWh kostet. Der Wüstenstrom wäre also durchaus konkurrenzfähig.

Ein Atomkraftwerk liefert für 3-4 Cent (angeblich), wäre also deutlich billiger. Da man nach Fukushima allerdings lieber auf diese Energiequelle verzichten wollte, war abzusehen, dass sich der Wüstenstrom relativ schnell lohnen würde. Das belächelte Projekt schien sich zu entwickeln und es engagierten sich sogar deutsche Großkonzerne (Versicherungen, Banken etc.), weshalb die Desertec Industrial Initiative (Dii) gegründet wurde. Ein Mitglied war die Desertec Foundation, von der die Idee ursprünglich stammte.

Am 27. Juni 2013 veröffentlichte die Süddeutsche Zeitung einen Bericht, dass die Desertec Foundation sich aus der Initiative zurückgezogen habe. Offiziell hieß es, das zwei der Vorstandsmitglieder der Dii sich völlig zerstritten hätten und zudem Spanien Schwierigkeiten machen würde. Der erste Grund ist nicht glaubhaft, denn wenn Ihr Geld auf dem Spiel steht (oder ein möglicher sehr großer Gewinn in der näheren Zukunft), sind Geldgeber sehr gewissenlos. Es hätten in weniger als 24 Stunden zwei andere Manager das Geschäft übernommen. Punkt.

Die Schwierigkeiten mit Spanien klingen da schon deutlich glaubhafter und bestätigten sich in den Folgewochen. Spanien verweigerte das Durchleitungsrecht für die HGÜ-Kabel. Normalerweise würde ich als deutscher Energiewendefetischist sagen, dass das doch sehr bedauerlich ist. Aber als ich die Recherchen für dieses Buch durchführte, fand ich heraus, dass da ein Zombie niedergestreckt wurde, was dann auch die Zwistigkeiten im Vorstand der Dii erklären würde. Der Vorstand wurde nicht ersetzt, weil es schlicht keinen Grund mehr dazu gab.

Wenn man mal die Klimadaten der Sahara mit denen in Südspanien, Süditalien oder Griechenland vergleicht und berechnet, wie viele kWh sich an den jeweiligen Standorten pro Quadratmeter Anlagenfläche gewinnen lassen und was sie kosten, kommt man zu einem überraschenden Ergebnis. Wenn man in Süditalien mit Photovoltaik Strom erzeugt, dann ist er dort vor Ort billiger, als wenn man ihn per HGÜ aus der Sahara holt. Und die politischen Risiken sind sehr viel kleiner.

Da kein deutscher Großkonzern sich dafür einsetzen wird, dass es den Marokkanern oder Tunesiern besser geht (es sei denn, es gibt eine mindestens zweistellige Gewinnmarge), war die Geschäftsgrundlage für Desertec schlicht entfallen. Man war der spanischen Regierung nicht wirklich böse, denn man konnte nun ihr die Schuld daran geben, dass die Dreckschleudern in Europa weiter arbeiten müssen, woran man ja schließlich auch hervorragend verdient.

6.4 Der Stand von PV in Spanien 2016

In der Zeit seit der ersten Auflage dieses Buches hat sich einiges getan und die Gesetzeslage in Spanien ist nicht ganz so brutal, wie es sich vermuten ließ, allerdings ist sie auch nicht viel besser. Doch der Reihe nach.

Der Gesetzesentwurf, der Ende 2014 verabschiedet werden sollte, kam und kam nicht ins Parlament. Viele in Spanien freuten sich schon, denn im Dezember 2015 sollten Wahlen in Spanien abgehalten werden und es sah nicht sehr erfolgversprechend für die alte Regierung aus. Schließlich wurde die Zeit sehr knapp und gar mancher wischte sich schon den imaginären Schweiß von der Stirn.

Dann kam Anfang Oktober die große Überraschung: Das Dekret war verabschiedet worden. Die allerschlimmsten Grausamkeiten waren raus, aber auch so reicht es, die Photovoltaik in Spanien extrem unattraktiv zu machen.

Es wird für Anlagen eine einmalige Abgabe, die sich nach der Größe richtet, geben und es wird eine Abgabe auf jede produzierte kWh erhoben, die zwischen 5 und 7 Cent liegen soll. Diese variable Abgabe entfällt bei Anlagen unter 10 kWp und auf den spanischen Inseln. Kleine Anlagen dürfen einspeisen, erhalten hierfür aber keine Vergütung.

Zudem sind Anlagen, die sich tagsüber per Sonne mit Energie versorgen und nachts auf das Netz umschalten, schlicht illegal. Wenn man als Privatbürger eine Solaranlage betreiben möchte, muss man sich also entscheiden, ob man eine Insel betreiben will oder ob man einen Netzanschluss haben möchte. Unter einer Insel versteht man eine elektrische Versorgungseinheit, die keinen Kontakt zum öffentlichen Netz hat, also auch tatsächlich auf einer Insel stehen konnte. Eine Halbinsel ist dementsprechend eine Installation, die je nach Betriebsbedingungen mit den Netz verbunden ist oder autonom arbeitet; eine typische Halbinsel würde also tagsüber und bei hinreichend gutem Wetter die Versorgung selbst übernehmen und bei schlechtem Wetter oder nachts wird dann auf das Netz umgeschaltet. Beides geht nicht, denn es muss sichergestellt werden, dass ein Gerät, das an der Insel betrieben wurde, später nie über das Netz betrieben wird. Das lässt sich eigentlich nur durchsetzen, wenn es auf einem Grundstück mit Netzanschluss keine zusätzliche Insel geben darf (Verlängerungskabel!).

Als die spanische Regierung damit begann, die Photovoltaik abzuwürgen, waren die zugesagten Einspeisevergütungen rückwirkend drastisch reduziert worden. Dagegen klagen etliche Firmen; viele beim Internationales Schiedsgericht der Weltbank, wo Spanien jetzt hinter Venezuela und Argentinien den dritten Platz der Staaten einnimmt, in denen man besser keine Gelder investiert. Diejenigen, die in Spanien klagen müssen, bekamen eine kalte Dusche: Das spanische Verfassungsgericht hatte entschieden, dass rückwirkende Kürzungen in gültigen Verträgen keinen Verstoß gegen die spanische Verfassung darstellen (sic!).

1) http://www.heise.de/tp/news/Kalte-Dusche-fuer-Solarstromproduzenten-in-Spanien-3070814.html

Die neuste Entwicklung (Februar 2016) besteht darin, dass die zuvor herrschende PP eine heftige Wahlniederlage einstecken musste. Am 10. April soll das königliche Dekret mit dem spanischen EEG in Kraft treten und 227 der 350 Parlamentarier haben schon einen Vertrag unterschrieben, dass dieses ‚EEG' wieder abgeschafft wird. Allerdings sieht es aktuell so aus, dass wohl Neuwahlen anstehen, denn innerhalb der letzten drei Monate war keine Regierungsbildung möglich. Es bleibt also spannend.

6.5 Wie sieht es denn in Deutschland aus?

Nachdem ich mich so intensiv mit Spanien beschäftigt habe, komme ich jetzt zu Deutschland. Es ist nicht so, dass hier alles eitel Sonnenschein ist und ich habe zwei Überraschungen für Sie.

Lange Zeit war es gängige ‚Lehrmeinung', dass sich das EEG, also das Erneuerbare Energien Gesetzt, nur auf die Einspeisung von elektrischer Energie in das allgemeine Stromnetz bezieht, dass also Anlagen, die nicht in der Lage sind, Strom einzuspeisen (weil es schaltungstechnisch und/oder physikalisch unmöglich ist), von diesem Gesetz nicht betroffen sind.

Ich habe ein wenig im „Leitfaden zur Eigenversorgung der Bundesnetzagentur" geblättert. Damit keine Missverständnisse entstehen, dieser Leitfaden gibt wieder, wie die Bundesnetzagentur das EEG von 2014 zu interpretieren gedenkt. Dort fand ich folgendes Zitat:

> *Wie auch der Gesetzgeber in der Gesetzesbegründung betont, sollen nach dem Sinn und Zweck der Ausnahmeregelung nur Eigenversorger mit „völlig autarken Stromerzeugungsanlagen" als Inselanlagen von der EEG-Umlage befreit sein. Das negative Tatbestandsmerkmal, dass die Person des Eigenversorgers weder unmittelbar noch mittelbar an ein Netz angeschlossen sein darf,* ***setzt im Kern voraus, dass der Eigenversorger weder zusätzlichen Strom aus dem Netz beziehen oder überschüssigen Strom in das Netz einspeisen kann.*** *Die technische Möglichkeit zum Strombezug aus bzw. zur Stromeinspeisung in das Netz muss bereits ausgeschlossen sein unabhängig von der tatsächlichen Nutzung.*
>
> ***Der Einbau technischer Einrichtungen, die zwar im Grundzustand zu einer Trennung vom Netz führen, die Verbindung aber nach Anforderungen des Eigenversorgers wieder herstellen können, reicht daher nicht aus, um die Voraussetzungen einer Inselanlage zu erfüllen.***

Der Text bezieht sich vordergründig nur auf die EEG-Umlage, wobei Kleinanlagen unter 10 kWp auch ausgenommen sein sollen (was sich ja sehr schnell ändern lässt), aber letztlich geht es um die gleiche Frage wie in Spanien: Darf ein Bürger in seinem Garten Obst anbauen und selber verzehren, ohne dass er dafür Abgaben zahlen muss? Der Leitfaden sagt jetzt, dass er das darf, aber wenn er es tut, dann darf er nirgendwo anders mehr Obst einkaufen!

Wo wir gerade bei der Verfassung sind. In Spanien wollte man die ja einschränken, damit die Inspektoren der PV-Gestapo jederzeit jedes Haus besichtigen können. Ich konnte mir damals nicht vorstellen, dass so etwas in Deutschland möglich sein könnte. Wenn es um erneuerbare Energie geht, scheint auch in Deutschland der Gesetzgeber alle Hemmungen abzulegen. Aufgrund eines Hinweises blätterte ich im Erneuerbare-Energien-Wärmegesetz (EEWärmeG) und fand dort folgende Textstelle:

> § 11 Überprüfung
>
> *(1) Die zuständigen Behörden müssen zumindest durch geeignete Stichprobenverfahren die Erfüllung der Pflicht nach § 3 Abs. 1 und die Richtigkeit der Nachweise nach § 10 kontrollieren.*
>
> *(2) Die mit dem Vollzug dieses Gesetzes beauftragten Personen sind berechtigt, in Ausübung ihres Amtes Grundstücke und bauliche Anlagen einschließlich der Wohnungen zu betreten.* ***Das Grundrecht der Unverletzlichkeit der Wohnung (Artikel 13 des Grundgesetzes) wird insoweit eingeschränkt.***

Jetzt kann man sich natürlich die berechtigte Frage stellen, ob die Spanier bei den Deutschen abgeschrieben haben oder die Deutschen bei den Spaniern. Grundrechte einschränken, damit die Arbeit der Staatsangestellten ein wenig erleichtert wird? Ja, geht's denn noch?

In der Diskussion über die Strompreise wird oft angeführt, dass die erneuerbaren Energien schuld daran seien, dass der Strompreis beim einfachen Bürger steigt und steigt. Wie die Umlage sich in den letzten Jahren entwickelt hat, lässt sich schnell feststellen. Etwas schwieriger ist es dann, herauszufinden, wo dieses Geld denn hinfließt. Seien Sie nicht allzu überrascht, wenn es zu einem erheblichen Teil zu jenen fließt, die sich am lautesten beklagen.

Die virtuelle Batterie (nur so als Idee)

In der Politik wird behauptet, es sei notwendig gewesen, die erneuerbaren Energien auszubremsen, denn man käme mit dem Netzausbau nicht hinterher und es sei praktisch unmöglich, diesen ‚Zappelstrom' zu bändigen. Insbesondere die Photovoltaik würde mit ihren stark schwankenden Einspeisungen Probleme bereiten. Die Stadtwerke beklagen sich, sie hätten relativ teure gasbetriebene Kraftwerke gebaut und der Börsenstrom läge so niedrig, dass man diese nicht kostendeckend betreiben könne.

Für diese Stadtwerke hätte ich einen wunderbaren Vorschlag. Später werde ich darlegen, dass die Speicherung aufgrund von Abnutzung mindestens 15 Cent pro kWh kostet. Viele haben zwar die Möglichkeit, Solarmodule zu installieren, können oder wollen aber keine Batterie im Haus haben. Genau hier setzt die im Folgenden ausgeführte Idee an.

Die Stadtwerke schließen mit den PVA-Besitzern einen Vertrag über die Lagerung von elektrischer Energie. Die PV-Anlage produziert tagsüber Strom, und was nicht selber verbraucht werden kann, gibt man den Stadtwerken zur Verwahrung. Nachts holt man sich diesen Strom wieder zurück. Für jede eingelagerte kWh zahlt der Kunde 15 Cent und hat keinen Ärger mehr mit den Batterien.

Wenn die Stadtwerke tatsächlich große Speicher bauen, haben sie den Vorteil vom Mengenrabatt und die Kosten für die Wartungsarbeiten sind bei großen Batterien nur geringfügig höher als bei kleinen Batterien. Das war jetzt die Grundidee, die wir noch ein wenig modifizieren.

Die Stadtwerke bauen gar keine Speicher, sondern verkaufen tagsüber den Strom an andere Kunden, die keine PVA haben. Diesen Strom bekommen sie umsonst und können ihn regulär verkaufen. Nachts wird dann das Gaskraftwerk hochgefahren und die ausgelagerten kWh werden dem Eigentümer zurückgegeben. Für jede einzelne kWh bekommen die Stadtwerke 15 Cent an Lagerkosten und es kostet die Stadtwerke nur rund 8 Cent, sie zu liefern (wenn der Börsenpreis niedriger liegt, können sie natürlich auch dort einkaufen). Stromsteuer und Abgaben werden nicht fällig, denn es wird ja nur zurückgegeben, was einem schon gehört. Das Geschäft besteht in der Lagerung.

Der Endkunde wäre zufrieden (ihm ist es völlig egal, ob da wirklich eine Batterie steht oder nicht), die Stadtwerke wären sehr zufrieden, denn die Gaskraftwerke verdienen kräftig Geld und ob durch das eigene Kabelnetz eigener Strom oder zugekaufter Strom fließt, macht keinen Unterschied. Da die Energie regional erzeugt und auch regional verbraucht wird, sind nur die Eigentümer der Hochspannungsnetze unzufrieden, denn sie verdienen weniger und neue Trassen braucht es auch nicht. PV hätte nämlich netzdienlich ausgezappelt.

Dass diese Idee auf etwas wackeligen juristischen Füßen steht, ist mir klar; dass es technisch machbar und wirtschaftlich sinnvoll wäre aber auch. Ich habe eher das ungute Gefühl, dass diese Lösung niemand (außer dem Endkunden) haben will und sie deshalb auch nicht kommen wird.

Kapitel 7 • Photovoltaik und die Jahreszeiten

Es gibt Gegenden auf dieser Erde, da wären die Menschen sehr froh, wenn der Sonnenschein etwas nachließe. Andererseits gibt es Zonen, in denen man die Sonne über lange Zeit überhaupt nicht sieht und es bitter kalt ist (nördlich beziehungsweise südlich der Polarkreise). Nehmen wir an, wir wären nördlich des nördlichen Polarkreises. Es gäbe dann mindestens einen Tag im Jahr, an dem man die Sonne gar nicht (oder zumindest nicht ganz) sehen könnte. Zum Ausgleich gäbe es einen Tag, an dem man die Sonne den ganzen Tag über sähe (zumindest mehr als die Hälfte des Tages).

Um dort jemanden das ganze Jahr über mit Strom aus Photovoltaik zu versorgen, müsste man im kurzen Sommer sehr viel Energie sammeln und speichern, damit sie für den langen Winter reicht. Eine Polarstation solar mit Elektrizität zu versorgen, wäre theoretisch möglich, aber es gibt sehr viele und erprobte Alternativen, die deutlich preiswerter sind.

Den Gegensatz zu den Polarregionen bilden die Tropen. Zwischen dem nördlichen und dem südlichen Wendekreis (23,5° Nord beziehungsweise Süd) sehen die Verhältnisse anders aus. Wenn man es nicht mit einer Stoppuhr prüft, dann ist jeder Tag 12 Stunden lang ist. Morgens um 6 geht die Sonne auf und abends um 6 geht sie wieder unter. Die Unterschiede in der Länge der solaren Tage kann man praktisch vernachlässigen.

Wenn ich in diesem Bereich Strom für die Nacht benötige, ist diese Nacht 12 Stunden lang und für diese Zeit kann man problemlos Strom speichern. Wie teuer das ist, sehen wir uns später noch genauer an.

Es gibt also Unterschiede, je nach Breitengrad. Jenseits der Polarkreise macht Photovoltaik definitiv keinen Sinn, innerhalb der Wendekreise hingegen sehr wohl. Folglich ist zu vermuten, dass dazwischen ein Graubereich besteht, mit verschieden guten solaren Eignungen.

Wir haben schon gesehen, dass Deutschland eine Vorreiterrolle bei der Entwicklung der Photovoltaik übernommen hatte. Aufgrund seiner Wirtschaftsleistung konnte es sich dies erlauben. Aber war es wirklich so sinnvoll, was da geschehen ist? Als Techniker sage ich Ihnen eindeutig, dass das absoluter Blödsinn war! Es gibt nur ganz wenige bewohnte Gegenden auf der Erde, in denen Photovoltaik noch weniger Sinn als in Deutschland macht.

Das hört sich vielleicht leicht verrückt an, Sie können sich aber ganz einfach davon überzeugen, wenn Sie einen Globus nehmen (oder eine Weltkarte, in die die Breitengrade eingetragen sind). Jetzt suchen Sie München auf dem Globus (eine Großstadt im Süden Deutschlands, berühmt in der ganzen Welt wegen seines Bierfests im Oktober). Jetzt halten Sie Ihren Finger in Position und drehen den Globus, bis Ihr Finger auf den amerikanischen Kontinent trifft. Und wo ist er? Mitten in Kanada! Jetzt suchen Sie Hamburg im Norden Deutschlands, setzen an dieser Stelle wieder den Finger auf den Globus und drehen diesen bis zur Westküste von Amerika. Was sehen Sie? Südalaska!

Niemand, der halbwegs bei Trost ist, wird nach Alaska gehen, um Photovoltaikanlagen aufzustellen (ein früherer deutscher Politiker wollte mal als Ananasfarmer nach Alaska gehen, hat aber seine Ankündigung zum Bedauern vieler Leute nie wahr gemacht). Aber die Deutschen haben es gemacht (also nicht Ananas in Alaska angebaut, aber Photovoltaik in Hamburg betrieben und sogar noch nördlich davon)! Sind die Deutschen völlig bescheuert?

Also, die Fachwelt streitet noch! Meine persönliche Meinung ist die: In Anbetracht der vielen und einflussreichen Gruppen, denen dieses Treiben absolut nicht gefällt, sind wir mit diesem Projekt ziemlich weit gekommen. Wenn wir andererseits unseren Nachkommen (ich habe keine, daher habe ich auch kein persönliches Interesse an der Rettung der Erde) nicht einen völlig verdreckten und abgewirtschafteten Planeten hinterlassen wollen, dann sollten wir zusehen, dass diese Geschichte zu einem echten Erfolg wird.

Doch zurück zu den Breitengraden. Ich nutzte PVWatts V1 (es gibt mittlerweile eine neuere Version, dazu aber später) und schaute mir für verschiedene Orte auf der Welt an, wie viel Strahlung pro Monat von der Sonne kommt. Das Programm von PVWatts schlägt automatisch vor, dass die Panele eine Ausrichtung zum Äquator haben und der Anstellwinkel annähernd optimal ist.

Für viele Orte auf der Erde kann man sich solche Werte ansehen und man stellt fest, dass nahe am Äquator jeden Monat fast exakt die gleiche Strahlungsmenge auftrifft. Je weiter man sich vom Äquator entfernt, umso größer werden die Unterschiede über das Jahr.

Jetzt möchte ich diese Beobachtung kurz als Ingenieur bewerten. Wenn ich jeden Tag mit der gleichen Strahlungsleistung rechnen kann, dann kann ich eine Anlage optimal auslegen (Tage mit nicht so gutem Wetter betrachten wir später). Ich weiß, wie viel Strahlung wann aufgefangen wird, ich kenne die Verluste und ich kann berechnen, wann wie viel elektrische Energie verbraucht werden darf. Das ist nicht in allen Fällen einfach, aber machbar.

Wenn ich die Heftigkeit der Abweichungen kenne, kann ich die Anlage kostenoptimal auslegen. Pro investiertem Euro kann ich die maximale Anzahl an kWh aus der Anlage herausholen (was ja das ist, was letztlich verkauft wird).

Um den Grundgedanken zu verdeutlichen, möchte ich jetzt drei Orte hinsichtlich der solaren Einstrahlung vergleichen (die Daten stammen von PVWatts). Die Angaben sind in kWh pro Tag und Quadratmeter annähernd optimal ausgerichteter Panelfläche (Avr. ist der jährliche Durchschnitt).

7.1 Einige Beispiele für Einstrahlungsdaten

Zunächst haben wir **Catacamas in Honduras**, 14,9° Nord.

Jan	Feb	März	Apr.	Mai	Juni	Juli	Aug	Sep	Okt	Nov	Dez	Avr
4,60	5,43	5,90	5,88	5,43	4,74	4,72	5,16	5,29	5,11	4,62	4,49	5,11

Zwischen Dezember (geringste Einstrahlung) und dem Durchschnitt haben wir eine Abweichung von 13%. Zwischen März (höchste Einstrahlung) und dem Durchschnitt haben wir eine Abweichung von ungefähr 15%. Für ein technisches System würde man sagen, dass es hinreichend ausgeglichen ist.

Jetzt schauen wir auf **Amarillo/Texas**, 35° Nord.

Jan	Feb	März	Apr	Mai	Juni	Juli	Aug	Sep	Okt	Nov	Dez	Avr
4,71	5,54	6,14	6,45	6,23	6,52	6,55	6,25	6,07	6,37	4,74	4,75	5,86

Zwischen Januar (geringste Einstrahlung) und dem Durchschnitt haben wir eine Abweichung von 20%. Zwischen Juli und dem Durchschnitt haben wir eine Abweichung von ungefähr 11%. Insgesamt gesehen ist die Einstrahlung höher im Vergleich zu Catacamas und auch die Abweichung zwischen den Monaten ist etwas höher. Etwas schwieriger zu realisieren aber technisch gesehen noch akzeptabel.

Unser letztes Beispiel: **Hamburg/Deutschland** 53° Nord.

Jan	Feb	März	Apr.	Mai	Juni	Juli	Aug	Sep	Okt	Nov	Dez	Avr
0,81	1,80	2,94	4,24	4,77	4,43	4,15	4,10	3,09	2,06	1,26	0,63	2,86

Zwischen Dezember (geringste Einstrahlung) und dem Durchschnitt haben wir eine Abweichung von 350%. Zwischen Mai und dem Durchschnitt haben wir eine Abweichung von ungefähr 65%. Die Schwankung über das Jahr ist sehr stark und die Frage, ob sich der Aufwand für das Ausgleichen dieser Schwankungen noch in einem vernünftigen Rahmen bewegt, stellt sich einem Techniker sofort. Oder anders ausgedrückt: Möchte man in Hamburg eine autonome solare Versorgung realisieren, wird die pro kWh ziemlich teuer! Und das nicht nur deshalb, weil in Amarillo übers Jahr doppelt so viel Sonnenschein ankommt!

Wenn man die Anlage in Hamburg so auslegt, dass man im Dezember genügend Strom hat, dann ist die Anlage im Mai um den Faktor 7,6 überdimensioniert. Oder anders ausgedrückt: 85% der Anlage brauche ich im Mai nicht, denn im aktuellen Ansatz wollen wir ja nur unseren eigenen Bedarf decken und nicht einspeisen. Der überwiegende Teil der Anlage steht herum und kostet Geld, ist aber unverzichtbar, denn er wird im Dezember gebraucht. In diesem Szenario haben wir nicht einmal eine Schlechtwetterfront eingebaut, die erst nach zwei Wochen vorbei ist. Die Gegebenheiten sind so schon grausam genug! Dieses Ergebnis ist natürlich nicht verwunderlich, denn niemand hätte vermutet, dass eine Ananasfarm in Alaska (oder Photovoltaik in Hamburg) Sinn machen könnte.

Jetzt muss eine Aussage aus der Einleitung relativiert werden, nämlich die, dass Einspeisung finanziell unsinnig ist (betriebswirtschaftlich betrachtet). Kommerzielle solare Stromerzeugung würde sich in Hamburg überhaupt nicht rechnen, wenn man in den ertragsstarken Monaten nicht alles einspeisen dürfte, was man an elektrischer Energie erzeugt.

Es gibt also nicht nur extreme Schwankungen über den Tag, sondern auch noch über das Jahr. Das, was durch die alternativen Energien nicht abgedeckt werden kann, muss sich durch konventionelle Kraftwerke ausgleichen lassen, und diese müssen relativ schnell reagieren können (Atomkraftwerke oder große Kohlekraftwerke können das nicht). Folglich braucht man viele kleinere Kraftwerke, die sich schnell regeln lassen. Das ist vom kapitalistischen Standpunkt aus gesehen das absolute Optimum für die Betreiber solcher Kraftwerke: Man wird garantiert bezahlt. Nicht dafür, dass man etwas tut, sondern dafür, dass man gegebenenfalls, gegen ein zusätzliches Entgelt, etwas tun könnte. Wegen der extremen klimatischen Schwankungen über das Jahr ist dies in Deutschland absolut notwendig, in großen Teilen der Erde weitgehend verzichtbar.

7.2 Der 37°-Gürtel

Es gibt keine feststehende Redewendung dafür, aber es gibt eine Art Konsens unter Technikern: Schwankungen von plus/minus 10 Prozent muss das System klaglos wegstecken. Mit Schwankungen von plus/minus 20% sollte ein System zurechtkommen. Alles, was darüber hinausgeht, verursacht teure Probleme!

Mit dieser Techniker-Daumenregel ist eigentlich auch schon festgelegt, wo auf der Welt sich Photovoltaik lohnt. Letztlich ist die Vorgabe absolut beliebig, also habe ich mir die Freiheit genommen, die Grenzen von 37° Nord bis 37° Süd festzulegen (ich wollte, dass ein kleiner Zipfel von Spanien mit eingeschlossen ist, so für den Fall, dass es doch noch zu einer solarverträglichen Gesetzgebung in Spanien kommt). In diesem Bereich hat man den vollen Nutzen. Das heißt aber nicht, dass man außerhalb des 37°-Gürtels Solartechnik nicht absolut sinnvoll einsetzen könnte. Man muss nur etwas genauer nachrechnen!

Man kann völlig vereinfachend davon ausgehen, dass jemand, der genug Geld hat, um sich ein altes Auto oder einen Motorroller zu kaufen, auch genug Geld besitzt, um sich zumindest an einer Solaranlage zu beteiligen. Wenn wir uns den 37°-Gürtel ansehen, stellen wir fest, dass es dort etwa 3 Milliarden Menschen mit einiger Kaufkraft gibt: große Teile der USA und alle Mittel- und Südamerikanischen Staaten, Indien komplett, große Teile von China, Australien, Indonesien, Süd-Korea, Japans Süden inklusive Tokio, Taiwan, Thailand, Malaysia, alle arabischen Länder und Südafrika. Wenn wir die Menschen abziehen, für die schon ein Fahrrad außerhalb ihrer finanziellen Reichweite liegt, bleiben immer noch etwa eine Milliarde, die sich Photovoltaik leisten könnten und für die diese mit einem deutlichen Nutzen verbunden wäre.

Aus diesem Nutzen ergibt sich Wohlstand und Kaufkraft (ohne die Umwelt zu belasten), was dazu führt, dass größere Teile der Bevölkerung in diesen Genuss kommen können. Fast alle Länder, die gerade aufgezählt wurden, müssen Energie importieren, und das Jahr für Jahr. Es gibt Berechnungen darüber, wie lange es dauert, bis Solarzellen die Energie, die notwendig war, um sie herzustellen, wieder geliefert haben. Diese Zeit liegt generell bei unter zwei Jahren und im 37°-Gürtel kann man mit einem Jahr rechnen (und der größte Posten bei der Herstellung von Solarzellen sind die Stromkosten). Was glauben Sie, wird passieren, wenn es gelingt, die Produktion von Silizium-Wafern solar im 37°-Gürtel zu betreiben?

7.3 Erweiterte Zone: Der 55°-Gürtel

In Äquatornähe gibt es keine Jahreszeiten. Über das Jahr schwankt die Einstrahlung praktisch nur wegen unterschiedlich starker Bewölkung. Je weiter man sich vom Äquator entfernt, desto stärker machen sich die Jahreszeiten bemerkbar. In Amarillo/Texas beträgt das Verhältnis zwischen einstrahlungsstärkstem und einstrahlungsärmstem Monat 1 : 1,4, in Hamburg beträgt das Verhältnis 1 : 7,6. Wenn man in Hamburg eine Anlage so auslegt, dass im Dezember die autonome Versorgung gerade noch gewährleistet ist, dann wird man im Mai/Juli eine erhebliche und nicht gerade billige Überkapazität haben.

In Amarillo liegt die Einstrahlung bei 5,86 kWh pro Tag und Quadratmeter. In Hamburg sind es nur 2,86 kWh. Über das Jahr gesehen könnte die kWh zum sofortigen Verbrauch in Hamburg also 6-8 Cent kosten, was immer noch ziemlich günstig ist. Würde man die Anlage so auslegen, dass im Winter der Eigenbedarf gedeckt werden kann, dann kostet im Dezember die kWh gut 53 Cent (7,0 * 7,6). Dieser Ansatz macht wirtschaftlich wenig Sinn.

Man kann aber auch anders herum kalkulieren. Die Anlage wird dann so dimensioniert, dass sie in den sonnenreichen Monaten den durchschnittlichen Eigenbedarf deckt. Die Energie, die man ansonsten nicht solar abdecken kann, wird dazugekauft, was zumindest in Deutschland problemlos möglich ist (die Stromversorger sind verpflichtet, jedem einen Anschluss zu legen, dessen Haus / dessen Wohnung in einem Gebiet liegt, das zur Bebauung vorgesehen ist). Mit diesem Ansatz kann der Kundenkreis für Solarenergie erheblich erweitert werden und zwar auf alle Anwohner des 55°-Gürtels. Jetzt gehören die gesamten USA (ohne Alaska) dazu, der Süden von Kanada, ganz Europa (bis auf Norwegen, Schweden und Finnland), das südliche Drittel von Sibirien sowie alle Länder auf der Südhalbkugel. Unter diesen Umständen kommt gut eine Milliarde möglicher Interessenten für Solarenergie hinzu.

Wenn man diese alle mit preiswertem und emissionsfreiem Strom beliefern könnte, dann wäre ein riesiger Schritt zur Klimarettung getan. Man müsste nicht einmal Geld für dieses Vorhaben ausgeben, es würde sich selbst finanzieren. Die einzige notwendige Voraussetzung ist folgende: Das Wissen, dass es machbar und wirtschaftlich sinnvoll ist, (wirtschaftlich sinnvoll nicht nur für die Einzelpersonen, sondern auch für ganze Länder) muss verbreitet werden, und dieses Wissen muss so aufbereitet sein, dass möglichst viele Menschen es auch verstehen. Ergo dieses Buch!

Noch eine kurze Anmerkung zu Hamburg. Als es um das EEG ging hatten wir festgestellt, dass jemand in Deutschland (Anfang 2016) eine Vergütung von knapp 12 Cent für jede kWh bekam, die eingespeist wurde. Hieraus hatten wir abgeleitet, dass man ein solches Geschäft nur tätigt, wenn die Produktion höchstens 10 Cent pro Kilowattstunde kostet. Jetzt haben wir im Vergleich mit Amarillo/Texas gesehen, dass man die kWh in Hamburg vielleicht auch für 6-8 Cent erzeugen könnte. Wenn wir noch eine technische Inspektion und eine Haftpflichtversicherung für die Solaranlage hinzunehmen, liegen wir bei vielleicht 9 Cent pro kWh.

Wenn man einspeist, verdient man 3 Cent (minus Einkommensteuer); wenn man die kWh selbst verbraucht, spart man 20 Cent (laut Wikipedia lag der Strompreis für normale Haushalte in 2014 und 2015 bei rund 29 Cent pro kWh). Wenn die gesamte Energiewende nur Klientelpolitik für die Besitzer großer Dächer war, dann könnte ich das Ganze ja noch irgendwie nachvollziehen. Falls es das nicht war, muss es sich um die größte Hypnoseaktion der letzten Jahrhunderte gehandelt haben: „Höre auf meine Stimme und tue, was ich dir sage: Bei wirtschaftlichen Entscheidungen wählst du die Lösung, bei der du die meisten Steuern zahlst. Du liebst es, Steuern zu zahlen! Abgaben machen dich glücklich!" Menschliches Verhalten treibt manchmal seltsame Blüten! Nur um Zuschüsse abgreifen zu können, wirft man Geld aus dem Fenster!?

Sie sehen, die Sichtweise ist gekippt. Es ist nicht ausnahmsweise mal wirtschaftlich sinnvoll, elektrischen Strom per Photovoltaik zu erzeugen. Wenn man einen Zusatzanbieter hat, ist es fast überall auf der Welt sinnvoll! Wenn die Sonne scheint, nutze ich den selbst erzeugten und billigen Solarstrom. Wenn die Sonne nicht mehr scheint, schaltet man auf den lokalen Stromanbieter um. Völlig legal (bisher!)! Das einzige Problem besteht darin, dass es solche automatischen Umschalter mit Zulassung noch nicht zu vertretbaren Preisen gibt (entweder sie kosten ein paar hundert Euro, oder sie werden niemals ein offizielles Prüfsiegel erhalten können).

Ich habe mal grob kalkuliert, dass so ein automatischer Umschalter für ein kW für weniger als 40 Euro hergestellt werden könnte. Wer einen solchen Umschalter mit CE-Zeichen, TÜV-Stempel, GS-Zeichen auf den Markt bringt, hätte da einen schier unendlich großen Markt. Wenn einem die ganzen Plaketten egal sind, lässt sich so ein Umschalter für 10 Euro oder weniger bauen (genau genommen dürfte man sie sogar verwenden, aber im Falle von Problemen hätte man die volle Verantwortung und somit auch die Haftung; das sollten Sie also zumindest innerhalb der EU unterlassen).

Wenn man von Spanien absieht, gibt es kein Land auf dieser Erde, in dem es illegal ist, sich für die eigene Stromversorgung eine Halbinsel aufzustellen (auf welche Weise hingegen man die Anlage ausschließlich aufstellen darf, dazu gibt es wahrscheinlich in etlichen Ländern sehr viele Bestimmungen). Meistens wird es dann problematisch, wenn die Solarpanele die Silhouette des Hauses nicht verändern. In manchen Fällen wird die Verwaltung fordern, dass die Panele nicht von der Straße oder besonderen Aussichtspunkten aus sichtbar sind. Machen Sie sich also schlau, welche Anforderungen bei Ihnen gelten und welche Bestimmungen man weitgehend straffrei ignorieren kann.

7.4 Zwei Fallbeispiele aus dem 55°-Gürtel

Jetzt muss ich noch kurz auf ein kleines Problem eingehen: Woher erhält man die Einstrahlungsdaten für den Ort, an dem man die PV-Anlage aufbauen möchte? Vor vier Jahren war die einzige Quelle mit internationalen Daten, die ich nach langer Recherche finden konnte, eine Datenbank der Nasa. Die nächstbeste Quelle war PVWatts, Version 1. Hierbei handelte es sich ebenfalls um eine amerikanische Datenbank, weshalb die Anzahl der Messpunkte in den USA auch relativ hoch war. Für andere Teile der Welt waren die Informationen eher spärlich.

Kurze Zeit später kam PVGIS hinzu; hierbei handelt es sich um den Solarrechner der EU. Bis vor einigen Monaten lieferte dieser Dienst jedoch nur Daten für die EU, doch nun kann man auch Daten für große Teile Afrikas und Asiens abfragen.

PVWatts wurde mittlerweile auch weiter entwickelt und kann die Einstrahlungsdaten für jeden Ort auf der Erde ermitteln. Man gibt entweder den Ortsnamen und das Land an oder die Koordinaten des Ortes. Dann fragt das Programm die Dachneigung, die Ausrichtung, die Anlagengröße und den Wirkungsgrad für die Wandlung in Wechselstrom ab. Das Ergebnis sind die Daten für die einzelnen Monate.

Wenn Sie in eine einfache Photovoltaik-Anlage investieren, können Sie Ihre Stromrechnung deutlich reduzieren, Jahr für Jahr, die nächsten zwanzig Jahre lang. Wir nehmen ein Haus in Düsseldorf in Deutschland, ein typisches Terrassenhaus aus den 1950er Jahren, mit einem nach Süden gerichteten Dach, das 35° Neigung aufweist. Dieser Teil der Welt ist nicht für ein besonders sonniges Klima bekannt und ich habe diesen Standort gewählt, weil ich aufzeigen möchte, was alles möglich ist. Anstelle von Düsseldorf hätte ich auch irgendeine Stadt in Holland, Belgien, Südengland oder Nordfrankreich wählen können.

Der Eigentümer des Hauses, Thomas Schmidt, hatte sich vor 4 Jahren in das Thema Photovoltaik eingearbeitet und dann beschlossen, dass er eine Photovoltaikanlage besitzen wolle. Zu der Zeit war es noch sehr schwierig, Daten über die Einstrahlungsleistung zu erhalten, aber er wollte sich nicht blind auf irgendeinen Berater verlassen müssen. Zuerst fand er die Datenbank der NASA, aber die notwendigen Umrechnungen schreckten ihn doch sehr ab. Dann gab es einen Glückstreffer: PVWatts V1. Viele Daten für die USA, jedoch sehr wenige internationale Daten waren vorhanden, aber Düsseldorf war dabei (das Arbeiten mit der Version V1 ist etwas umständlich; aus didaktischen Gründen zeige ich einmal die Arbeit mit dieser Version; mit der aktuellen Version lässt sich deutlich angenehmer arbeiten)!

Auf dem Dach des Hauses, mit geringem Abstand zu den Dachziegeln, hatte Thomas Schmidt 25 Solarpanele mit jeweils 100 Watt peak (Wp) angebracht. Diese Panele weisen eine Größe von 120 x 54 = 0,65 m² auf. Somit befinden sich insgesamt 16,25 m² Panele mit einem Wirkungsgrad von 15% auf dem Dach. Jedes Panel hatte inklusive Versand in Deutschland 86,00 Euro gekostet. Thomas Schmidt hatte also für die Panele 2.150 Euro ausgegeben.

Er musste auch Geld für einen sogenannten Solar-Controller ausgeben. Dieser sorgt dafür, dass die elektrische Energie, die von den Panelen kommt, direkt verbraucht oder in einer Batterie gespeichert werden kann (oder beides). Zusätzlich benötigte er einen Wechselrichter, der die Gleichspannung von der Batterie in die 230 Volt Wechselspannung umwandelt, die in Deutschland gebräuchlich sind. Ein Kombigerät, das beides macht, kostete so um die 600 Euro und brachte 3 kW Spitzenleistung (Waschmaschine und Staubsauger können also gleichzeitig benutzt werden).

Da Thomas Schmidt keine Lust hatte, selbst auf dem Dach herumzuturnen, beauftragte er eine kleine Dachdeckerfirma damit, die Panele auf seinem Dach anzubringen. Das hat ihn noch einmal 500 Euro gekostet. Wir kommen also auf folgende Kalkulation:

25 Panele mit jeweils 100 Watt á €86	2.150 €
Kombigerät Controller / Wechselrichter	600 €
Arbeiten auf dem Dach plus Material	500 €
--	
Total	3.250 €

Bevor Thomas Schmidt die Teile für seine Solaranlage bestellte, hatte er sich seine Stromrechnung recht genau angesehen. Er hatte einen Verbrauch von 3.280 kWh im Jahr. Der Haushalt von Thomas Schmidt verbrauchte also 9 kWh pro Tag. An einer anderen Stelle auf der Rechnung war angeführt, wie viel er zu bezahlen hatte. Dieser Betrag setzte sich aus folgenden Posten zusammen (in anderen Ländern oder bei anderen Anbietern kann es durchaus Abweichungen geben):

a) einer Grundgebühr, die zu zahlen ist, unabhängig davon, ob Strom verbraucht wird oder nicht,
b) einem Betrag für die verbrauchten Kilowattstunden
c) und natürlich den Steuern.

Herr Schmidt hatte also 3.280 kWh im Jahr verbraucht und musste dafür 886 Euro zahlen. Das sind die 27 Cent; der Strom war damals noch etwas günstiger.
Jetzt sehen wir uns an, mit welcher solaren Einstrahlung er durchschnittlich im Jahr rechnen kann.

In der folgenden Tabelle finden wir in der ersten Zeile, welche Strahlungsmenge laut PV-Watts V1 pro Quadratmeter zu erwarten war. Heutzutage geht es deutlich einfacher, aber damals musste Herr Schmidt noch die Umrechnung auf Quadratmeter durchführen.

In der zweiten Zeile finden wir P_{out}, die Ausgangsleistung pro Tag der 25 Panele mit 16,25 m^2 bei 15% Wirkungsgrad. Diese Leistung geht in den Solar-Controller, der einen Wirkungsgrad von 94% besitzt.

In der dritten Zeile finden wir S_{out}, also das, was aus dem Solar-Controller herauskommt. Wir verwenden einen Wechselrichter, der einen Wirkungsgrad von 90% aufweist. Die Energiemenge, die als verwendbarer Strom aus dem Wechselrichter kommt, finden wir in der 4. Zeile.

In der letzten Zeile wird aufgeführt, was Herr Schmidt pro Tag an Energie hinzukaufen muss (er wollte im Sommer möglichst autonom sein).

	Jan	Feb	März	Apr	Mai	Juni	Juli	Aug	Sep	Okt	Nov	Dez
kW	0,82	1,99	2,49	4,16	4,46	3,63	4,22	4,36	3,08	2,43	0,92	0,80
P_{out}	1,99	4,85	6,07	10,1	10,8	8,85	10,2	10,6	7,50	5,92	2,24	1,95
S_{out}	1,87	4,56	5,70	9,53	10,2	8,32	9,66	9,98	7,05	5,56	2,10	1,83
W_{out}	1,68	4,10	5,13	8,58	9,19	7,49	8,69	8,98	6,34	5,00	1,89	1,65
Diff	7,32	4,90	3,87	0,42	-	1,51	0,31	0,02	2,66	4,00	7,11	7,35

Wir sehen, dass Herr Schmidt ziemlich gute Arbeit geleistet hat, denn im Mai hat er eine Vollversorgung mit erneuerbarer Energie. Er hatte sich bewusst dagegen entschieden, in das Netz einzuspeisen (er hasst dieses bürokratische Papiergeschiebe), und dass er im Mai die 0,19 kWh Überschuss pro Tag nicht einspeisen kann, stört ihn daher überhaupt nicht.

Was ihn besonders freut ist die Tatsache, dass er im Jahresdurchschnitt nur noch 3,29 kWh pro Tag dazukaufen muss.

Wir finanzieren die 3.250 Euro für die Solaranlage mit einem Darlehen mit einer Laufzeit von 20 Jahren und einem Zinssatz von 5% (unser Standard-Verfahren; da wir unterstellen, dass er sein Haus als Sicherheit für den Kredit einsetzen kann, sind die Konditionen realistisch).

Rückzahlung pro Tag	44,52 Cent
Zinsen pro Tag	22,26 Cent
Zukauf: 3,29 kWh * 0,27	88,83 Cent
--	
Tägliche Zahlung	155,61 Cent

Da wir einen Verbrauch von 9 kWh pro Tag haben kommen wir auf 17,29 Cent pro verbrauchte kWh (dies ist nicht der Preis für die selbst erzeugte kWh - der liegt bei 11,66 Cent pro kWh - sondern der Durchschnittspreis übers Jahr). Das war ungefähr 10 Cent billiger, als der damals aktuelle Strompreis, er sparte also 36% bei der Stromrechnung (dass er bei dieser Auslegung auch noch eine Batterie gebraucht hätte, habe ich der Einfachheit halber zunächst unterschlagen)!

Juan Portales hat ein Haus in der Nähe von Palma de Mallorca in Spanien. Das Haus nebenan gehört der Familie Schmidt aus Düsseldorf. Herr Schmidt hatte schon früher begeistert von seiner Solaranlage erzählt, aber Juan wollte sich wegen der juristischen Problemen noch nicht entscheiden. Könnte eine PV-Anlage auch etwas für Juan Portales sein? Die Sonne scheint in Spanien deutlich intensiver, aber andererseits ist elektrischer Strom dort rund 20% günstiger.

Juan Portales schaut auf seine Stromrechnung aus 2015. Er summiert alle Kosten und dividiert die Summe durch die Anzahl der verbrauchten Kilowattstunden. Das Ergebnis ist, dass er 23 Cents pro kWh bezahlte - was knapp über dem europäischen Durchschnitt von 21 Cent liegt. Er zahlte für 3.285 kWh insgesamt 755,55 Euro. Juan Portales würde hier gerne etwas einsparen.

Er schaut sich zunächst die Kalkulationen von Thomas Schmidt an, schaltet seinen PC ein und ruft dann PVGIS auf, den Solarrechner der EU (http://re.jrc.ec.europa.eu/pvgis/apps4/pvest.php). Die wichtigste Information für ihn ist zunächst die, welche Einstrahlung er im Sommer erwarten kann. PVGIS gibt an, dass er im Juli mit 5,20 kWh Einstrahlung pro Tag und kWp rechnen kann. Ein Vergleich mit der Anlage von Thomas Schmidt lässt ihn vermuten, dass er mit 1,75 kWp gut bedient sein müsste. Hierzu würde er 7 Panele benötigen (warum das keine gute Wahl ist, sehen wir später).

7 Panele à 250 Watt für jeweils €187,50	1.312,50
Kombigerät Controller / Wechselrichter	600,00
Arbeiten auf dem Dach plus Material	500,00
--	
Total	2.412,50

Juan führt im Prinzip die gleiche Berechnung durch, die auch Thomas Schmidt anstellte, allerdings macht ihm PVGIS die Arbeit jetzt wesentlich leichter, denn er muss nur noch den Ort, die Größe und die Ausrichtung der Anlage sowie den Gesamtwirkungsgrad eingeben. Für 1,75 kWp Anlagengröße mit voller Südausrichtung und einer Dachneigung von 25° erhält er folgendes Ergebnis:

	Jan	Feb	März	Apr	Mai	Juni	Juli	Aug	Sep	Okt	Nov	Dez
W_{out}	4,91	5,92	7,96	8,32	9,08	9,50	9,55	8,91	7,73	6,50	4,91	4,51
Diff	4,09	3,08	1,04	0,68	-	-	-	0,09	1,27	2,50	4,09	4,49

Wir nehmen für den Moment mal an, dass PV-Halbinseln in Spanien nicht verboten wären. Wenn man die ganzen Differenzbeträge aufsummiert, dann müsste Juan 645,95 kWh pro Jahr zukaufen, was ihm Kosten von 148,57 Euro verursachen würde.

Wir finanzieren die 2.412,50 Euro wieder mittels eines Kredits mit 20-jähriger Laufzeit und einem Zinssatz von 5%.

Rückzahlung pro Tag	33,04 Cent
Zinsen pro Tag	16,52 Cent
Zukauf 1,87 kWh pro Tag	40,70 Cent
--	
Täglich zu zahlen	90,26 Cent

Da auch er pro Tag, genauso wie die Familie Schmidt, 9 kWh verbraucht, ergibt sich ein Preis von 10,03 Cent pro verbrauchter kWh. Das sind 13 Cent weniger, als er aktuell für die kWh aus dem Netz bezahlen muss (die kWh aus der PV kostet im Jahresschnitt 6,75 Cent). Juan könnte also seine Stromrechnung um fast 50% einkürzen, wenn da nicht die spanische Regierung wäre.

Juan fängt breit an zu grinsen. Wenn die in Madrid weiter solchen Unfug machen, dann kauft er sich eben ein paar große Batterien, einen kleinen Generator und dann meldet er seinen Stromanschluss endgültig ab! Was er dann noch über die spanische Regierung sagte, darf ich leider nicht übersetzen, denn dieses Buch könnte ja auch mal in die Hände von Kindern fallen.

Dann wird Juan mit einem mal ganz ruhig und nachdenklich und sagt: „Du, Thomas, im Augenblick ist die Anlage so ausgelegt, dass ich mich im Sommer gerade selbst versorgen kann. Ganz grob gerechnet beziehe ich vom Versorgungsunternehmen 2 kWh pro Tag und zahle für jede kWh 23 Cent. Ich erzeuge jeden Tag 7 kWh und jede kostet mich unter 7 Cent. Wenn ich einfach mehr Energie verschenke, dann müsste der Strom für mich doch noch günstiger werden, oder?"

Nach kurzer Diskussion sind sich die beiden einig, dass wohl etliche Berechnungsdurchläufe erforderlich sind, um hier eine optimale Lösung zu finden. Dann meint Juan, dass er das einfach noch mal durchrechnen will für den Fall, dass auch er sich 10 Panele auf das Dach packt. Platz genug wäre dort.

10 Panele mit jeweils 250 Watt á €187,50	1.875,00 €
Kombigerät Controller / Wechselrichter	600,00 €
Arbeiten auf dem Dach plus Material	500,00 €
--	
Total	2.975,00 €

	Jan	Feb	März	Apr	Mai	Juni	Juli	Aug	Sep	Okt	Nov	Dez
W_{out}	7,01	8,46	11,4	11,9	13,0	13,6	13,6	12,7	11,0	9,29	7,01	6,44
Diff	1,99	0,54	-	-	-	-	-	-	-	-	1,99	3,56

Bei diesem Ertrag würde Juan über das Jahr gerechnet 247,95 kWh einkaufen müssen, was ihn nur 15,62 Cent pro Tag kosten würde (wäre da nicht der spanische Staat).
Wir finanzieren die 2.975 Euro wieder mittels eines Kredits mit 20-jähriger Laufzeit und einem Zinssatz von 5%.

Rückzahlung pro Tag	40,75 Cent
Zinsen pro Tag	20,37 Cent
Zukauf 0,68 kWh pro Tag	15,62 Cent

Täglich zu zahlen	76,74 Cent

Bei einem Verbrauch von unverändert 9 kWh pro Tag kommt Juan jetzt auf einen Preis von 8,53 Cent pro kWh.

Wenn er sich entschließen würde, die paar Kilowattstunden pro Tag im Winter einzusparen (eine Familie, die halbwegs energiebewusst lebt, kommt auch problemlos mit 5 kWh pro Tag aus), wäre er völlig autark, bräuchte nur noch ein paar Batterien und einen kleinen Generator als absolute Notlösung und könnte sich vom Stromnetz abmelden.

Juan grinst noch breiter als zuvor. Er schaut sich um und sagt: „Dort ist Norden, dann muss Madrid ungefähr da liegen." Er streckt die Faust in diese Richtung, Handrücken nach unten, und streckt den Mittelfinger gen Himmel. Das Gesicht von Juan ist leicht gerötet, was allerdings auch am Rotwein oder an den Stunden am Strand liegen könnte. Er scheint zufrieden mit sich zu sein. Herr Schmidt hat ähnliche Gedanken: „Je mehr man in Spanien wegwirft, desto billiger bekommt man es? Ist da irgendwo ein prinzipieller Fehler in der Politik?"

Man benötigt kein spezielles Training und keine besonderen Fähigkeiten, um eine Solaranlage aufzubauen. Es ist viel einfacher, als es uns viele Firmen glauben machen wollen. Ihren Gewinn habe ich zu dem Gewinn von Thomas und Juan gemacht.

Auf dem Weg zu solaren Selbstversorgung gibt es aber noch ein paar kleine Stolpersteine, denn man verbraucht nicht nur tagsüber Strom sondern auch nachts. Wenn also Halbinseln illegal sind (man nutzt tagsüber den Strom von den Panelen und schaltet abends einfach aufs Netz um), benötigt man Speicher, also Batterien. Zusätzlich ist eine Notversorgung erforderlich, die im Zweifelsfalle auch teurer ist, als der Netzbezug. Wir sehen später, wohin uns das führt.

Kapitel 8 • Sind Photovoltaik-Anlagen gefährlich?

Es ist ein Mythos, dass Feuerwehren Häuser kontrolliert abbrennen ließen, weil wegen der Photovoltaik-Anlage nicht gelöscht werden konnte. Zumindest aus Deutschland ist **kein einziger Fall** dieser Art seit der Einführung von Photovoltaikanlagen bekannt, also seit über 30 Jahren.

Eine Auswertung der Statistiken ergab, dass es in den letzten 20 Jahren deutschlandweit 120 Brände gab, bei denen die Solaranlage Auslöser des Brandes war. Wenn man bedenkt, dass 2014 ungefähr 1,3 Millionen Photovoltaik-Anlagen in Deutschland installiert waren, dann kann man das Risiko als extrem minimal einstufen. Zudem kann die Feuerwehr photovoltaische Anlagen auch im Nahbereich (zwischen einem und fünf Metern Abstand) absolut risikofrei löschen und das weiß sie auch! Dies gilt sogar für die kommerziellen Anlagen, bei denen Spannungen bis zu 1.000 Volt an den Panelen auftreten können.

Anfang 2013 führte das Fraunhofer-Institut für Solare Energiesysteme ISE zusammen mit dem TÜV Rheinland einen Workshop durch, an dem 120 Fachleute teilnahmen. Hersteller, Forscher, Feuerwehr und Versicherer waren sich einig, dass Photovoltaikanlagen anders sind, als herkömmliche Elektroinstallationen, aber nicht gefährlicher, wenn die bestehenden Regeln eingehalten werden. Der beste Brandschutz sei gegeben, wenn die Anlagen von qualifizierten Fachkräften installiert werden.

Die wichtigste Besonderheit von Photovoltaik-Anlagen besteht darin, dass sie mit Gleichstrom arbeiten und man sie nicht komplett abschalten kann; sobald Licht auf die Module fällt, produzieren sie eine Spannung. Man kann eine normale Autobatterie zum Schweißen verwenden, denn mit Gleichstrom kann man leicht einen stabilen Lichtbogen erzeugen (bei Wechselstrom würde der Lichtbogen spätestens nach einer hundertstel Sekunde erlöschen, weil die Elektronen dann kurz in ihrer Bewegung anhalten). Dies ist die größte Gefahr in Photovoltaik-Anlagen.

Wenn bei der Installation einer Solaranlage minderwertiges Material verwendet oder gepfuscht wird, kann sich eine Verbindungsstelle lockern und es entsteht ein Lichtbogen, der zunächst einmal nicht erlischt. Da ein solcher Lichtbogen selbst Metall problemlos zum Schmelzen bringt, wird auch das gesamte Material um den Lichtbogen herum schmelzen und/oder sich entzünden, falls es auch nur halbwegs brennbar ist. Durch das Abschmelzen des Materials wird natürlich der Lichtbogen länger, und ab einer bestimmten Länge (abhängig von der Spannung) wird der Lichtbogen erlöschen. Wenn der Lichtbogen während seiner Lebensdauer brennbares Material entflammen konnte, hat man ein Problem (Solarpanele selbst gehören nicht zu den gut brennbaren Materialien, die meisten sind allerdings entflammbar!).

Wenn man also Solarpanele auf einem Holzdach mit Teerpappe anbringt, hat man ein hohes Risiko, dass sich ein möglicher Brand ausbreitet, denn es ergibt sich ein netter Kamineffekt zwischen Solarpanel und Dach. Bei einem Blechdach wird jedes Kabel längst zerschmolzen sein, bevor das Dach punktuell auch nur richtig warm wird. Wenn die Panele auf einem Dach mit richtigen Dachschindeln liegt, hat so ein Feuer überhaupt keine Möglichkeit, sich auszubreiten.

8.1 Wodurch könnte es zu einem Lichtbogen kommen?
Genau genommen, nur durch Pfusch! Und jetzt sehen wir uns kurz an, wo der Pfusch stecken könnte (Definition von Pfusch: Qualitativ schlechte Arbeit, die man aber nicht sehen kann!).

Wir haben da zunächst das Solarpanel selbst. Im Solarpanel sind die einzelnen Solarzellen mittels dünner Metallstreifen verbunden. Wenn an einer dieser Stellen ein Kontaktproblem auftritt, wird es vielleicht kurz ein paar Funken geben und das Problem hat sich selbst dadurch gelöst, dass der dünne Streifen den Stromkreis wie eine Schmelzsicherung unterbricht. Ähnliches gilt für das Innere der Zelle. Hier entstehen keine ernsthaften Probleme.

Kabel, die ordentlich verlegt wurden (also nicht im Wind wild schwingen und sich durchscheuern können), gehen eigentlich auch nie kaputt. Der Übergang zwischen Steckerelementen bereitet keine Probleme, denn diese Verbindung wurde schon entsprechend konstruiert. Die Probleme treten beim Übergang vom Kabel auf das Steckerelement auf.

Die Verbindung von einem Kabel zu einem Steckerelement wird normalerweise durch Crimpen hergestellt. Beim Crimpen wird die Litze (das ist das Bündel feiner Kupferdrähte im Kabel) in eine Hülse des Steckerteils eingeführt. Anschließend wird das Metall des Steckers so umgebogen, dass die Kanten tief in die Litze hinein gedrückt werden. Wenn das Crimpen mit gutem Werkzeug ausgeführt wird, ist der Druck so hoch, dass Steckermaterial und Litzen kalt miteinander verschweißt werden; es entsteht eine gasdichte Verbindung, die extrem zuverlässig und korrosionsfest ist (weshalb man diese Art der Verbindung auch in allen Autos findet).

Wenn eine solche Crimpverbindung mit zu wenig Druck hergestellt wird, ist die Verbindung zwar (zumindest zunächst) elektrisch leitend, aber sie ist nicht gasdicht. Folglich kann Korrosion einsetzen und der Übergangswiderstand zwischen Litze und Steckerteil ändert sich. Durch den höheren Widerstand heizt sich diese Stelle weiter auf, und je wärmer es wird, desto stärker wird die Korrosion. Dies ist ein Vorgang, der sich im Inneren des Kabels abspielt, man kann einen solchen Defekt also nicht sehen.

Es gibt mehrere Möglichkeiten, solche Schwachstellen aufspüren. Die High-Tech-Version besteht aus einer Wärmebildkamera. Diese liefert ein Photo, auf dem die Farben die verschiedenen Temperaturen darstellen. Man kann schon Temperaturunterschiede von wenigen Grad oder sogar von Bruchteilen von einem Grad deutlich sichtbar machen. Leider sind solche Kameras nicht gerade billig.

Wenn man eine PV-Anlage besitzt, die mehrere Sektoren mit jeweils eigenem Controller aufweist, kann man auch eine Statistik anlegen und die Leistung der einzelnen Sektoren miteinander vergleichen. Wenn ein Sektor plötzlich weniger Leistung abgibt, besteht irgendwo dort ein Problem.

Es gibt außerdem noch die Methode des einfachen Laien. Man tastet alle paar Monate die ganzen Panele und Kabel ab; wenn es weh tut, weil es heiß ist, hat man eine fehlerhafte Verbindung gefunden. Stellen, die deutlich wärmer sind als die anderen, weisen auf ein zukünftige Probleme hin, die man aber sofort beheben muss! Solche Fehler sind wie Zeitbomben, bei denen man die Uhr nicht sehen kann. Alles klar?

Auf diese Weise gefundene Fehlerstellen müssen sofort isoliert werden! Die betroffenen Kabel oder Panele dürfen nicht eine Minute länger einen elektrischen Kontakt zum Rest der Anlage aufweisen und sie dürfen auch nicht mehr in einen geschlossenen Stromkreis eingebunden werden (wenn mehrere Elemente betroffen sind, muss jedes einzelne Element elektrisch isoliert werden!). Nach der Trennung dürfen Sie sich mit der eigentlichen Reparatur beliebig viel Zeit nehmen, aber die Trennung muss sofort erfolgen!

8.2 Wie schaltet man ein Segment einer Photovoltaik-Anlage ab?

Wie trennt man nun Anlagenteile sicher vom Rest der Anlage ab? Ich beginne mal damit, wie man es nicht machen sollte. Sie stellen etwa fest, dass eine Steckverbindung deutlich wärmer ist und die Anlage läuft gerade (das heißt, es fließt eventuell ein starker Gleichstrom). Wenn Sie jetzt den Stecker auftrennen, um das Problem zu beseitigen, könnten Sie sich verkohlte Fingerspitzen holen! Das liegt daran, dass sich sofort beim Auftrennen ein Lichtbogen bildet, weil ein großer Strom fließt. In einem Lichtbogen ist es so heiß, dass die Luft leitfähig wird und Metall schmilzt. Dem haben Ihre Finger nichts entgegenzusetzen.

Solange ein Strom durch die Panele fließt, besteht das Risiko eines Lichtbogens. Folglich schaltet man im ersten Schritt alle Verbraucher aus (also auch den Wechselrichter) und zieht dann die Sicherung für den DC-Kreis heraus (da wir vorher alle Verbraucher abgeschaltet haben, kann sich hierbei kein Lichtbogen mehr bilden). Wenn man zusätzlich zur Sicherung einen Lastschalter installiert hat, kann man natürlich auch diesen betätigen, statt die Sicherung zu ziehen.

Egal, wie hoch die Spannung in der Anlage ist, es gibt keinen geschlossenen Kreislauf mehr; folglich können keine Elektronen mehr fließen und ohne Strom gibt es keinen Lichtbogen (die Spannung alleine, ohne geschlossenen Kreis, reicht nicht).

8.3 Kabelquerschnitte

Ich bin nicht sicher, ob die in diesem Kapitel angegebenen Werte in Ihrem Land zulässig sind. Falls Sie auch nur den geringsten Zweifel haben, sollten Sie bei der zuständigen Stelle nachfragen. Falls in Ihrem Land dünnere Kabel erlaubt sein sollten, empfehle ich trotzdem, Kabel mit den hier angegebenen Werte zu verwenden; die dickeren Kabel kosten nicht sehr viel mehr.

Je nachdem, wo und wie man seine Kabel verlegt, ergeben sich unterschiedliche Maximalwerte im Hinblick auf den Strom, der durch diese Kabel fließen darf. Nach DIN 57100 wird beispielsweise unterschieden, ob die Adern einzeln und mit einem Abstand verlegt werden oder etwa mehrere Adern in einem Rohr. Zusätzlich macht es einen Unterschied, ob man das Kabel in einem Haus verlegt oder auf einem Schiff und dort ist wiederum zu unterscheiden, ob das Kabel im Maschinenraum verlegt wird oder in einer Kajüte. Ich gehe im Folgenden von normalen Kupferkabeln mit normaler Isolierung aus.
Der Grund, weshalb verschiedene Kabelquerschnitte vorgeschrieben sind, liegt im Aufheizen der Kabel. Wenn ein Strom fließt, stoßen die Elektronen gegen die Kupferatome im

Kabel. Diese beginnen zu schwingen und die kinetische Energie von Atomen und Molekülen ist Wärme. Irgendwann wird das Kabel so heiß, dass die Isolierung schadhaft wird, und auf diese Weise wächst immer mehr die Gefahr, dass die Kupferadern verschiedener Kabel miteinander in Kontakt kommen. Es können Kurzschlüsse entstehen (nicht so gefährlich, weil man die einzelnen Stromkreise mit Sicherungen absichert) und Lichtbögen (sehr gefährlich, denn die Sicherung könnte meinen, dass der Strom noch zulässig ist).

Die Dimensionierung der Kabel erfolgt auf Basis der Erfahrung aus den letzten hundert Jahren und zwar so, dass sich die Kabel einfach nicht übermäßig erwärmen können. Ob durch ein Kabel Gleichstrom oder Wechselstrom fließt, ist völlig unerheblich. Mit den Angaben in der folgenden Tabelle sind Sie auf der sicheren Seite; es wird angegeben, wie viele Ampere auf jeden Fall durch ein Kabel mit dem angegebenen Querschnitt fließen dürfen. Die Angaben in den drei rechten Spalten sind Ampere-Werte.

mm^2	**DIN 57100**	**Germ. Lloyd**	**Auto-Elektrik**
1,0	11	10	10
1,5	15	12	15
2,5	20	17	20
4,0	25	22	25
6,0	33	29	30
10,0	45	40	50
16,0	61	54	60

8.4 Energieverlust im Kabel

Es wurde schon erwähnt, dass sich ein von Strom durchflossenes Kabel durch eben diesen Strom erwärmt. Wir wollen uns dieses Verhalten jetzt etwas genauer ansehen. Es gibt Materialien, die leiten elektrischen Strom sehr schlecht, etwa trockene Steine, Glas, Gummi oder Plastik. Diese Materialien werden als Isolatoren bezeichnet. Außerdem gibt es Materialien, die leiten elektrischen Strom sehr gut, zum Beispiel alle Metalle. Diese Materialien werden als Leiter bezeichnet (Kupfer ist beispielsweise ein sehr guter Leiter). Schließlich sind noch die Halbleiter zu nennen, aber auf die wollen wir hier nicht eingehen.

Beim Ohmschen Gesetz hatten wir schon gesehen, dass bei einer gegebenen Spannung der Widerstand vorgibt, wie groß der Strom ist. Damit man die Wirkung verschiedener Materialien miteinander vergleichen kann, wurde der spezifische Widerstand eingeführt und es gibt ellenlange Listen für die gesamten Materialien und Legierungen. Uns interessiert hier nur das Kupfer, denn dies ist das Material, aus dem alle normalen Kabel hergestellt werden. Nur der Vollständigkeit halber: Kupfer hat einen spezifischen Widerstand von 0,0178 $\Omega * mm^2 / m$; ein Kabel mit einem Meter Länge und einem Querschnitt von einem Quadratmillimeter hat also einen Widerstand von 0,0178 Ω.

Damit Sie sich keine unnötigen Gedanken machen müssen, habe ich uns eine Tabelle erstellt:

mm^2	Ω pro Meter einfache Kabellänge
1,0	0,0178
1,5	0,0118
2,5	0,0071
4,0	0,0044
6,0	0,0029
10,0	0,0018
16,0	0,0011

Nehmen wir an, wir besäßen ein Haus irgendwo in der Pampa, und die Lichtanlage liefe auf 12 Volt Gleichstrom. Unser Problem besteht darin, dass wir die letzten 80 Meter bis zum Haus nicht mit dem Auto fahren können, da der Weg nicht breit genug ist. Wir kommen auf die Idee, sowohl am Haus als auch bei unserem Parkplatz ein Leitlicht anzubringen; wenn wir abends noch einmal weg möchten, leitet uns das eine Licht bis zum Wagen, und wir finden auch das Schlüsselloch, um einsteigen zu können. Wenn wir später zurückkehren, finden wir auch ohne Taschenlampe zur Haustür zurück.

Wir entscheiden uns für eine 10 Watt Glühlampe, wie sie bei Autos für die Beleuchtung des Nummernschildes verwendet wird. Die Installation einer Lampe am Haus macht kein Problem und wir haben noch eine große Rolle mit 1,5 mm^2 Kabel übrig. Wird die Lampe beim Parkplatz vernünftig damit funktionieren? Schließlich müssen wir ja mit dem Kabel 80 Meter hin und auch wieder zurück.

Wir sehen uns zunächst die Lampe beim Haus an. Die Kabel sind so kurz, dass wir ihren Einfluss vernachlässigen können. Die Glühlampe liefert 10 Watt an 12 Volt. Wir nehmen die Formel $P = U^2 / R$ und stellen sie um, damit wir den Widerstand der Glühlampe erhalten:

$$R = U^2 / P = 144 / 10 = 14{,}4\ \Omega$$

Die Glühbirne, die wir am Parkplatz montieren möchten, hat natürlich den gleichen Widerstandswert, also können wir endlich zum Einfluss des Kabels kommen. Ob wir von der Batterie 80 Meter zur Glühbirne gehen und wieder 80 Meter zurück, ist rein elektrisch gesehen genauso, als ob wir ein 160 Meter langes Kabel haben und die Glühbirne direkt neben der Batterie sitzt. Wir erhalten also 160 * 0,0118 = 1,89 Ω für das Kabel.

Jetzt kommen wir zu etwas, das in der Elektrotechnik als Spannungsteiler bezeichnet wird.

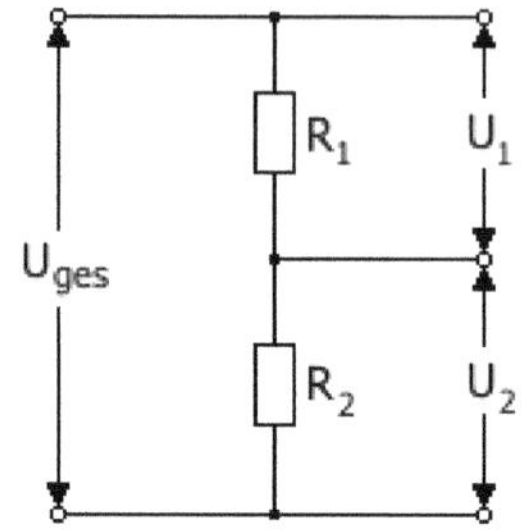

Abbildung 2: Schaltbild für einen Spannungsteiler

Hier wird es ein wenig komplizierter, bleibt aber völlig im Rahmen. In der Abbildung haben wir die beiden Widerstände, nämlich den Widerstand der Glühbirne, der hier als R^1 bezeichnet wird, und den Widerstand des Kabels, der jetzt den Namen R^2 erhalten hat (damit die Abbildung für jeden möglichen Fall verwendet werden kann). Bei U_{ges} handelt es sich um die Gesamtspannung, also die 12 Volt von der Batterie.

Wir müssen jetzt zweimal das Ohmschen Gesetz anwenden. **Einmal** haben wir die Batteriespannung, die einen Strom durch die beiden Widerstände treiben möchte. Es gilt wieder der Ansatz, dass es rein elektrisch gesehen völlig egal ist, ob man dort zwei Widerstände hat, die in Reihe geschaltet sind, oder ob dort nur ein Widerstand vorhanden ist, dessen Wert aus der Summe der beiden Widerstände besteht.

Wir haben also diese Formel:

$$R_1 + R_2 = R_{ges} = 14{,}4 + 1{,}89 = 16{,}29\ \Omega.$$

Aus $U = R * I$ ergibt sich

$$I = U / R = 12 / 16{,}29 = 0{,}74 \text{ Ampere}$$

Das ist der Strom, der später fließen wird.

Jetzt kommen wir zur **zweiten** Anwendung des Ohmschen Gesetzes. Wenn ein Strom durch einen Widerstand fließt, dann erzeugt er, über den Widerstand gemessen, eine Spannung. Und diese Spannungen können wir auch berechnen:

$$U_1 = R_1 * I = 14{,}4 * 0{,}74 = 10{,}66 \text{ Volt}$$

und

$$U_2 = R_2 * I = 1{,}89 * 0{,}74 = 1{,}40 \text{ Volt}$$

Zur Überprüfung addieren wir die beiden Spannungen und stellen zufrieden fest, dass sich eine Gesamtspannung von (ziemlich genau) 12 Volt ergibt, wie es ja auch sein sollte.
Jetzt nehmen wir uns die Formel zur Berechnung der Leistung,

$P = U^2 / R.$

$$P_1 = U_1^2 / R_1 = 10{,}66 * 10{,}66 / 14{,}4 = 7{,}89 \text{ W}$$

und

$$P_2 = U_2^2 / R_2 = 1{,}40 * 1{,}40 / 1{,}89 = 1{,}04 \text{ W}$$

In der Summe kommen wir nicht mehr auf die 10 Watt, die Sie vielleicht spontan erwartet hätten. Auch die Leistung unseres Leitlichtes ist deutlich funzeliger, als unsere intuitive Erwartung. Die Leitungswiderstände stehlen uns Leistung und beeinflussen auch noch die Spannungen in einer Weise, die uns nicht gefällt.

Hierbei handelt es sich mehr um eine akademische Übung, sie soll aber das Prinzip verständlich machen. Jetzt wenden wir dieses Prinzip auf etwas an, das wir in unseren Photovoltaik-Anlagen benötigen werden. Die Solarmodule befinden sich auf dem Dach und unsere Elektronik samt Batterien ist im Erdgeschoss untergebracht (weder Batterie noch Elektronik mögen es warm oder gar heiß, also werden sie im Haus dort aufbewahrt, wo es angenehm kühl ist; die ideale Temperatur beträgt 20°C).

Ich muss jetzt ein paar Dinge vorwegnehmen, die später noch genauer erläutert werden. Manche Solarpanele haben eine Ausgangsspannung von 24 Volt (und wir rechnen der Einfachheit halber mit 25Volt), wenn man ihnen annähernd die maximale Leistung entnimmt (es gibt auch Panele mit anderen Ausgangsspannungen!). Eine Familie (zwei Erwachsene mit zwei Kindern) mit einem etwas gehobenen Anspruch hat einen Verbrauch an elektrischer Energie von 10 kWh am Tag.

Bei praktisch allen Solarpanelen, an denen schon Kabel mit Steckverbindern angebracht sind, handelt es sich um sogenannte MC4-Steckverbinder. Diese Steckverbinder gibt es in verschiedenen Größen. Kleinere Panelen werden mit 2,5 mm^2 Kabeln verbunden. Der Strom, der maximal durch ein einzelnes Panel fließen kann, ist recht begrenzt, weshalb man hier nicht mit Steckverbindungen für dickere Kabel rechnen muss. Also verwenden wir auch ein solches Kabel mit 2,5 mm^2, um die elektrische Leistung vom Dach zum 10 Meter entfernten Solar-Controller (was das genau ist, wird in Kürze erläutert werden) zu transportieren.

Wir vernachlässigen zusätzlich, dass der Solar-Controller, die Speicherung in einer Batterie und die Erzeugung von 230 Volt Wechselspannung mit Verlusten behaftet sind. Wir unterstellen 10 Stunden Sonnenschein am Tag, also müssen die Panele 1 kW an Leistung bringen können, damit über den Tag verteilt^{2}10 kWh erzielt werden können. Es geht jetzt nur um die Frage, ob das Kabel mit 2,5 mm eine sinnvolle Lösung ist.

Für den Vergleich der Wirtschaftlichkeit gehen wir davon aus, das die Anlage 10 Jahre hält. Ich habe einige Kabelpreise herausgesucht (die Preise gelten für 100m-Rollen pro Meter; man kann deutlich sehen, dass der Preis im Wesentlichen von der enthaltenen Menge an Kupfer abhängt):

Querschnitt	Preis pro Meter
1,0 mm²	0,12 €
1,5 mm²	0,17 €
2,5 mm²	0,26 €
4,0 mm²	0,42 €
6,0 mm²	0,63 €
10,0 mm²	1,05 €
16,0 mm²	1,70 €

Wir haben eine Leistungsabgabe an den Panelen von 1 kW und wir arbeiten mit 25 Volt. Folglich muss der Strom 40 Ampere betragen (P = U * I = 25 * 40 = 1.000 Watt). Wir sehen in unserer Tabelle, dass ein Kupferkabel mit 2,5 mm² einen Widerstand von 0,0071 Ω pro Meter aufweist. Wir haben 10 Meter vom Dach nach unten und um den Stromkreis zu schließen müssen wir auch wieder 10 Meter zurück. Also kommen wir auf einen Widerstand von 20 * 0,0071 = 0,142 Ω. Es fließt ein Strom von 40 Ampere und der erzeugt eine Spannung über den Kabelenden von 5,68 Volt. Nach der Formel P = U² / R ergibt sich P = 5,68 * 5,68 / 0,142 = 227.2 Watt. Der Verlust pro Tag im Kabel beträgt rund 2,3 kWh!

Das Kabel hat €5,20 gekostet und wir haben auf 10 Jahre gerechnet einen Verlust von €839,50, wenn wir die kWh mit 10 Cent Selbstkostenpreis ansetzen.

Wir müssen uns also einmal ansehen, wie die Verluste aussehen, wenn wir 4,0 mm² Kabel verwenden. Ein Kupferkabel mit 4 mm² weist einen Widerstand von 0,0044 Ω pro Meter auf. Das Kabel ist 20 Meter lang, also kommen wir auf einen Widerstand von 0,088 Ω. Es fließt ein Strom von 40 Ampere und der erzeugt eine Spannung über den Kabelenden von 3,52 Volt. Nach der Formel P = U² / R ergibt sich P = 3,52 * 3,52 / 0,088 = 140.8 Watt.
Das Kabel hat €8,40 gekostet und wir haben auf 10 Jahre gerechnet einen Verlust von €513,92.

Nochmal! Ein Kupferkabel mit 6 mm² hat einen Widerstand von 0,0029 Ω pro Meter. Das Kabel ist 20 Meter lang, also kommen wir auf einen Widerstand von 0,058 Ω. Es fließt ein Strom von 40 Ampere und der erzeugt eine Spannung über den Kabelenden von 2,32 Volt. Nach der Formel P = U² / R ergibt sich P = 2,32 * 2,32 / 0,058 = 92,8 Watt.
Das Kabel hat €12,60 gekostet und wir haben auf 10 Jahre gerechnet einen Verlust von €338,72.

Ich habe diese drei Kalkulationen erstellt, um aufzuzeigen, dass nicht die Kupferminenbesitzer hinter der Behauptung stehen, dass man möglichst dicke Kabel verwenden sollte. Zudem möchte ich wetten, dass Sie nicht gemerkt haben, dass alle diese Kalkulationen ohnehin zu unzulässigen Ergebnissen geführt haben (die Kalkulation selbst ist physikalisch richtig, nur fehlt ihr als Grundlage die ‚Erlaubnis'). Der Grund, weshalb das alles unnötig war liegt, ein paar Seiten zurück. Dort hatte ich aufgelistet, wie dick Kabel mindestens sein müssen, damit sie für einen bestimmten Strom zulässig sind.

Wir haben einen Strom von 40 Ampere, also muss das Kabel mindestens einen Querschnitt von 10,0 mm^2 aufweisen, damit es überhaupt eingesetzt werden darf. Hätte ich Ihnen das gleich gesagt, dann hätten Sie sich vielleicht gedacht: „Ich bin hier mitten in Bolivien, was geht mich die deutsche DIN-Norm an? Ich nehme das Kabel, das gerade bei mir herum liegt!" Jetzt wissen Sie, dass dies eine teure Lösung ist. Nicht sofort, aber im Laufe der Zeit! Zusätzlich könnten Sie ziemlich preiswert eine Gefahrenquelle ausschließen, die durchaus zu einem Feuer führen könnte.

Also sehen wir uns noch einmal das Ergebnis für das dünnste zulässige Kabel an. Ein Kupferkabel mit 10 mm^2 hat einen Widerstand von 0,0018 Ω pro Meter. Das Kabel ist 20 Meter lang, also kommen wir auf einen Widerstand von 0,036 Ω. Es fließt ein Strom von 40 Ampere und der erzeugt eine Spannung über den Kabelenden von 1,44 Volt. Nach der Formel $P = U^2 / R$ ergibt sich $P = 1{,}44 * 1{,}44 / 0{,}036 = 57{,}6$ Watt.

Das Kabel hat €21,00 gekostet und wir haben auf 10 Jahre gerechnet einen Verlust von €210,24.

Wenn wir die technisch korrekte Lösung mit der zunächst billigsten (und in den meisten Ländern der Welt ‚illegalen') Lösung vergleichen, dann haben wir für das Kabel €15,80 mehr ausgegeben. Dies wurde aber mehr als ausgeglichen, weil wir verhindert haben, dass elektrische Energie im Wert von 630 Euro einfach so verheizt wird. Die Empfehlung, dicke Kabel zu nutzen, sind also keine Prinzipienreiterei, sondern Sie sparen wirklich Geld.

Die Verwendung von dickeren Kabeln hat selbstverständlich auch eine natürliche Grenze, nämlich die Anschlussklemmen vom Solar-Controller. Bevor Sie losgehen, um Kabel einzukaufen, oder sich entsprechend ins Internet stürzen, sollten Sie einen Blick auf die Anschlussklemmen werfen (zur Not gilt: Kreisfläche = $\Pi * r^2$). Im Allgemeinen kann man sich zudem darauf verlassen, dass die Hersteller von Geräten und Sicherungen wissen, welche Kabelquerschnitte mit wie vielen Ampere belastet werden dürfen. Aber es selbst zu wissen, gibt einem die Zuversicht, eine korrekt funktionierende Anlage aufgebaut zu haben.

Jetzt bleibt noch ein Problem zu beachten: An den gesamten Panelen nutzen wir Kabel mit 2,5 mm^2, vom Dach nach unten müssen wir aber ein 10 mm^2 Kabel verwenden. Die Lösung besteht einfach darin, eine sogenannte Verteilerdose zu setzen. Solche Verteilerdosen sind auch mit Durchführungshülsen erhältlich und dann sogar tauchwasserfest (ich weiß ja nicht, wo Sie Ihre PV-Anlage installieren). In der Verteilerdose setzen wir eine Klemmenleiste. Von mehreren kleineren Klemmen (da gehen die Kabel von den Panelen rein) legen wir jeweils ein Kabel zu einer dicken Klemme. Und da kommt dann das 10 mm^2 Kabel rein.

8.5 Kabelverbindungen: MC3 & MC4 und Sunclix

Das MC steht für Multi Contact. Es handelt sich hierbei um eine amerikanische Firma, die allerdings im Besitz eines schweizer Konzerns ist. Diese Firma hat sich auf die Herstellung von Verbindern in Solaranlagen spezialisiert. Diese Verbinder bieten einige Vorteile und haben sich dadurch quasi weltweit als Standard etabliert; sie sind wetter- und UV-fest und ermöglichen eine weitgehend dichte Verbindung (sogar weitgehend wasserdicht). Zudem passen hier (anders als bei Menschen) nur Männchen mit Weibchen zusammen. Dadurch ist es bei der Montage vor Ort fast unmöglich, falsche Verbindungen zu verlegen (ich werde gleich noch näher drauf eingehen).

Sowohl MC3- als auch MC4-Steckverbinder sind für unterschiedliche Kabelquerschnitte erhältlich. Man kann sie für Kabel von 2,5 mm^2, 4 mm^2 bis 6 mm^2 und 10 mm^2 (es gibt also drei Subtypen) kaufen, und zwar überall dort, wo es Zubehör für Solaranlagen gibt. MC3- und MC4-Verbinder sind nicht kompatibel, man kann aber Adapter kaufen (billiger ist es natürlich, die Steckverbinder abzuschneiden und eine Verteilerdose mit Klemmleiste zu setzen).

MC3-Verbinder haben die Schutzklasse IP65. Dies bedeutet, dass sie absolut staubdicht (es besteht keinerlei Möglichkeit, unter Spannung stehende Teile berühren zu können) und sprühwasserfest (im weiblichen Steckverbinder gibt es eine Gummidichtung, die den männlichen Steckverbinder eng umfasst - die Abdichtung zwischen Steckergehäuse und Kabel erfolgt über eine Gummitülle) sind.

Die MC3-Verbinder waren früher üblich, hatten zwei Nachteile: Erstens waren sie ohne das passende Spezialwerkzeug sehr schwer zu montieren und zweitens wurden die beiden Verbinder praktisch nur durch Reibung und den Druckunterschied zusammen gehalten (wenn das Männchen in das Weibchen eingeführt wird, wird die Luft aus dem Gehäuse gedrückt; wird später versucht, das Männchen wieder herauszuziehen, dann entsteht ein Unterdruck). Schon bei relativ geringem Zug auf das Kabel konnten MC3-Verbinder sich öffnen. Wenn dann währenddessen ein hoher Strom durch das Kabel fließt, entsteht ein wunderschöner Lichtbogen. Das wäre für mich ein hinreichender Grund, MC3-Verbinder nicht einmal dann zu verwenden, wenn ich sie geschenkt bekäme.

Der **Nachfolger MC4** unterscheidet sich von seinem Vorgänger dadurch, dass die Abdichtung zwischen Kabel und Gehäuse jetzt durch eine Gummiquetschdichtung erfolgt (also erst die Überwurfmutter auf das Kabel, dann die Dichtung und dann das eigentliche Steckerelement auf das Kabel crimpen, das Gehäuse auf das Steckerelement aufsetzen, die Teile zusammenschieben und die Überwurfmutter festdrehen; die Gummidichtung wird breit gedrückt und dichtet den Spalt zwischen Gehäuse und Kabel zuverlässig ab).

Zusätzlich werden die beiden Steckerelemente beim Zusammenschieben mechanisch miteinander verriegelt - das eine Teil hat zwei Haken, die beim Zusammenschieben nach innen gedrückt werden, und das umfassende Gehäuseteil weist zwei Aussparungen auf, in die die Haken einrasten können. Rein durch Zugkräfte ist eine zerstörungsfreie Trennung nicht mehr möglich. Das Problem besteht nur darin, dass man bei einem gewollten Trennen eigentlich vier Hände benötigt: Eine Hand hält ein Steckerelement fest, mit zwei weiteren Händen drückt man die Häkchen nach innen (etwa mit kleinen Schraubenziehern) und mit der vierten Hand versucht man, die Gehäuseteile auseinanderzuziehen.

Die beiden MC4-Verbinder haben die Schutzklasse IP67, das bedeutet, sie sind absolut staubdicht und zusätzlich tauchwasserfest.

MC4-Steckverbinder sind also das Mittel der Wahl, wenn es auf dem Dach schnell gehen soll (nach entsprechenden Vorüberlegungen kann man alle notwendigen Kabel vorkonfektionieren oder fertige Kabel bestellen). Es dauert hierbei keine 10 Sekunden, eine wetterfeste Kabelverbindung herzustellen. Die Angabe, wie viele Ampere durch diese Steckverbindung fließen dürfen, hebt nicht die Vorgabe auf, wie dick die Kabel mindestens sein müssen!

Anmerkung: Verwenden Sie unbedingt Crimpzangen zur Herstellung der Verbindungen! Wenn Sie anderes Werkzeug nutzen, werden die Verbindungen vielleicht korrekt aussehen und es wird auch ein Kontakt vorhanden sein, da die Verbindung aber nicht gasdicht ist, wird Korrosion einsetzen, der Kontakt wird schlechter, erwärmt sich und kann sogar ein Feuer auslösen. Wenn Sie keine Crimpzange besitzen, fragen Sie in einer Autowerkstatt oder bei einem Elektriker, ob man Ihnen die Kabel konfektioniert kann. Oder noch einfacher: Bestellen Sie fertige Kabel im Internet.

Die einzigen echten Konkurrenten für die MC-Verbinder sind die **Sunclix-Verbinder** der deutschen Firma Phoenix Contact. Diese Verbinder waren die ersten, für die man kein spezielles Werkzeug benötigt (ein kleiner Schraubendreher reicht). Diese Verbinder sind in zwei Größen erhältlich. Die kleineren Verbinder können mit Kabeln von 2,5 mm^2 bis 6,0 mm^2 verbunden werden und die größeren mit Kabeln von 6,0 mm^2 bis 16,0 mm^2. Sie sind natürlich auch regen- und UV-fest. Es gibt sie in den Varianten IP65 (staubdicht und sprühwasserfest) und IP68 (staubdicht und tauchfest).

Auch bei diesen Verbindern sorgt eine Gummidichtung für die Abdichtung zwischen Männchen und Weibchen und auch bei ihnen sorgen zwei kleine Haken dafür, dass die Verbinder nicht versehentlich getrennt werden können. Wenn man sie jedoch tatsächlich trennen möchte, hält man die Verbindung mit einer Hand fest, drückt einen kleinen Schraubendrehen in eine Öffnung (wenn man ihn jetzt loslässt, bleibt er auf Position) und kann dann die Verbindung mit der anderen Hand auseinanderziehen.

Genauso einfach lässt sich auch die Montage bewerkstelligen. Wir haben hier ebenfalls eine Überwurfkappe und einen Steckerkörper, aber es gibt hier keine Crimpverbindung, sondern ein Federblech. Wenn das Federblech entlastet ist, kann man das abisolierte Kabel kraftfrei aus dem Stecker herausziehen oder hineinschieben. Befindet sich ein Kabel in dem Stecker und man drückt die Feder in ihre Position (sie rastet dort ein), dann wird durch den Druck eine elektrisch gut leitende Verbindung hergestellt. Anschließend wird einfach die Kappe wieder aufgeschraubt (dabei wird die integrierte Gummidichtung zusammengedrückt) und schon ist man fertig.

Schneller und einfacher kann es kaum gehen. Der Nachteil besteht darin, dass diese Verbinder ein wenig teurer sind. Natürlich haben die Sunclix-Verbinder auch alle notwendigen Zulassungen.

8.6 Sicherungen

Zunächst muss ein genereller Irrtum aufgekärt werden: Die Sicherungen in einer Verkabelung nennen sich Leitungsschutz. Sie sind also ausdrücklich nicht dazu da, angeschlossene Geräte zu schützen; sie sind ausschließlich dazu da, das Kabel vor Überhitzung zu schützen. Folglich sucht man in einem Stromkreis nach dem dünnsten Kabel (verschieden dicke Kabel sollte man unbedingt vermeiden, und wäre dieses Buch nur für Deutschland bestimmt, müsste ich die Verlegung verschieden dicker Kabel in einem Stromkreis als Fauxpas brandmarken; hmm, in allen anderen Ländern eigentlich auch, was hiermit geschehen sei). Mit dessen Querschnitt sucht man in der Tabelle, und der dort aufgeführte Ampere-Wert gibt die maximale Größe der Sicherung an (man darf nicht nur, man sollte sogar sicherheitshalber die Sicherung zumindest eine Nummer kleiner wählen).

Man kann ganz generell sagen, dass eine Photovoltaik-Anlage auf der Gleichstromseite weitgehend ungefährlich ist, wenn die Spannung unter 120 Volt liegt, es sei denn, man erzeugt einen Kurzschluss direkt an der Batterie oder einen Lichtbogen. Es kann also durchaus ein gefährlicher und unerwünschter Lichtbogen in der Anlage vorhanden sein und der Leitungsschutz sagt, dass das alles noch im grünen Bereich liegt. Folglich sollte man die Sicherung so auslegen, dass alle Verbraucher im Stromkreis gerade eben noch alle gleichzeitig eingeschaltet sein können, auch wenn das Kabel es erlauben würde, einen wesentlich höheren Strom durchzuleiten.

Wir beschränken uns hier zunächst auf Schmelzsicherungen. Diese Sicherungen haben zwei Metallkappen, zwischen denen ein Draht gespannt ist. Dieser wird durch den Strom im Draht erwärmt. Wenn der Strom (etwa bei einem Kurzschluss) viel zu hoch ist, durchläuft der Draht innerhalb von Millisekunden folgende Aggregatzustände: fest, flüssig, gasförmig, flüssig und wieder fest. Nur handelt es sich jetzt nicht mehr um einen Draht, sondern um irgendwie verteiltes Material. Sinn und Zweck dieser Maßnahme ist es, die beiden Metallkappen elektrisch voneinander zu trennen.

Manche dieser Sicherungen sind ‚flink', andere ‚extra flink', und es gibt auch ‚träge' Sicherungen. Bei flinken Sicherungen dauert es etwa 20 Millisekunden, bis sich der Metallfaden auflöst. Bei mittelträgen Sicherungen sind 50 bis 90 Millisekunden erforderlich. Bei trägen Sicherungen dauert es 100 bis 300 Millisekunden, nachdem der zulässige Strom überschritten wurde. Sinn machen die verschiedenen Varianten, weil elektrische Geräte häufig für ganz kurze Zeitabschnitte wesentlich höhere Ströme benötigen als im zeitlichen Durchschnitt (das ist etwa bei Motoren und Glühlampen der Fall). Mit den verschiedenen Sicherungstypen trägt man dieser Tatsache Rechnung, ohne das Kabel selbst zu gefährden (wenn man sich mit den Strömen in Bereichen bewegt, die deutlich darüber liegen, wird man feststellen, dass auch Kabel nichts anderes sind als Schmelzsicherungen; allerdings könnte in diesem Fall noch einiges mehr kaputtgehen).

Anmerkung: Bei der Installation von Batterien sollte man besondere Vorsicht walten lassen, denn sie können einen sehr großen Kurzschlussstrom generieren – in diesem Fall fangen sie an zu kochen und Säure umherzuspritzen. Um sich hiervor zu schützen, muss man zunächst festlegen, wie groß der maximale Strom sein soll, der aus der Batterie heraus oder in sie hineinfließt. Angenommen, es handelte sich wieder um eine 100 Ah Batterie, dann wäre ein sinnvoller Wert 20 Ampere (wir wollen ja kein Auto mit der Batterie starten). Dementsprechend sucht man eine Sicherung aus. Bevor die Batterie mit der Anlage verkabelt wird, bringt man diese Sicherung am Pluspol an und sorgt dafür, dass der Pluspol bis zur Sicherung berührungssicher ist (Plastikkappe, eine Schicht Silikon oder Heißkleber - bitte Materialverträglichkeit prüfen; es darf keine Möglichkeit mehr geben, dass von Außen ein metallischer Kontakt zum Pol hergestellt werden kann). Erst hinter der Sicherung hat man den normalen Schraubanschluss.

Durch diesen Schritt hat man sichergestellt, dass die Batterie nie kurzgeschlossen werden kann. Kostengünstig - und wie viel Ärger man sich erspart hätte, wird man nur heraus finden, wenn man es nicht so macht!

8.7 Sicherheitsregeln beim Arbeiten an elektrischen Anlagen

Gleichspannungen über 120 Volt und Wechselspannungen über 50 Volt sind lebensgefährlich! Alle Arbeiten an Anlagenteilen, die später höhere Spannungen führen könnten, dürfen nur von ausgebildeten Fachkräften durchgeführt werden (Man darf Löcher und Schlitze in die Wände bohren und man darf sogar die Kabel verlegen, aber man darf sie nicht selbst anschließen!).

Generell, auch bei 12 Volt-Anlagen, sollte man sich an die fünf Regeln für sicheres Arbeiten mit (möglicherweise) Spannung führenden Teilen halten:

1. Allpolig Abschalten: Wir sorgen dafür, dass es keine einzige leitende Verbindung mehr gibt zwischen dem Anlagenteil, mit dem wir arbeiten möchten, und anderen Anlagenteilen. Bei Batterien also Plus- und Minuspol abklemmen.

2. Gegen Wiedereinschalten sichern: Im Idealfall würde man es mit einem Vorhängeschloss unmöglich machen, dass jemand, und sei es versehentlich, die getrennten Verbindungen wieder verbindet; und das gilt für alle Verbindungen! Das absolute Minimum ist ein Schild, auf dem eingetragen ist, wer als Einziger berechtigt ist, die Verbindung wieder zu schließen.

3. Testen: Verifizieren Sie, dass alle Teile des jetzt isolierten Bereiches wirklich spannungsfrei sind (vielleicht hat ja jemand eine Querverbindung gelegt, von der man nichts weiß).

4. Erden und Kurzschließen: Da vorher die Spannungsfreiheit getestet wurde, kann hierbei nichts passieren. Wenn aber irgendein Idiot doch wieder Saft auf die Leitungen gibt, dann fliegen durch diese Sicherungsmaßnahme vielleicht einige Sicherungen, aber es wird keine Person gefährdet.

5. Zugang zu benachbarten Anlagenteilen verhindern: Durch die Maßnahmen 1-4 haben wir sichergestellt, dass wir gefahrlos mit einem Anlagenteil arbeiten können. Maßnahme 5 ist erforderlich, damit man nicht versehentlich Teile berührt, an denen man gar nicht arbeiten möchte und die deshalb nicht abgeschaltet wurden. Eine Absperrung ist oft hinreichend.

Diese Maßnahmen mögen auf den ersten Blick ziemlich formal wirken, aber genau das ist ihre Existenzberechtigung. Gut einhundert Jahre Umgang mit elektrischen Strömen haben zu diesen Regeln geführt, und weit mehr als eine Leiche hat die Berechtigung dieser Regeln bestätigt.

Eine weitere Grundregel ist die, dass Sie nie alleine an einer elektrischen Anlage arbeiten sollten. Wenn die andere Person versteht, was Sie da tun, ist das deutlich von Vorteil. Falls auch nur eine theoretische Möglichkeit eines Unfalls besteht, sollten Sie der anderen Person Instruktionen geben, wie wirklich alles spannungsfrei geschaltet werden kann. Schließlich wollen Sie ja nicht, dass Ihr potentieller Retter selbst Opfer Ihrer Fehlplanung wird.

Und noch einmal zum Verinnerlichen: An Anlagenteilen, an denen Gleichspannungen über 120 Volt anliegen oder Wechselspannungen über 50 Volt, haben Ihre Finger nichts zu suchen! Auch nicht mit Gummihandschuhen, denn es geht nicht darum, dass Sie sich selbst gefährden, sondern darum, dass später andere gefährdet werden könnten!

Kapitel 9 • Erst einmal ausprobieren

Sie gehören zu den Leuten, die lieber erst einmal etwas sehen wollen, bevor sie sich mit Theorie beschäftigen? Ok, hier ein Kapitel für Sie.

Für ein minimales System, das man praktisch nutzen kann, benötigt man ein Solarpanel, einen Laderegler, eine Batterie und einen Verbraucher. Nehmen wir an, Sie besäßen eine Gartenlaube. Es wäre doch recht nett, dort und im Geräteschuppen ein wenig Licht zu haben, wenn man abends noch alles wegräumt und anschließend noch einmal in aller Ruhe eine Zeitung vom letzten Jahr lesen möchte. Vielleicht sind Sie ja der Herr mit dem Häuschen in Andalusien und Sie brauchen abends etwas Licht, um Ihr Abendessen zuzubereiten und danach noch ein wenig Lyrik zu lesen. Wir stöbern ein wenig im Internet und kaufen ein.

Nur für diejenigen, die die Situation nicht kennen: Wenn Die in der andalusischen Pampa leben, dann haben Sie vielleicht eine Handyverbindung und sogar Zugang zum Internet, aber Sie haben keine Lieferadresse. Folglich müssen Sie jemanden finden, der die Sachen für Sie bestellt, für Sie bezahlt (etwa über Paypal) und die Lieferung auch noch in Empfang nimmt (Lieferung nur an den Besteller und steht Ihr Name an der Türklingel?). Wir nehmen an, Sie haben das Problem irgendwie gelöst.

Preise: Herbst 2013, ohne Schnäppchensuche, Lieferadresse in Deutschland. Die Größe der Batterie wurde so gewählt, dass die beiden LED-Lampen bis zu 7,5 Stunden Licht abgeben können (man kann sich also auch mal abends zum Kartenspielen in die Gartenlaube setzen oder etwas länger lesen).

Solarpanel, 20 Watt	27,95 €	Versand kostenfrei
Laderegler, 10A	10,00 €	Versand kostenfrei
Rasenmäher-Batterie, 10Ah	26,80 €	Versand kostenfrei
2 LED-Lampe, 600 Lumen	15,28 €	Versand kostenfrei
2 Schalter + Kabel	10,00 €	lokal irgendwo kaufen
Multimeter + Kleinkram	40,00 €	lokal irgendwo kaufen
Gesamtinvestition	130,03 €	

Als Hilfsmittel benötigen wir das Multimeter (falls Ihnen das nichts sagt, sollten Sie einen kurzen Blick in das Extra-Kapitel Multimeter werfen), ein scharfes Messer, Lüsterklemmen und einige Schraubendreher. Diese Hilfsmittel, falls nicht vorhanden, kann man sich auch in einem der modernen Trödelläden besorgen (Sie müssen ja nicht lange halten). Außerdem benötigen wir Schellen, mit deren Hilfe wir die Kabel an der Batterie anschließen können, und wir brauchen einen Sicherungshalter plus Sicherung; diese Teile sollte man im Auto-Zubehörhandel bekommen.

Zunächst ein Wort zu Gleichstrom. Gleichstrom bis 120 Volt ist in Bezug auf das Berühren von Bauteilen durch Erwachsene ungefährlich. Wir arbeiten mit 12V. Bei dieser Spannung kann nichts passieren, es sei denn, Sie erzeugen einen Kurzschluss zwischen den Batteriepolen oder Sie schaffen es, einen Lichtbogen zu ziehen. Damit das nicht geschehen kann, verbinden Sie, bevor Sie irgendetwas anderes machen, den Sicherungshalter mit dem Pluspol der Batterie. Den Pluspol und alles bis zur Sicherung müssen Sie vor Berührung schützen (Plastikkappe, Silikon, Isolierband etc.). Jetzt gibt es in der ganzen Anlage gar keine Gefahren mehr. Die Lampen verbrauchen zusammen 16 Watt und der maximale Ladestrom liegt bei 1,66 Ampere, eine 2 Ampere-Sicherung sollte reichen.

Kabel erhält man als Meterware, wobei es Kabel mit einer Litze gibt (diese sind auch mit massivem Kupferdraht erhältlich) und solche mit mehreren. Kabel mit drei Litzen werden für die Installation von 230 VAC verwendet. Die einzelnen Litzen sollten heutzutage folgende Farben und Bedeutungen haben: die Schutzerde ist grün-gelb (diese Litze darf NIE NIE NIE für irgendetwas anderes verwendet werden), Neutral sollte blau und die Phase sollte braun oder schwarz sein. Verlassen Sie sich NIE darauf, dass andere sich an diese Vorgabe gehalten haben, es könnte Ihr letzter Fehler sein!

Wenn Sie ein Niederspannungs-Gleichstromnetz installieren, sind diese Farben für Sie tabu! Das hat den einfachen Grund, dass sonst jemand irgendwann in der Zukunft ein gefährliches Kabel für ein ungefährliches Kabel halten könnte. Nehmen Sie also einzelne Litzen für den DC-Kreis und verwenden Sie ROT für PLUS und SCHWARZ für MINUS.

Das Argument „Ich weiß doch genau, was ich gemacht habe!" zählt hierbei nicht. Es geht nicht darum, ob Sie sich gefährden (Selbstmordversuche sind, soweit ich weiß, nirgendwo auf der Welt mehr unter Strafe gestellt). Es geht darum, dass Sie andere gefährden könnten (etwa weil Sie das Haus irgendwann samt Solaranlage verkaufen und es keine Pläne gibt, wo welche Kabel verlaufen und wie sie gekennzeichnet sind). Wenn Sie also einen DC-Kreis installieren, dann sind die Farben Schwarz und Rot ab sofort für die Wechselstrominstallation tabu. Wenn Sie einen Elektriker rufen, damit der etwas an Ihrer AC-Installation ändert, dann sagen Sie ihm das ausdrücklich!

O.k., für eine Gartenlaube habe ich das jetzt ein wenig überzogen, aber ich kann ja nicht wissen, wo und wie Sie Ihre erste Solaranlage installieren. Ich will Ihnen auch ganz sicher keine Angst machen (wenn Sie meinen Tipp mit der Sicherung am Pluspol der Batterie beherzigen, gibt es in dieser Installation keine Gefahren). Es ist nur eine Variation der alten Regel, dass man zum Beispiel Säure nicht in Getränkeflaschen aufbewahren sollte; man könnte versehentlich seinen eigenen Enkel umbringen. Also: Achtsamkeit mit Dingen, die gefährlich sein könnten!

Wir sehen uns zunächst einen Laderegler an. Laderegler in der unteren Preisklasse haben fast immer sechs Schraubklemmen.

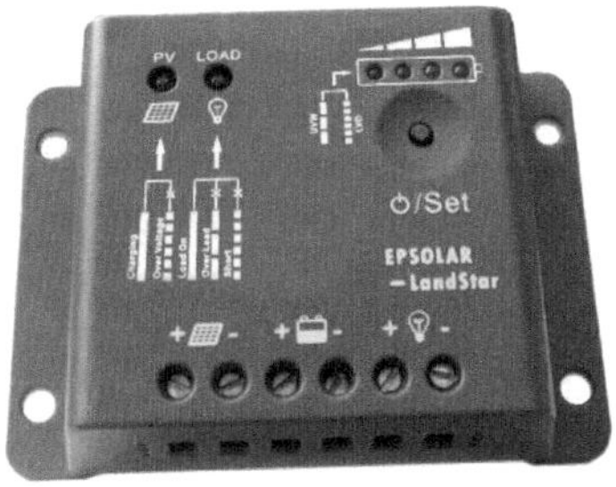

www.soltronik.de

Abbildung 3: Beispiel für einen Laderegler (Quelle: soltronik.de)

An zwei dieser Klemmen wird das Solarpanel angeschlossen, an die nächsten beiden die Batterie und an die letzten beiden die Verbraucher, die mit 12 Volt versorgt werden sollen. Wir haben also drei Gruppen und für jede je einen Anschluss, der mit ‚+' und einen der mit ‚-' gekennzeichnet ist.

Wir fangen mit dem einfachsten Teil an, und zwar installieren wir zunächst einmal unsere Lampen. Die LED-Lampen für 12 VDC haben hinten Anschlussstifte. Wir schneiden zwei einzelne Einheiten von der Lüsterklemmenleiste ab und schrauben je eine an die Stifte. In den Lampen sollte ein Wandler eingebaut sein. Ihnen ist es egal, wie herum sie vom Strom durchflossen werden. (Nur zur absoluten Sicherheit: Schauen Sie sich den Sockel der Lampe genau an; wenn Sie dort eindeutig ein ‚+' und ein ‚-' erkennen, geht diese Information natürlich vor, obwohl ich solche Lampen noch nie gesehen habe.) Auf der Batterie ist angegeben, welcher Pol der Pluspol ist (+) und welcher der Minuspol (-). Also einfach mal zwei Kabel (so 15 bis 20 cm lang) an die Lüsterklemmen anschließen und mit den Polen der Batterie verbinden. Ich gehe mal davon aus, dass die Lampe nun leuchtet.

Jetzt machen wir einen großen Schritt. Wir bringen den Laderegler im Gebäude dort an, wo wir ihn gerne haben möchten, und legen die Kabel für die Lampen (Sie können da ganz normale 1,5 mm^2 Kabel für elektrische Hausinstallationen verwenden, denn die Ströme werden ziemlich klein sein) und schließen die Lampen und Schalter an (verwenden Sie rotes Kabel für die Verbindung vom Plus-Anschluss unter dem Lampensymbol zum Schalter und weiter zur Lampe und schwarzes Kabel für den Weg zurück zum entsprechenden Minus-Anschluss; Sie benötigen das scharfe Messer, um das Plastik am Kabelende zu entfernen). Jetzt stellen Sie die Batterie dort hin, wo Sie sie haben möchten (trocken und möglichst kühl), und schließen sie an dem Klemmenpaar ‚battery' an. Fast sicher beginnt jetzt eine kleine LED am Solar-Controller zu leuchten, die anzeigt, dass eine Batterie erkannt wurde. Jetzt haben Sie schon einmal Licht in der Bude.

Das Solarpanel sollte irgendwo in der Nähe von Batterie und dem Solar-Controller angebracht werden. Die Ausrichtung sollte so gut wie möglich nach Süden/Norden sein (hierzu brauchen Sie keinen Kompass; Sie müssen nur mittags um 12 Uhr schauen, wo die Sonne ungefähr steht; dort ist hinreichend genau Süden/Norden). Solch ein Solarpanel ist ein recht stabiles Teil, jedoch bietet es dem Wind auch eine ziemlich große Angriffsfläche. Das Solarpanel einfach irgendwo hinzulegen, ist keine gute Idee. Das Panel festzubinden ist auch keine gute Idee, insbesondere dann nicht, wenn der Schatten des Seils auf die aktive Fläche fallen könnte. Denken Sie sich irgendetwas aus, wie Sie das Panel sicher irgendwo festschrauben können, aber bohren Sie keine neuen Löcher ins Panel. Nirgends! Bei manchen Panelen werden Sie vorfabrizierte Löcher im Rahmen finden, bei den anderen werden Sie sich eine Klemmvorrichtung bauen (oder kaufen) müssen.

Bevor Sie das Panel festschrauben, müssen wir uns noch um die Kabel kümmern. Hinten auf dem Panel befindet sich eine Anschlussdose. Im Normalfall kommen aus dieser Dose zwei Kabel heraus und an den Enden befinden sich sehr wahrscheinlich sogenannte MC4-Stecker. Sowohl die Kabel als auch diese Stecker sind ‚outdoor'-geeignet, sie sind also regenfest, immun gegen Ultraviolett-Strahlung und was auch immer.

Wenn diese Kabel lang genug sind und bis zum Solar-Controller reichen und der Solar-Controller ebenfalls über MC4-Verbinder verfügt, ist alles ganz einfach. Einfach einsteckern. Dummerweise hat praktisch kein Controller solche Anschlüsse. Also schneiden wir die MC4-Verbinder einfach ab. Es sei darauf hingewiesen, dass Sie mit dem Abschneiden der Steckverbinder die Garantie für das Panel verlieren. Falls Sie dies vermeiden möchten, blättern Sie zum Fall zwei vor (etwas später in diesem Kapitel).

Jetzt kommt das Multimeter ins Spiel, das Sie auf VDC einstellen. Um wegen der Polarität sicher zu sein, prüfen wir diese mit der Batterie. Die schwarze Prüfspitze kommt auf den Minuspol der Batterie und die rote auf den Pluspol. Zeigt das Multimeter eine positive Zahl? Das ist wunderbar. Ist dies nicht der Fall, dann sind die Kabel falsch im Multimeter eingesteckt!

Beim nächsten Schritt muss zumindest ein wenig Licht auf das Panel scheinen. Sie drücken die Prüfspitzen in das Kupfer des Kabels hinein. Wenn das Ablesen auf dem Multimeter kein negatives Vorzeichen aufweist, ist jetzt die rote Prüfspitze mit dem Plus-Kabel verbunden und die schwarze Prüfspitze mit dem Minus-Kabel. Optimalerweise haben Sie vorher schon zwei kleine Zettelchen vorbereitet, eines mit ‚+' und eines mit ‚-', und kleben die Zettel mit transparentem Klebeband an die Kabel (wenn später irgendwelche Arbeiten durchgeführt werden müssen, werden Sie froh sein, wichtige Hinweise zu finden, insbesondere, wenn irgendwann noch weitere Kabel hinzukommen).

Anschließend müssen Sie diese beiden Kabel in die entsprechenden Klemmen schieben und die Schrauben festziehen. Jetzt sollte eine weitere kleine LED aufleuchten und anzeigen, dass ein Solarpanel erkannt wurde.

Fertig & Glückwunsch! Sie haben soeben Ihre erste Solaranlage erfolgreich in Betrieb genommen!

Fall zwei ist der, dass zwar MC4-Stecker hinten am Solarpanel vorhanden sind, sie aber nicht bis zum Solar-Controller reichen. Wir brauchen also eine Verlängerung. Die einfachste Möglichkeit besteht darin, ins Internet zu gehen und einfach ein Kabel zu bestellen, das MC4-Verbinder hat. Dieses Kabel muss doppelt so lang sein wie der zu überbrückende Abstand; einfach in der Mitte durchschneiden, Plus und Minus identifizieren, Kabelenden abisolieren und mit dem Controller verbinden, zusammenklipsen und fertig!

In **Fall drei** sind keine Kabel am Panel vorhanden. In diesem Fall müssen Sie die Dose irgendwie öffnen. Hierin werden Sie sehr wahrscheinlich zwei Schraubklemmen finden (falls die Klemmen keine entsprechenden Bezeichnungen aufweisen, nutzen Sie Ihr Multimeter). Beim Zugang zur Dose sollte wieder eine Gummidichtung und eine Überwurfmutter vorhanden sein. Besorgen Sie genügend Kabel mit dem Durchmesser 2,5 mm und schließen Sie die Kabel am Panel und am Solar-Controller an.

Manchmal findet man die Meinung, dass für eine solche Verbindung sogenanntes Solarkabel verwendet werden müsse. Solarkabel weisen gegenüber normalen wetterfesten Kabeln zwei Unterschiede auf. Zum einen haben sie eine zweite Isolierungsschicht, weil sie vor Betriebsspannungen bis 1.000 Volt schützen müssen, und sie sind deutlich teurer. Wenn Sie ‚normale' Kabel kaufen, sagen Sie dem Verkäufer, wofür Sie es verwenden möchten, denn Kabel für die Innenverlegung sind nicht wetterfest.

Tipp: Wenn Sie Solarpanel und Solar-Controller aussuchen, achten Sie bitte darauf, dass die Ausgangsspannung des Panels im erlaubten Bereich der Eingangsspannung des Solar-Controllers liegt. Je kleiner die Ausgangsspannung vom Panel ist, desto geringer fallen die Verluste im Controller aus (warum das so ist, wird später erklärt).

Egal, ob Sie eine Anlage mit 50 Watt zusammenstellen oder eine mit 50 kW, rein von der mechanischen Arbeit kommt da nichts Neues hinzu. Sie müssen nur eine etwas erweiterte Planung vornehmen (ich untertreibe mal wieder schamlos).

9.1 Und was haben wir davon?

Um entsprechende Berechnungen durchführen zu können, müssen wir zunächst die Größe des Panels kennen und den Wirkungsgrad. Das Panel, das ich zufällig ausgesucht habe, hat die Abmessungen 555 * 355 * 23 (Angaben in Millimeter). Das entspricht 0,2 Quadratmeter (0,197 aufgerundet).

Und jetzt kommt es darauf an, wo auf der Welt wir uns befinden. Ich habe mal ein paar bekanntere Städte genommen und wir sehen uns mal das Ergebnis an. In der zweiten Spalte haben wir die durchschnittliche Einstrahlung pro Tag und Quadratmeter Solarpanel. In der nächsten Spalte haben wir die Energiemenge in kWh, die pro Tag aus dem Panel kommt (0,2 Quadratmeter, 15% Wirkungsgrad). Jetzt muss der Strom noch durch den Solarregler, der angenommene 60% Wirkungsgrad aufweist (es ist kein MPPT-Regler; was das bedeutet wird etwas später erläutert). Auch die Batterie macht Verluste; ihr Wirkungsgrad wurde mit 80% angesetzt. In der letzten Spalte schließlich finden wir, wie lange **eine** LED-Lampe (8-Watt-LEDs sind ungefähr so hell wie alte 80-Watt-Glühlampen) durchschnittlich am Tag leuchten darf, damit die Batterie am nächsten Tag wieder komplett aufgeladen werden kann (alle Angaben sind in kWh, bis auf die Stunden).

	Einstr./m2	Panel raus	Batt. rein	Batt. raus	Std. Licht
Hamburg	2,86	0,086	0,052	0,042	5,3
Madrid	4,43	0,133	0,080	0,064	8,0
Bombay	5,01	0,150	0,090	0,072	9,0
Mombasa	5,43	0,163	0,098	0,078	9,8

Wir gehen mal von einer Lebensdauer (= Dauer der Abzahlung) der Anlage von 7 Jahren aus. Damit die Daten weltweit vergleichbar sind, habe ich diesmal 10% Zinsen angesetzt. Das Ergebnis sieht so aus, dass die Beleuchtung 5,8 Cent pro Tag kostet (4,3 Cent für die Rückzahlung und 1,5 Cent Zinsen). In Hamburg kostet also eine Stunde Leselicht knapp über einen Cent und in Kenia ungefähr einen halben Cent. Licht aus einer Solaranlage, damit die Kinder abends ihre Hausaufgaben machen können, wird in Kenia sogar für diejenigen erschwinglich, die dort für arm gehalten werden.

Und noch eine Anmerkung, weshalb die Kalkulation von Solaranlagen so schwierig ist. Es stellt sich in Mombasa oder Hamburg genau die gleiche Situation dar: Völlig egal, ob man den Strom verbraucht oder nicht, die Anlage kostet gleich viel! Wenn man Energie in Batterien speichert, kostet das noch einmal extra, und zwar für die Abnutzung der Batterie, die mit jeder Kilowattstunde zu verbuchen ist. (Um genauer zu sein: Eine kWh in einer Batterie zu speichern und wieder herauszuholen kostet wegen mechanischer Abnutzung mindestens 10 Cent; die Details finden Sie weiter hinten im Buch.)

9.2 Die Petroleum-Lampe

In meiner Kindheit war es noch üblich, dass man für den Fall eines Stromausfalles ein paar Kerzen und eine Petroleumlampe im Hause hatte. Diese war von der Ausführung her sehr simpel: Unten ein kleiner Petroleumtank, in den ein Docht hinein hing; an der Seite ein kleines Stellrädchen, mit dem man den Docht mehr oder weniger weit in die eigentliche Lampe hinein ragen lassen konnte. Auf diese Weise ließ sich die Helligkeit ein wenig beeinflussen. Die Flamme wurde durch einen Lampenzylinder aus Glas vor Zugluft oder dem Wind (falls man nach draußen musste) geschützt.

Zudem gab es die Luxusausgabe, die sogenannte Starklichtlampe. Auch diese hatte unten einen Tank, dessen Inhalt aber mit einer kleinen Luftpumpe unter Druck gesetzt wurde. Petroleum strömte in den Vergaser und wurde vernebelt. Dieser Nebel wurde entzündet und heizte seinerseits einen Glühstrumpf auf. Die Starklichtlampe war deutlich effektiver und hielt mit einem Ein-Liter-Tank ungefähr 8 Stunden durch.

Dieser Lampentyp war so erfolgreich, dass er noch heute nachgebaut und oftmals unter dem Namen Petromax vertrieben wird. In Indien erhält man solche Lampen für 975 Rupien, was ungefähr 15 Euro entspricht (in Deutschland sind sie vier- bis zehnmal so teuer und werden als Campingzubehör verkauft). Wir nutzen diese Lampen beim Hobby und selten wirklich als Arbeitsleuchte. Über ein Viertel der Menschheit ist aber auf sie angewiesen. Es gibt etwas mehr als 7 Milliarden Menschen, also nutzen fast 2 Milliarden Menschen diese Lampen (Quelle:Wikipedia).

Wenn jeder hiervon einen halben Liter Petroleum pro Tag verbraucht, dann sind das (fast) eine Million Kubikmeter Petroleum pro Tag. Nur um eine Relation zu haben: Es wird für Lampen sieben Mal mehr Kraftstoff verbraucht, als er durch alle Auto- und LKW-Tanks in Deutschland läuft. Es ist also eine recht beträchtliche Menge, die durchaus einen Einfluss auf das Klima hat (manche Leute halten die Gesundheitsschäden bei den Benutzern dieser Lampen für deutlich gravierender).

Da müsste man doch solar etwas machen können!

Das jedenfalls dachte sich die Firma Osram und startete in 2008 ein Pilotprojekt in Kenia, wie in einem Artikel in www.ingenieur.de (ein Ableger der VDI-Nachrichten) aus dem Jahr 2009 berichtet wird. Die Fischer gehen nachts auf Fang und locken die Fische mit Lampen an. Für das Petroleum mussten sie fast die Hälfte ihrer Einnahmen ausgeben. Also lieh man den Fischern 11-Watt-Energiesparlampen, die aus Batterien mit einer verfügbaren Kapazität von 0,1 kWh gespeist wurden. Der Verbrauch einer Petroleumlampe liegt ungefähr 30% über dem einer normalen Glühlampe und eine Energiesparlampe benötigt nur etwa 20% der Energie einer Glühlampe. Das Vorhaben klingt sinnvoll.

Vorher mussten die Fischer durchschnittlich 1,5 Liter Petroleum pro Tag kaufen. Ein Liter Petroleum kostete umgerechnet 80 Eurocent, also mussten die Fischer pro Tag 1,20 Euro für Petroleum ausgeben. Osram hat den Fischern die Lampen gegen eine Kaution von 20 Euro geliehen und verlangte einen Euro für das Aufladen der Batterie. Die Umwelt wird geschont und die Fischer sparen auch noch Geld, das ist doch echt vorbildlich!

Da ich immer einen spitzen Bleistift dabei habe und mir das zu schön erschien, habe ich einmal hinterherkalkuliert.

Aus dem Extra-Kapitel über Batterien wissen wir, dass man die Abnutzung einer Batterie mit mindestens 10 Cent pro eingespeicherter und wieder entnommener Kilowattstunde ansetzen kann. In Kenia dürften die Kosten für eine photovoltaisch erzeugte kWh wohl kaum über 5 Cent liegen (alle Kosten samt Transport eingerechnet). Die Batterien haben eine verfügbare Kapazität von 0,1 kWh, also also schlagen ein Wertverlust von einem Cent und Stromkosten von 0,5 Cent pro Ladevorgang zu Buche. Wir haben also Kosten von 1,5 Cent und verkaufen für 100 Cent! Das sind Gewinnspannen, da wird mancher Drogenbaron vor Neid blass! Aber wir wollen nicht ungerecht sein, es gibt ja auch noch die Personalkosten; schauen wir also noch einmal.

In dem Artikel heißt es, dass mit der Anlage innerhalb von 3-4 Stunden 112 Batterien aufgeladen werden können, man könnte also mindestens 200 Batterien pro Tag aufladen. Wenn ein Fischer pro Tag lediglich 2,40 Euro einnimmt (die 1,20 Euro für das Petroleum war ja sein halbes Einkommen), können wir den Verwalter einer Ladestation, der ja sehr wichtig ist, mit 2 Euro pro Tag kalkulieren und seinen Helfer und Stellvertreter mit 1,50 Euro. Ok, da kommen also anteilig noch 2 Cent Personalkosten pro Batterieladung hinzu. Wir liegen jetzt also bei 3,5 Cent Kosten und 100 Cent Einnahmen. Das ist immer noch sittenwidrig, das ist Ausbeutung der Ärmsten zum Wohle des Konzerns!

Könnte man es besser machen? Klar, überhaupt kein Problem. Jeder Fischer bekommt seine eigene Ladestation. Wir nehmen ein Solarpanel mit 50 Watt. Bei 10 Stunden Sonnenschein kämen da 0,5 kWh zusammen; da wir nur 0,1 kWh in der Batterie benötigen, haben wir eine Sicherheit vom Faktor 5 (die man natürlich auch dafür ausnutzen könnte, eine zweite Lampe für die Familie zu laden).

Ein solches Panel bekommt man bei E-Bay für 57 Euro. Dazu brauchen wir einen Laderegler, den es für knapp 10 Euro gibt. Der größte Batzen bei der Investition ist eine Batterie für einen elektrischen Rasenmäher (12 Volt, 20Ah), was 0,25 kWh entspricht, die also auch sehr großzügig ausgelegt ist. Und wir setzen eine LED-Lampe ein, die noch etwas effizienter und nicht so empfindlich ist, wie die Energiesparlampen (und auch nicht so umweltschädlich). Außerdem funktioniert sie direkt mit 12 Volt. Hier die Kalkulation:

Solarpanel, 50 Watt peak	57 €
Laderegler	10 €
Batterie, 12 Volt 20Ah	43 €
LED-Lampe mit 600 Lumen	15 €
------------------------------	------
Total	125 €

Jetzt ist die Situation in Kenia nicht direkt mit Nordeuropa zu vergleichen. Folglich wird ein Fischer den Kredit innerhalb eines Jahres abbezahlen müssen und er zahlt 20% Zinsen. Es ergibt sich also folgende Kalkulation:

Zinszahlung täglich	6,8 Cent
Rückzahlung täglich	34,2 Cent
------------------------------	------
tägliche Belastung	41,0 Cent

Vorher musste der Fischer 1,20 Euro pro Tag für Petroleum ausgeben. Jetzt hat er sofort seine Beleuchtung für den nächtlichen Fischfang zu einem Drittel des Preises. Wenn er diese Ersparnis zurücklegt, hat er in drei Monaten genug Geld, um sich eine zweite Batterie zu kaufen und ein paar kleinere LED-Lampen fürs Haus. Das Schönste ist: Nach einem Jahr gehört die Anlage komplett ihm. Voraussichtlich 6 Jahre lang kostenlose Beleuchtung für Boot und Heim! Oder über die Nutzungsdauer: 5,8 Cent pro kWh!

Man könnte also mehr als eine Verdoppelung der Lebensqualität innerhalb von einem Jahr erreichen. So geht Entwicklungshilfe!

9.3 Zwischenergebnis

Spätestens nach einem Blick auf die Landkarte werden Sie wissen, auf welcher geographischen Breite Sie leben und ob Photovoltaik wirklich interessant für Sie sein könnte. Ich habe hier den Konjunktiv verwendet, denn es kommt noch auf ein paar Randbedingungen an, ob sie wirklich interessant ist.

Unter normalen Bedingungen kann man im 37°-Gürtel elektrische Energie für 3,5 Cent pro Kilowattstunde gewinnen. Wenn Sie hier eine Werkstatt besitzen, werden Sie Strom für die Beleuchtung und ein paar kleine Maschinen benötigen. Dass die Anlage nachts keinen Strom produziert, wird Sie kaum interessieren. Oder Sie haben ein Büro, für welche Tätigkeit auch immer, und dort arbeiten Sie tagsüber. Sie könnten einen PC samt Drucker und Scanner betreiben. Dass es nachts keinen Strom in Ihrem Büro gibt, ist Ihnen völlig gleichgültig.

Sie fragen sich vielleicht gerade, ob man einen Kühlschrank solar betreiben kann oder gar eine Klimaanlage? Ja, man kann, aber dazu muss man noch ein paar zusätzliche Nebenbedingungen berücksichtigen, weshalb ich diesen Themen eigene Kapitel gewidmet habe. Ich würde allerdings empfehlen, sich entsprechend durchzuarbeiten und nicht schon jetzt dorthin zu springen, denn es fehlt noch ein wenig Grundlagenwissen.
Fassen wir noch einmal kurz zusammen, was uns die vorangegangen Seiten bisher gebracht haben.

Elektrische Energie kann im 37°-Gürtel für 3,5 Cent pro Kilowattstunde erzeugt werden, aktueller Sonnenschein vorausgesetzt. Dieser Preis kann aktuell von keiner anderen bekannten Technologie unterboten werden, es sei denn, sie wird heftig subventioniert. Zudem ist damit zu rechnen, dass der Preis für Photovoltaik in den nächsten Jahren sogar noch weiter fallen und der Preis für konventionelle Energieträger langfristig steigen wird.

Zumindest das gesamte Kleingewerbe könnte in den Entwicklungs- und Schwellenländern mit dieser Energie versorgt werden, denn in den betreffenden Bereichen ist es ziemlich egal, ob es auch nachts Elektrizität gibt; sie würde sowieso nicht gebraucht werden!

Licht für den ganzen Abend (600 Lumen; entspricht einer alten 80-Watt-Glühlampe) kann man für 6 Cent bekommen. Dies könnte für Milliarden Menschen einen deutlichen Gewinn an Lebensqualität bringen (Licht auf dem Klo schützt davor, eventuell vorhandene Schlangen zu übersehen).

Ja, man muss Lesen können, um von einem Buch über Photovoltaik-Anlagen zu profitieren. Es wird auch nicht jeder Leser alles verstehen können, wenn es ein wenig zu technisch wird. Aber einfache Solaranlagen sind derart leicht zu installieren, dass auch Akademiker mit zwei linken Händen dazu in der Lage sind! Die können nämlich lesen! Es wäre da nur noch die Frage zu klären, wie sehr Sie Ihren Mitmenschen helfen möchten.

In Deutschland wurde viel darüber spekuliert und es wurden zahlreiche Berechnungen dazu angestellt, wie viele Arbeitsplätze durch die alternativen Energien geschaffen werden könnten. Bei der breiten und weltweiten Einführung von Photovoltaik wären das innerhalb von wenigen Jahren etliche Millionen von Menschen, die sich selbst und ihren Kunden einen deutlichen Gewinn an Lebensqualität bringen könnten. Und das völlig umweltneutral und völlig ohne Investitionsprogramme!

Das bringt mich noch einmal auf Kenia. Dieses Land direkt unter dem Äquator verfügt über Wasserkraft, was aber bei weitem nicht hinreichend für den Bedarf ist. Der gesamte

Rest muss importiert werden und das erzeugt ein Außenhandelsdefizit. Jeder einzelne Liter Petroleum, der dort **nicht** verbrannt wird, macht das Land reicher. Jedes Jahr und sofort! Jedes Solarpanel sorgt dafür, dass die Welt weniger verschmutzt wird. Jedes!

Es gibt eine Alternative zu Ölkonzernen und Kohleabbau: Nutzen wir die Sonne, wann immer es geht! Falls Ihnen jemand erzählt, dass das nicht funktioniert oder noch zu teuer ist, dann schauen Sie mal hier nach:

http://www.barefootcollege.org/

Kapitel 10 • Die Solarzelle

Endlich, nach rund 80 Seiten, sind wir bei dem Thema angekommen, über das schon reihenweise Bücher geschrieben wurden. Falls Sie das alles interessiert, liegen mehrere Jahre Lesevergnügen (mehr oder weniger) vor Ihnen. Oder Sie vertrauen darauf, dass ich alles wirklich Wichtige zusammengetragen habe, und auch davon brauchen Sie vieles nicht wirklich.

Die Grundlage der Solarzellen bildet der innere photoelektrische Effekt. Hierbei hat man in einem Halbleiter einen Übergang zwischen verschieden dotierten Bereichen (was das genau bedeutet, ist nicht so wichtig). Trifft ein Photon in der Nähe dieses Überganges auf ein Elektron, dann kann das Elektron dessen Energie aufnehmen und auf die andere Seite der Barriere zwischen den beiden Bereichen springen. Es befindet sich jetzt semistabil auf einem höheren elektrischen Niveau und könnte abgeleitet werden, um elektrische Arbeit zu verrichten. Dann würde man es wieder zu seinem Ursprungsort fließen lassen (also auch hier wieder ein geschlossener Kreislauf).

Da Metall elektrischen Strom sehr viel besser leitet als die Halbleiter (meistens Silizium), aus denen die Solarzelle eigentlich besteht, wird die Unterseite des Basismaterials ganzflächig mit einer Metallschicht überzogen. Das kann man auf der anderen Seite nicht machen, denn dann könnte ja kein Licht mehr in den Halbleiter gelangen. Also macht man auf der dem Licht zugekehrten Seite einen Kompromiss, indem man kammförmige Leiterbahnen anbringt. Ein kleiner Teil des Lichtes wird von diesen Leiterbahnen reflektiert, aber man kann einen Großteil der Elektronen ableiten, bevor sie von sich aus wieder zurückfallen. Wir haben hier einen technischen Kompromiss zwischen der Anzahl freisetzbarer Elektronen und der Anzahl, die man technisch tatsächlich nutzen kann.

Es gibt sehr viele Halbleitermaterialien und sie alle wurden schon (zumindest versuchsweise) zum Aufbau von Solarzellen verwendet. Diese Solarzellen unterscheiden sich hauptsächlich in der Spannung, die sie typischerweise abgeben, im Wirkungsgrad (wie viel Prozent der Photonen bewirken, dass ein Elektron springt) und natürlich im Preis. Die Solarzellen, die sich fast durchgängig im Einsatz befinden, werden aus Silizium hergestellt, denn sie sind bisher wesentlich preiswerter. Es gibt Zellen aus monokristallinem Silizium, solche aus polykristallinem Silizium und es gibt die Zellen aus amorphem Silizium. Und dann sind auch noch Dünnschicht- und Dickschichtzellen zu unterscheiden. Die Situation scheint schon wieder aus dem Ruder zu laufen, alles so kompliziert hier!

Dann machen wir uns das Leben eben einfacher und blättern noch einmal zurück zu Juan Portales. Er hat ein Haus mit 80 Quadratmetern (hatte ich bisher vergessen zu erwähnen) und die Hälfte von seinem Dach zeigt nach Süden, das wären ganz grob 40 Quadratmeter. Ihm reichen für eine annähernde Vollversorgung 16 Quadratmeter Solarpanele. Also kaufen wir ganz einfach die Panele, die pro Euro die meisten Watt bringen; ob das Dach jetzt mit sehr leistungsfähigen Panelen bepflastert wird und 35% des Daches bedeckt sind oder ob der Wirkungsgrad deutlich schlechter ist und 50% vom Dach belegt werden müssen, ist Juan völlig egal. Und uns kann es eigentlich auch egal sein.

Was zählt, sind die Watt, die hinten rauskommen und wie viel sie uns kosten. Alles andere ist nur für diejenigen interessant, die mit ihrer Solaranlage angeben möchten oder wirklich nur sehr wenig Platz haben. Sorry, Leute, aber für euch schreibe ich dieses Buch nicht! Dort, wo die Leute nicht wohlhabend sind und es zugleich sehr viel Sonnenschein gibt, da gibt es fast immer auch jede Menge Platz für Solarpanele.

10.1 Von Licht und Schatten

Manchmal hört man, insbesondere von Seglern, dass schon ein klein wenig Schatten hinreichend ist, um den Ertrag eines Solarpanels völlig in den Keller gehen zu lassen. Wir schauen uns daher das Verhalten einer einzelnen Solarzelle mal genauer an.

Wir nehmen uns eine solche Zelle (bekommt man für physikalische Experimente für wenige Euro im Versandhandel) und schließen ein Multimeter an, das wir auf DC-Spannung einstellen. Wir legen ein Buch auf die Zelle und lesen die Spannung ab, die erwartungsgemäß ziemlich genau bei Null liegt. Jetzt heben wir das Buch ein wenig an und die Spannung steigt ziemlich schnell auf 0,5 Volt (falls die Spannung bei Ihnen deutlich höher ist, haben Sie nicht eine einzelne Zelle gekauft, sondern ein Miniaturpanel). Dann nehmen wir das Buch ganz weg und die Spannung bleibt bei 0,5 Volt. Jetzt halten wir die Zelle in den prallen Sonnenschein und messen immer noch 0,5 Volt. Wir sehen also als Ergebnis, dass sich die Ausgangsspannung praktisch nicht mit der Beleuchtung verändert, es sei denn, sie ist sehr gering.

Für den nächsten Versuch legen wir wieder das Buch auf die Solarzelle und stellen das Multimeter um auf DC Ampere (wir messen jetzt also den Kurzschlussstrom). Jetzt schieben wir das Buch langsam zur Seite und in dem Augenblick, in dem Lichtstrahlung auf den aktiven Teil der Zelle fällt, fängt ein Strom an zu fließen. Wenn wir das Buch jetzt hin und her schieben, stellen wir fest, dass der Strom direkt proportional zu der Fläche ist, die Lichtstrahlung aufnehmen kann.

Jetzt stellen wir unseren Versuchsaufbau in ein abgedunkeltes Zimmer. Der Strom wird ziemlich klein sein. Wir öffnen die Vorhänge und der Strom wird deutlich größer. Wir verlegen den Versuchsaufbau nach draußen in den Sonnenschein und die Stromstärke ist sehr viel größer. Das Ergebnis ist eindeutig: Elektrischer Strom ist die Anzahl von Elektronen pro Sekunde und jedes Photon könnte ein Elektron freisetzen (in Abhängigkeit davon, wie viele Photonen aufgrund des Aufbaus auf ein Elektron treffen, ergibt sich der Wirkungsgrad; wenn also ein Solarpanel einen Wirkungsgrad von 15% hat, dann bedeutet das, dass 85% der Photonen ihren Job nicht anständig machen). Die Anzahl fließender Elektronen ist also direkt proportional zur Anzahl von Photonen, die auf die Solarzelle auftreffen.

Jetzt nehmen wir eine zweite Solarzelle hinzu und schalten sie parallel zur ersten. Der Strom verdoppelt sich. Wenn wir eine Solarzelle abdecken, reduziert sich der Strom um die Hälfte. Variieren wir jetzt die Abdeckung einer der beiden Zellen, dann ändert sich auch der Strom entsprechend, allerdings schwankt er zwischen 50% und 100%, solange wir nicht die andere Zelle auch abdecken. Das funktioniert also wie erwartet.

Jetzt schalten wir die beiden Solarzellen in Reihe. Die Spannung, die jetzt geliefert wird, hat sich verdoppelt und wir messen wieder den Kurzschlussstrom. Dieser entspricht dem Kurzschlussstrom, den auch eine einzige Solarzelle geliefert hatte. Jetzt decken wir eine der Solarzellen langsam ab; der Strom wird immer kleiner, und wenn **eine** Solarzelle völlig abgedeckt ist, fließt überhaupt kein Strom mehr. Das ist jetzt natürlich ein Ergebnis, das diskutiert werden muss!

In diesem Zusammenhang muss man nun wissen, dass eine Solarzelle rein elektrisch gesehen ein einziges Bauelement ist, nämlich eine großflächige Diode. Man kann sich die Zelle aber auch als eine Ansammlung von einigen tausend Miniatursolarzellen vorstellen, die alle parallel geschaltet sind. Rein vom elektrischen Aspekt her ist das absolut identisch. Wenn jetzt ein Teil abgeschattet wird, treffen dort keine Photonen mehr ein und es können somit auch keine Elektronen freigesetzt werden.

Andererseits ist es so, dass bei elektrischem Strom immer ein Kreislauf vorliegt; folglich ist es egal, wo im Stromkreis ich den Strom messe, er muss überall gleich groß sein (denn sonst müssten ja Elektronen auf spukhafte Art und Weise irgendwo verschwinden, um irgendwo anders wieder magischerweise aufzutauchen). Daher ist in jeder der in Serie geschalteten Solarzellen die gleiche Anzahl von Elektronen in Bewegung, und die Solarzelle, die die wenigsten Photonen abbekommt, bestimmt, wie viele das sind.

Eine einzelne Solarzelle liefert eine Spannung von 0,5 Volt. Das ist für fast alle technischen Anwendungen viel zu wenig. Also schaltet man eine ganze Reihe von Solarzellen in Reihe, und deren Spannungen summieren sich. Es sind Solarmodule mit vielen verschiedenen Ausgangsspannungen auf dem Markt, gängig sind die Spannungen 18, 24 und 36 Volt, aber man findet auch viele andere Spannungen. Eine Reihenschaltung von Solarzellen nennt sich übrigens String (eine Reihenschaltung von Modulen ebenfalls).

Je nach Größe der Panele hat man gegebenenfalls mehrere Strings in einem Modul, und diese können auch noch parallel miteinander verschaltet sein, um den möglichen Strom zu erhöhen. Als Beispiel nehmen wir einmal an, dass in einem Solarmodul, das 18 Volt liefert, nur ein einzelner String verschaltet wurde. Schon seit Jahren haben Segler gerne kleine Solarpanele an Bord, um ihre Batterie zumindest ein wenig nachzuladen, ohne dass dabei Lärm entsteht. Da diese Panele auch immer wieder verstaut werden müssen, hatte man gerne handlich Panele (sie müssen deutlich kleiner sein als die Panele auf dem Dach eines Hauses).

Um 18 Volt zu erreichen, benötigt man 36 Solarzellen. Diese könnte man im Muster 6 x 6 (also quadratisch) oder 4 x 9 (ein längliches Rechteck) anordnen. Wenn die einzelne Zelle ungefähr 5 * 5 cm groß ist, kommen wir bei der rechteckigen Lösung auf Maße von ungefähr 45 mal 20 cm. Diese lässt sich also wunderbar verstauen. Wenn man jetzt die Leistung des Panels misst und dann seinen Zeigefinger (ungefähr 2 mal 8 cm) über eine der Zellen hält, bricht deren Stromproduktion um 40% ein. Da der Strom aber überall gleich hoch sein muss, sackt auch die gesamte Leistung um 40% ab.

Hieraus ergab sich der Mythos, dass die Leistung von Solarpanelen drastisch nachlässt, wenn der Schatten eines Taues auf das Panel fällt. Es wurde also unterstellt, dass sich eine weitere Leistungseinbuße ergeben würde, wenn auch die anderen Zellen entsprechend abgeschattet würden. Wäre das Experiment damals weiter durchgeführt worden, dann hätte es sicherlich einiges nachdenkliches Kopfkratzen ausgelöst.

Aber es stimmt, Schatten ist ein Problem. Wenn man etwa alle seine Panele parallel geschaltet hat, und eines fällt wegen Schattenwurf aus, ist das zwar unschön, aber nicht wirklich schlimm. Wenn man aber alle Panele in Reihe geschaltet hat, um eine höhere Spannung zu erzielen, sind die Auswirkungen katastrophal, sobald eine einzige Solarzelle verschattet wird. Die gesamte Anlage macht dann überhaupt nichts mehr, außer Geld kosten.

Es gibt einen technischen Trick, mit dem das Problem zwar nicht komplett gelöst wird, der es jedoch erträglich macht, und diese Lösung nennt sich Freilaufdiode (wenn Sie die folgende Erläuterung nicht verstehen, dann ist das kein wesentliches Problem). Eine Diode ist ein Bauelement, das Elektronen nur in einer Richtung durchlässt. Wenn man eine solche Diode antiparallel zu einer Solarzelle schaltet, fließt im Normalfall kein Strom durch diese Diode, denn die Spannung des Panels liegt in Sperrrichtung an.

Wird nun eine Solarzelle verschattet, dann möchten die anderen Solarzellen noch den ganzen möglichen Strom liefern und bauen jetzt quasi einen Druck gegenüber der verschatteten Zelle auf, und dieser Druck befindet sich exakt in der Durchlassrichtung der Freilaufdiode. Global betrachtet muss man jetzt auf die Spannung der verschatteten Zelle verzichten (die Spannung sinkt deshalb von 18 Volt auf 17,5 Volt) und über einer Diode in Durchlassrichtung ist ein Spannungsabfall von 0,7 Volt zu verzeichnen (die Spannung sinkt von 17,5 Volt auf 16,8 Volt). Mit 16,8 Volt kann man noch einiges anfangen, und das Schöne an der Methode ist, dass sie vollautomatisch funktioniert.

Wesentlich besser ist es jedoch, wenn wir unsere Solaranlage so aufbauen, dass wir möglichst nie Verschattungen haben, oder nur morgens sehr früh oder spät am Abend, wenn es nicht mehr so sehr stört.

Mancher Hersteller schiebt als Alleinstellungsmerkmal seiner Panele diese Freilaufdiode ein wenig in den Vordergrund, weshalb seine Panele natürlich auch etwas teurer sein müssen. Wenn Sie sicher sind, dass Sie keine Probleme mit Schattenwurf haben, können Sie gleich die preiswerteren Panele kaufen.

10.2 Kurzschluss am Solarpanel. Eine Gefahr?

Die meisten Menschen denken, dass ein Kurzschluss eine ganz schlimme Sache ist (ich vermute, das liegt daran, dass sie zu viele schlechte Filme gesehen haben). Als Ingenieur sage ich, dass Kurzschlüsse normalerweise vermieden werden können, aber schlimm sind sie ganz sicher nicht! Wozu haben wir denn überall Sicherungen eingebaut? Genau, damit nichts Schlimmes bei einer Überlastung passieren kann. Wenn Sie nicht gerade im Energiesektor arbeiten, in dem man mit Kiloampere und Megawatt rechnet, ist ein Kurzschluss eine völlig unspektakuläre Angelegenheit. Man hört vielleicht ein ganz kurzes „Brk!“, und schon ist es vorüber. Sicherung sei Dank!

Bei einem Solarpanel sieht die Sache etwas anders aus, denn für einzelne Panele brauchen wir keine Sicherung. Das liegt ganz einfach daran, dass der Betriebszustand eines Kurzschluss bei einem Solarpanel absolut erlaubt ist. Ein bestimmter Anteil der einfallenden Photonen setzt ein Elektron frei, und je mehr Elektronen, desto schöner Ihre Ausbeute. Wenn wir ein Solarpanel kurzschließen, wird sich die Anzahl der Elektronen, die über die Barriere springen, nicht ändern; der Strom ist also automatisch auf die Werte begrenzt, die als Leistungsdaten angegeben sind.

Vor dem Kurzschluss war es so, dass wir ungefähr 15% der Einstrahlung in elektrischen Strom umgewandelt hatten und dieser Energieanteil beim Erwärmen des Solarpanels fehlte. Jetzt, mit dem Kurzschluss, bleibt diese Energie dort und das Panel wird minimal wärmer. Das ist alles, was bei einem Kurzschluss eines Solarpanels passiert. Also absolut keine Gefahr.

Ähnliches geschieht übrigens in der gegenteiligen Situation, also bei einer Unterbrechung des Stromkreises. Es fließen keine Elektronen, also kann auch hier ein Teil der Energie nicht als elektrischer Strom abgeleitet werden. Auch hier wird das Solarpanel minimal wärmer und das ist auch schon alles.

Falls Sie jetzt glauben, dass diese zusätzliche Erwärmung einen negativen Effekt haben könnte, dann ist die Antwort ein schlichtes „Nein!“. Die Panele werden maximal so warm, als wären sie mit der Rückseite zur Sonne hin installiert worden - kein Grad mehr!

10.3 Was bedeuten Wp und die anderen kryptischen Daten?

Solarpanele waren anfangs extrem teuer und sie wurden praktisch nur in der Weltraumfahrt eingesetzt. Dann eroberten sie sich Bereiche in der Forschung, wo weit ab von einer normalen Stromversorgung Messungen durchgeführt werden mussten und Batterien alleine nicht in Frage kamen. In dieser Zeit waren Solarpanele (falls man sie überhaupt schon so nennen konnte) noch handwerkliche Einzelanfertigungen und sie wurden einzeln durchgemessen.

Erst vor ungefähr 20 Jahren begann die Produktion in großen Serien (das war kurz nachdem es Einspeisevergütungen in Deutschland gab). Es kamen ständig neue Hersteller hinzu und alle hatten verschiedene Werksnormen, teilweise sogar für einzelne Produktgruppen. Weil wir Deutsche es immer gerne eindeutig haben (wie soll man jemanden verklagen können, wenn es keine eindeutige juristische Grundlage gibt?), begann man damit, sich über eine Norm für Solarpanele Gedanken zu machen, denn eine Vergleichbarkeit aufgrund der Werksangaben war nicht vorhanden.

Als Folge entstand die STC, die Standard Test Condition. Da die Testbedingungen praxisnah sein sollten, musste bei den Tests zunächst mal mit Licht gearbeitet werden, das dem der Sonne hinreichend ähnelt. Dabei muss man natürlich berücksichtigen, dass das Sonnenlicht von der Atmosphäre gefiltert wird. Wenn man sich am Aquator befindet und senkrecht zur Sonne hinaufblickt, liegt eine Standard-Luftmasse zwischen dem Beobachter und der Sonne. Wenn man sich in Nordeuropa aufhält, schaut man in einem deutlich schrägeren Winkel durch die Luft zur Sonne. Die Länge des Weges wurde als 1,5 Luftmassen geschätzt. Da es außer in Europa niemanden gab, den Solarpanele derart interessierten, wurde auch dieser Wert zur Norm. Was jetzt noch fehlte, war eine Referenzgröße; also überprüfte man die Messdaten für Deutschland und stellte fest, dass hier praktisch nie mehr als 1.000 Watt Strahlungsleistung pro Quadratmeter auftreten - eintausend ist eine schöne runde Zahl, und schon war diese Norm festgelegt (ganz so schnell geht es auch in Deutschland nicht, aber ich muss ja unterhaltsam bleiben).

Wp ist die Abkürzung für Watt peak, also für die Spitzenleistung. Das Solarpanel wird mit 1.000 Watt künstlichem Sonnenlicht pro Quadratmeter bestrahlt, und weil man in Deutschland nicht mit höheren Einstrahlungsleistungen rechnen kann, ist das die zu erwartende Spitzenleistung für dieses Land. Mehr geht zwar, aber nicht hier (wenn doch, dann aber sehr selten)!

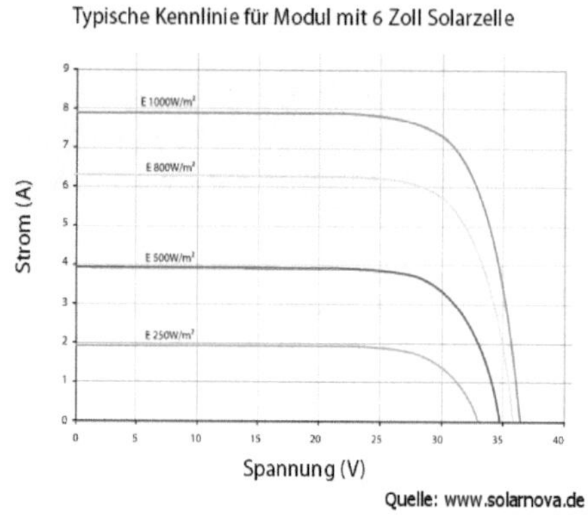

Abbildung 4: Eine typische Kennlinie (Quelle: solarnova.de)

Im dieser Abbildung sehen wir die Kennlinienschar für ein Solarmodul, dass eine Spannung am Ausgang von 24 Volt liefert. Die Leerlaufspannung liegt an den Klemmen an, wenn kein Strom entnommen wird, der Strom also Null ist. Je nach Beleuchtung liegt diese Spannung zwischen 33 und 37 Volt, ist also weitgehend unabhängig von der Einstrahlung.

Der nächste Kennwert ist der Kurzschlussstrom. Diesen finden wir im Diagramm bei der Spannung Null Volt. Man kann recht gut erkennen, dass der Kurzschlussstrom direkt proportional zur Beleuchtungsstärke ist (unsere theoretischen Überlegungen werden also bestätigt).

Jetzt müssen wir noch klären, was die einzelnen Kurven bedeuten. Ich nehme mir mal die Kurve für eine Einstrahlung von 800W/m^2 und berechne ein paar Arbeitspunkte. Die Tabelle kann man jetzt folgendermaßen lesen: Wenn man einen Widerstand von 0,79 Ω mit dem Panel verbindet, bricht die Ausgangsspannung des Panels auf 5 Volt ein und dem Panel werden 31,65 Watt entnommen. Wenn man einen Widerstand von 1,58 Ω mit dem Panel verbindet, bricht die Spannung auf 10 Volt ein und im Widerstand werden 63,29 Watt in Wärme umgesetzt usw.

Spannung	5 V	10 V	15 V	20 V	25 V	30 V	35 V
R = U / I	0,79 Ω	1,58 Ω	2,38 Ω	3,17 Ω	4,00 Ω	5,26 Ω	19,44 Ω
P = U^2 / R	31,65	63,29	94,54	126,18	156,25	171,10	63,01

Die Leistung, die man einem Panel entnehmen kann, steigt also (innerhalb eines bestimmten Rahmens) fast linear mit dem Widerstandswert an, um dann relativ drastisch abzusinken. Das heißt umgekehrt, dass ein mit 100 Watt angegebenes Panel nicht unbedingt 100 Watt bei STC liefert. Es bedeutet, dass es 100 Watt liefern könnte, wenn man es mit dem perfekt passenden Widerstand beschaltet! Nur so zur Übung sollten Sie jetzt einmal ausrechnen, wie viel Watt für das Panel angegeben sind, zu dem das Diagramm gehört (ich weiß es, aber ich sage es nicht).

Der Arbeitspunkt auf einer Watt-Linie, bei dem die maximale Leistung vom Panel abgegeben werden kann, nennt sich MPP (Maximum Power Point). Was mit dem MPP geschieht, wenn sich die Bestrahlungsstärke ändert, wird etwas später im Kapitel über die Solar-Controller erläutert.

Als Nächstes haben wir den Modulwirkungsgrad (dieser wird oft nicht angegeben; stattdessen wird der Zellwirkungsgrad angegeben, denn der ist etwas höher und könnte Leute zum Kauf verführen; für die Berechnung der Leistung und Größe einer Anlage brauchen wir aber den Modulwirkungsgrad). Wie wir diesen berechnen können, sehen wir im Folgenden. Der Zellwirkungsgrad liegt immer etwas höher als der Modulwirkungsgrad, denn beim Modulwirkungsgrad fließen auch die Flächen zwischen den Zellen und der Rahmen in den Wirkungsgrad mit ein. Das Problem für Herrn Schmidt bestand darin, dass meistens nur die Zellwirkungsgrade auf den Panelen angegeben werden, er also den Modulwirkungsgrad selber ausrechnen musste.

Schauen wir uns das mal bei den Solarpanelen von Herrn Portales an. Ein Standardmodul mit 250 Wp ist ungefähr 164 cm lang und 99 cm breit, hat also eine Oberfläche von 1,62 Quadratmetern. Um den Wirkungsgrad zu berechnen muss man bestimmen, wie viele Quadratmeter man benötigt, um 1.000 Watt zu erzeugen, und das wären bei Herrn Portales 6,5 Quadratmeter. Der Wirkungsgrad ist dann ganz einfach P = (1 / 6,5) * 100 = 15,38%. Auf diese Art und Weise können wir von jedem Panel den effektiven Wirkungsgrad ausrechnen. In der Praxis ist dies allerdings heutzutage eher selten erforderlich.

Schließlich gibt es noch die maximale Systemspannung, die immer wieder zu Verwirrungen führt (ich habe dutzendweise Artikel gelesen, in denen behauptet wurde, alle Solaranlagen seien gefährlich, weil dort Spannungen von 1.000 Volt auftreten). Richtig ist, dass es kommerzielle Anlagen gibt, in denen Strings mit bis zu 1.000 Volt verschaltet werden (die Einspeisewechselrichter sind dann technisch weniger aufwändig und somit billiger). In privaten Kleinanlagen wird man selten mehr als 100 Volt finden. In ganz kleinen Anlagen wird die höchste Gleichspannung wahrscheinlich nur 18 Volt betragen (warum das so ist, sehen wir ein wenig später) oder 36 Volt.

10.4 Wie findet man die richtigen Panele?

Diese Frage lässt sich nicht geschlossen beantworten, denn es gibt hier kein richtig, sondern nur gut geeignet oder weniger gut geeignet. Wenn Sie eine neue Anlage aufbauen, sollten alle Panele identisch sein. Das hat nicht nur technische Gründe, sondern erleichtert auch die Arbeit. Wenn Sie Halbprofi sind, werden Sie vielleicht die größeren Panele bevorzugen, denn Sie können sie schneller installieren (bezogen auf Quadratmeter pro Tag). Wenn Sie sich gerade an Ihre erste Anlage trauen, sollten Sie lieber kleinere Panele verwenden und sich zusätzlich einen Helfer bzw. Beobachter besorgen.

Ich kann und will mich hier nicht zu bestimmten Marken äußern. Natürlich gibt es in jeder Branche schwarze Schafe, und auch in einer Modulfabrik gibt es einen Montagmorgen. Einerseits gibt es ‚alteingesessene Firmen', die schon seit über 20 Jahren Solarmodule fertigen. Der Umstand, dass es sie noch gibt, ist ein Beweis dafür, dass sie zumindest nur selten Schund liefern. Diese Sicherheit macht sich für den Kunden in einem meist deutlich höheren Preis bemerkbar. Andererseits gibt es Firmen etwa aus Korea oder China, von denen man noch nie gehört hat (ganz zu Schweigen davon, dass man nicht weiß, wie man ihren Namen korrekt ausspricht). Diese Firmen bieten ihre Erzeugnisse zu solch niedrigen Preisen an, dass die betreffenden Solarprodukte von der EU mit Anti-Dumping-Strafzöllen belegt wurden (ob der Dumping-Vorwurf wirklich berechtigt ist, entzieht sich meiner Kenntnis). Da man den Kauf von Panelen häufig über das Internet abwickelt, könnten Kundenbewertungen hier ein wenig weiterhelfen. Diese sind nicht so sicher wie eine Versicherung, dafür aber oft sehr informativ.

Ganz generell muss man sagen, dass es keine wirkliche Sicherheit im Hinblick darauf gibt, ob eine Firma in drei Jahren noch existiert oder nicht, egal wo auf der Welt sie ansässig ist. Folglich ist ein Garantieversprechen sehr oft wenig wert.

Folglich bleiben nur zwei echte Ratschläge: Suchen Sie sich Panele aus, zu denen viele Anbieter kompatible Panele im Angebot haben. Falls Sie nach einigen Jahren einzelne Panele austauschen müssen, können Sie dann wenigstens auf ähnliche Panele zurückgreifen; wenn die mechanische Größe passt und auch die elektrischen Werte, hat man zwar gegebenenfalls den Schaden, kann ihn aber zumindest reparieren.

Und nutzen Sie die Foren im Internet. Auf http://www.photovoltaikforum.com gibt es beispielsweise eine Moduldatenbank, in der tausende verschiedene Solarpanele gelistet sind, jeweils nach Hersteller sortiert und mit der Angabe, wie viele Forumsnutzer diese Panele im Einsatz haben bzw. hatten - alles auf Deutsch.

10.5 Tracking-Systeme

Die Sonne strahlt ihre Energie gleichmäßig in alle Richtungen ab. Wenn man diese Energie auffangen will, benötigt man eine Fläche, auf die die Photonen auftreffen. Diese Photonen lassen sich etwa mit einer Lupe oder einem Hohlspiegel bündeln (bei Sonnenkraftwerken mit vielen Spiegeln bilden diese einzelnen Spiegel gemeinsam einen Hohlspiegel). Oder man verarbeitet die Photonen so, wie sie ankommen, etwa mit einem Solarpanel. Je größer die Fläche ist, die von der Sonne aus gesehen werden kann, desto größer ist die Menge an Energie, die man auffangen kann.

Nehmen wir an, ein Solarpanel läge in der Nähe des Äquators einfach flach auf dem Boden. Geht die Sonne auf, dann ist von der Oberfläche des Solarpanels nur ein Strich zu sehen, wir können also überhaupt keine Energie auffangen (wenn wir die diffuse Strahlung mal vernachlässigen). Je höher die Sonne steigt, desto größer erscheint die Fläche. Wenn die Sonne mittags senkrecht über dem Panel steht, ist dieses in seiner ganzen Größe von der Sonne aus zu sehen. Dann senkt sich die Sonne dem Horizont im Westen zu, und die sichtbare Fläche wird immer kleiner. Mathematisch betrachtet ändert sich die Größe der sichtbaren Fläche mit dem Sinus des Winkels zwischen der Sonne und dem Horizont im Osten (aber das interessiert jetzt nicht).

Jetzt kann man natürlich auf die Idee kommen, dass man das Panel nachführen könnte, damit es immer optimal zur Sonne ausgerichtet ist, also das Panel die ganze Zeit in vollständiger Größe für die Sonne sichtbar ist. Hierzu ist am Äquator ein Gestell erforderlich, das in der Ost-West-Richtung schwenkbar ist, ein Motor und ein wenig Elektronik. Eine solche Einrichtung nennt sich 1-D-Tracker (to track = verfolgen).

Wenn man sich jetzt weiter vom Äquator weg bewegt, kann man mit dieser Anlage das Panel nicht mehr optimal zur Sonne ausrichten; eine zweite Bewegungsachse wird erforderlich. Die resultierende Anlage wird dann, grob betrachtet, mindestens doppelt so kompliziert und nennt sich 2-D-Tracker. Jetzt muss noch berücksichtigt werden, dass es ja auch einmal kräftige Winde geben kann, und zumindest bis zu einer Windgeschwindigkeit von 150 kmh sollte schon sicher verhindert werden, dass die Anlage umkippt oder die Panele zu Ufos (unwanted flying objects) werden.

Die Anlage muss also insgesamt sehr stabil sein und auch über ein gutes Fundament verfügen. Auf einer Internetseite, die leider nicht mehr existiert, entdeckte ich 2014 einen englischsprachigen Artikel über eine Firma, die solche Tracker herstellt. Dort fand ich die Angabe, dass man mit Kosten von 855 Euro ohne Mehrwertsteuer pro Kilowatt Leistung für einen Tracker rechnen muss. Mit Mehrwertsteuer also rund 1.000 Euro. Da Mechanik im Laufe der Zeit selten billiger wird, dürfte der Preis immer noch zutreffen.

Aus geometrischen Betrachtungen heraus (auf die wir nicht weiter eingehen werden) ergibt sich, dass man (auch abhängig davon, wo auf der Welt man sich befindet) bei einem einachsigen Tracker einen bis zu 30% höheren und bei einem zweiachsigen Tracker sogar einen bis zu 45% höheren Ertrag haben kann, und zwar übers Jahr gerechnet und im Vergleich zu Solarpanelen, die ansonsten halbwegs optimal ausgerichtet sind.

Da sich an den anderen Komponenten der Solaranlage überhaupt nichts ändert, geben wir also für eine Ertragssteigerung von maximal 45% rund 1.000 Euro aus, wir könnten aber in Deutschland im Jahr 2016 für rund 750 Euro doppelt so viele Panele installieren. Tracking-Systeme sind also keine sinnvolle Option mehr!

Zusätzlich ist zu berücksichtigen, das man bei Nutzung von mehr als einem Mast reichlich Platz zwischen diesen Masten lassen muss, damit sich die Panele nicht gegenseitig verschatten. Mit Trackern benötigt man also deutlich mehr Platz als mit fest installierten Panelen, sogar wenn diese nicht optimal ausgerichtet sind.

Kapitel 11 • Laderegler

Bei diesem Thema muss ich zunächst eine Bemerkung voranstellen: In diesem Bereich ist die Anzahl von Falschaussagen pro Mitarbeiter des Vertriebs höher als in allen anderen Bereichen. Ob dies daran liegt, dass sie es nicht besser wissen, oder die Techniker im Hause zu höflich sind, um die betreffenden Mitarbeiter zu korrigieren, oder wir uns hier schon in einem Graubereich zur Kriminalität befinden, kann ich nicht beurteilen. Diese Situation zwingt mich, thematisch wesentlich weiter auszuholen, als es eigentlich nötig sein sollte - Fachbegriffe werden nämlich hier auf breiter Ebene falsch oder missverständlich verwendet.

Wenn ich lediglich beschreiben würde, wie die Dinge sind, dann würden Sie möglicherweise einfach nur freundlich mit dem Kopf nicken und meine Aussage hätte letztlich genauso viel Berechtigung wie die Aussage irgendeines Verkäufers. Also muss ich auf jeden Fall erklären, was hinter den Begriffen steckt, und die jeweiligen Grundlagen erläutern. Der Hintergrund ist der, dass Sie bei einer falschen bzw. ungünstigen Auswahl des Ladereglers durchaus 50% (oder auch mehr) der Leistung Ihrer Anlage verschenken oder auch Ihre Batterie innerhalb von Monaten zu Tode quälen könnten, obwohl Sie diese eigentlich mindestens 7 Jahre oder länger nutzen wollten.

Die ersten Laderegler, die eingesetzt wurden, um elektrische Energie aus Solarpanelen in Batterien zu speichern, stammten (zumindest was die Technologie betrifft) aus dem Kraftfahrzeugbereich. Ganz in der Anfangszeit der motorgetriebenen Fahrzeuge behalf man sich hinsichtlich der Beleuchtung meist mit stinkenden Karbidlampen (also Gaslaternen). Dann wurden die ersten Generatoren an den Motoren angeflanscht. Weil sie nur dazu dienten, die Lampen zu betreiben, wurden sie (zumindest in Deutschland) Lichtmaschinen genannt. In dieser Zeit mussten alle Verbrennungsmotoren noch mit einer Handkurbel in Schwung gebracht werden. Dann kam jemand auf die geniale Idee, dass man hierzu doch einen kleinen Elektromotor verwenden könne, der aus einer Batterie gespeist wird, und um diese wieder aufzuladen, könne man die Lichtmaschine nutzen. Hierdurch wurde das Starten eines Autos so leicht wie das Umdrehen eines Schlüssels. Der Siegeszug der Autos begann, weil die Nutzung der Technik bequem geworden war.

Da Batterien weder Über- noch Unterspannungen besonders gut vertragen, hatte man jetzt ein Problem, denn die Lichtmaschine gab eine Spannung ab, die mit der Motordrehzahl proportional anstieg (darauf kommen wir gleich noch zurück). Dieses Problem wurde anfangs ignoriert und es wurde einfach der Ausgang der Lichtmaschine mit der Batterie verbunden. Man musste den Fahrer nur anweisen, nicht lange mit hochdrehendem Motor zu fahren oder niedertourig, wenn viele Verbraucher eingeschaltet waren. Da sich kaum jemand an diese Vorgabe hielt, war die Lichtmaschine ein Batteriemörder. Dann kam man auf die Idee, das Problem durch einen Regler zu beseitigen, und um diesen zu verstehen, mussen wir wieder einen kleinen Ausflug in die Physik machen.

Wir haben ein Magnetfeld (wir werden gleich erläutern, wie dieses erzeugt wird) und in diesem Magnetfeld drehen wir eine Spule. Wenn sich das Magnetfeld, das von einer Spule umfangen wird, verändert, wird eine Spannung in diese Spule induziert (Physiker und Elektrotechniker haben wunderbare Formeln, um entsprechende Berechnungen durchzuführen, aber wirklich erklären können sie es auch nicht; wir belassen es also dabei). Da, von der Spule aus gesehen, das Magnetfeld mal von links und mal von rechts kommt, wird eine Wechselspannung induziert. Bei vorgegebener Spule hängt die Höhe dieser Wechselspannung davon ab, wie stark sich das Magnetfeld pro Zeiteinheit ändert. Um die Spannung zu erhöhen, kann man entweder die Drehgeschwindigkeit erhöhen oder das Magnetfeld verstärken.

Da der Generator fest mit dem Motor des Fahrzeugs verkoppelt ist (die Drehzahl also nicht frei wählbar ist), bleibt nur die Möglichkeit, das Magnetfeld zu verändern - womit wir bei der vorher aufgeschobenen Frage wären, wie das Magnetfeld erzeugt wird. Ganz einfach, mit einer stromdurchflossenen Spule. Das Magnetfeld, das von einer solchen Spule erzeugt wird, hängt direkt von der Stärke des Stroms ab; wenn man also die Anzahl der Windungen einer Spule verdoppelt, wirkt das so, als fließe ein doppelt so hoher Strom. Erzeugt man mit der Spule ein statisches magnetisches Feld, dann hängt der Strom, der durch die Spule fließt, von der angelegten Spannung und dem elektrischen Widerstand ab. Wenn die Spule, die das Magnetfeld erzeugt, sehr viele Windungen hat, kann man mit kleinen Änderungen an diesem Strom große Wirkungen am Ausgang der Lichtmaschine erzielen. Die Spannungsänderung am Ausgang der Lichtmaschine durch Drehzahländerungen könnten problemlos kompensiert werden.

Mit ein paar Watt Verlustleistung in der Erregerwicklung (so nennt sich diese Spule korrekterweise) kann man also hunderte von generierten Watt steuern. Leistungselektronik gab es zur Pionierzeit des Automobils noch nicht, also behalf man sich mit einem mechanischen Schalter. Dieser schaltete den Strom durch die Erregerwicklung für ein paar Millisekunden ein und sofort wieder aus. War die Einschaltzeit länger als die Ausschaltzeit, dann gab die Lichtmaschine über eine höhere Spannung mehr Energie ab; war die Ausschaltzeit länger als die Einschaltzeit, dann war die Ausgangsspannung der Lichtmaschine geringer und somit auch die abgegebene Leistung (vielleicht erinnern Sie sich noch, dass die abgegebene Leistung im Quadrat mit der Spannung wächst).

Für diejenigen unter Ihnen, denen der Begriff Pulsweitenmodulation etwas sagt: Hier wurde sie das erste mal auf breiter Ebene eingesetzt (ob sie auch zu der Zeit erfunden wurde, weiß ich nicht). Wenn Sie mit PWM noch nichts anfangen können, ist das kein Grund zur Sorge - es ist nur eine Frage weniger Seiten, dann werden Sie klarer sehen. Wenn Gleichstrom geschaltet wird (insbesondere wenn er abgeschaltet wird), gibt es immer Funken, und Funken senden Radiowellen aus. Wenn also ein Auto mit einem solchen Regler durch die Gegend fuhr, war im Umkreis von hundert Metern der Rundfunkempfang gestört und man sah weiße Zufallsmuster auf dem Bildschirm vom Fernseher. Das hätte die Autofahrer vielleicht nicht sonderlich gestört, aber mit der Einführung von Autoradios wurden sie selbst zu Betroffenen und diese Art von Regler sah ihrem Ende entgegen: Es wurde (die jetzt verfügbare) Elektronik eingebaut und es hatte ein Ende mit den Funken (zur Ehrenrettung der Automobilindustrie muss ich anfügen, dass viele Hersteller die Schalter aber gut gekapselt hatten und die Störungen gering waren).

Nachdem ich beschrieben habe, wo der ‚geschichtliche' Ursprung liegt, kann ich nun erläutern, wie man Solarpanele an Batterien anschließt, denn man hat sich lange Zeit technologisch beim Auto bedient.

11.1 Direktverschaltung

Die Batterie wird direkt mit dem Solarpanel verbunden. Ich möchte zunächst ein abschreckendes Beispiel anführen. Wir haben eine kleine 12-Volt-Batterie mit 10 Ah und verschalten diese mit einem Panel, das 100 Watt bei 24 Volt bringt. Der ideale Ladestrom für die Batterie liegt bei einem Ampere und das Solarpanel kann 4 Ampere bei voller Einstrahlung bringen. Die Batterie ist eigentlich mit 12 Volt (oder auch ein wenig mehr) völlig zufrieden, aber wir nötigen ihr 24 Volt auf. Da sich die Batterie nicht gegen den Energieschub wehren kann, bleiben ihr nur zwei Möglichkeiten, die aufgenötigte Energie umzusetzen:

1. Das Wasser im Elektrolyt wird zersetzt und verschwindet in Form von Gasen (das nennt sich Elektrolyse).

2. Sie setzt die elektrische Energie in Wärme um.

Ohne allzu sehr ins Detail gehen zu wollen (die können Sie im Extra-Kapitel über Batterien nachlesen), lässt sich feststellen, dass das Wasser ziemlich schnell weniger wird, die Batterie trockenfällt und bald danach unbrauchbar ist. Je wärmer eine Batterie wird, desto schneller altert sie; jede 8°C über 25°C halbieren die Lebensdauer. Ich fasse das mal folgendermaßen zusammen: Man kann das Glück haben, dass es zu keiner größeren Schweinerei kommt – auf alle Fälle wird aber bei ungünstigen Witterungsverhältnissen die Batterie nur wenige Wochen (falls überhaupt) überleben.

Ich habe bei meinen Recherchen einige Anzeigen für Regler dieser Art gefunden, in denen diese als grundsolide und ausgereifte Technik beworben. Aber ich habe dort nicht einen einzigen Hinweis gefunden, was man seiner Batterie mit so einem Teil antun kann. Falls Ihnen jemand ernsthaft einen solchen Regler verkaufen möchte, sollten Sie für alle Zukunft einen riesigen Bogen um den betreffenden Laden machen.

Wir möchten uns nun Gegenbeispiel anschauen. Dazu verbinden wir eine 100-Ah-Batterie mit einem 5-Watt-Panel, das 14 Volt Ausgangsspannung liefern kann. Die Batterie zwingt die Ausgangsspannung des Panels auf 12 Volt herunter, das Panel liefert etwa 400 mA. Das Solarpanel benötigt also mindestens 250 Stunden Sonnenschein, um die Batterie aufzuladen. Da die Selbstentladung der Batterie in diesem Versuch eine Gegenkraft bildet, kann man mit mindestens einem Monat rechnen, bis die Batterie halbwegs voll ist. Das 5-Watt-Panel hat also überhaupt keine Chance, gefährlich für die Batterie zu werden.

Batterie, Panel und die Einstrahlungsdaten müssen also genau aufeinander abgestimmt werden, damit eine technisch befriedigende Lösung herauskommt. Falls Sie nicht monatelang mit rauchendem Kopf über dem Problem brüten möchten, wie man eine optimale Abstimmung hinbekommen könnte, sollten Sie mir glauben, dass es einfache und preisgünstige Möglichkeiten gibt, diese Probleme zu vermeiden. Diese werden etwas später vorgestellt (denn auch der Shunt-Regler gehört nicht zu den guten Lösungen).

11.2 Shunt-Regler

Ein Shunt ist ein Vorwiderstand. Ein Shunt mit einem extrem kleinen Widerstandswert wird etwa verwendet, um in einem Stromkreis den Strom zu messen, ohne dass das Verhalten im Stromkreis stark beeinflusst wird. Hierzu wird die Spannung gemessen, die über dem Shunt abfällt, um daraus die Stromstärke zu berechnen. Etwas Entsprechendes wird aber beim Shunt-Regler nicht gemacht.

Das, was als klassischer Shunt-Regler bezeichnet wird, findet sich etwa in uralten Windkraftanlagen. Der Wind treibt einen Generator an und dieser lädt eine Batterie. Ist die Batterie voll, dann muss die Leistungszufuhr beendet werden. Wenn man den Stromkreis einfach unterbrechen würde, hätte die Windturbine keinen Gegendruck mehr, würde beliebig beschleunigen und wahrscheinlich auseinander fliegen. Also wird, wenn die Batterie abgeklemmt wird, ersatzweise ein normaler elektrischer Hochlast-Widerstand in den Stromkreis geschaltet. Die gesamte erzeugte elektrische Energie geht jetzt in den Widerstand und wird dort in Wärme umgesetzt. Die Energie ist zwar verloren, aber das Windrad wird gebremst und so gerettet.

Im Kapitel über Solarpanele hatten wir gesehen, dass alle Zustände zwischen Kurzschluss und Leerlauf für ein solches Panel absolut zulässig sind, und das auch für eine beliebig lange Zeitdauer. Wenn die Batterie also voll ist, muss die Ausgangsleistung des Panels nicht in einem Widerstand verbraten werden. Man nimmt die zur Verfügung stehende Energie ganz einfach nicht ab. Was dann geschieht, haben wir schon gesehen; das Solarpanel erwärmt sich in einer solchen Situation genauso wie ein Stück Pappe.

Wenn Ihnen also jemand für eine Solaranlage einen Shuntregler verkaufen möchte, hat der Verkäufer entweder keine Ahnung (positiver Fall) oder er will Sie betrügen bzw. Ihnen für technischen Schrott viel Geld abknüpfen! Also alles, wo Shunt-Regler und Solar drauf steht, sofort vergessen und nie wieder den Laden betreten (falls Sie ein solches Angebot im Internet gesehen haben, sollten Sie Ihre Firewall veranlassen, nie wieder eine Verbindung zu dieser Web-Seite zu erlauben)!

11.3 Linear-Regler

Diese Regler waren vor ungefähr 40 Jahren Stand der Technik und sie sind es immer noch, wenn es um die Größenordnung von einigen wenigen Watt geht und man auf die Schnelle eine stabile Spannungsversorgung benötigt. In Fällen, in denen man etwa 12 Volt hat und für eine kleine Zusatzschaltung 5 Volt benötigt, wird man oft zu einem solchen Linear-Regler greifen. Soll das Ganze auch noch stromsparend sein oder wird mehr Leistung gefordert, dann wird man einen DC-DC-Wandler bevorzugen (auf diese kommen wir gleich noch zurück).

Das, was der Linear-Regler macht, lässt sich mit dem Spannungsteiler erklären, den wir ja schon kennengelernt haben.

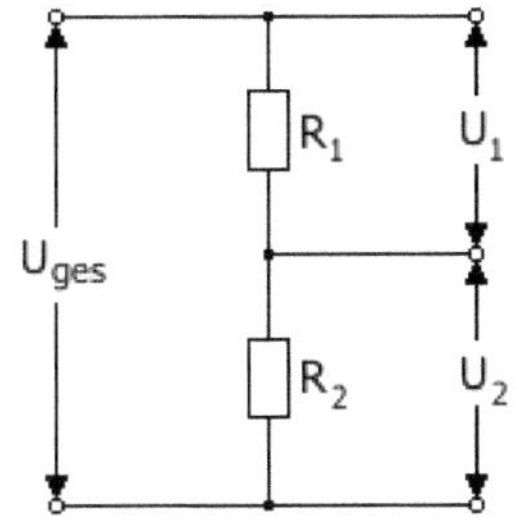

Abbildung 5: Schaltbild für einen Spannungsteiler

U_{ges} sei die Ausgangsspannung des Solarpanels. R_2 stellt unsere Batterie dar und R_1 ist unser Regler, wobei dieser Widerstand in weiten Grenzen regelbar ist. Ist die Ladespannung der Batterie (U_2) zu hoch, dann muss der Widerstand R_1 erhöht werden, damit die Spannung U_1 größer wird; folglich sinkt der Wert von U_2.

Ist die Eingangsspannung sehr viel größer, als die gewünschte Ausgangsspannung, dann wird im Regler sehr viel elektrische Energie in Wärme umgesetzt. Wenn Eingangsspannung und Ausgangsspannung gut übereinstimmen, könnten solche Regler gut bei Anlagen der Größenordnung bis 20 Watt eingesetzt werden.

Ich führe noch kurz das Standardbeispiel an. Wir haben ein Panel mit 18 Volt Ausgangsspannung und wir möchten eine 12 Volt Batterie laden. Das bedeutet, dass wir über dem Regler einen Spannungsabfall von 6 Volt benötigen. Dies führt wiederum dazu, dass die Menge an Energie, die in die Batterie gehen kann, doppelt so groß ist wie die Energiemenge, die im Regler in Wärme umgesetzt werden muss. Wir haben also eine Effizienz von 66%. Da der Arbeitspunkt des Solarpanels nur ausnahmsweise im Maximum Power Point liegt (auf diesen kommen wir gleich zurück), wird der Wirkungsgrad normalerweise allerdings deutlich schlechter sein.

11.4 PWM-Regler

Salopp ausgedrückt war es beim Linear-Regler so, dass all die Energie, die man aktuell nicht in die Batterie einspeisen kann, im Regler in Wärme umgesetzt wird, damit die korrekte Ladespannung eingehalten werden kann. Könnte es sich bei einem PWM-Regler um eine energetisch bessere Lösung handeln? Dieser Frage gehen wir in Abschnitt 11.5 nach, denn erst einmal müssen Sie verstanden haben (zumindest ungefähr), wie PWM-Regler arbeiten. Abbildung (PWM-Regler.png): Schaltbild für einen PWM-Regler

Bei PWM-Reglern (Pulsweitenmodulation) gibt es eine technisch wenig elegante jedoch billige Lösung, wie sie in fast allen Reglern dieser Art realisiert ist, und es gibt die elegante Lösung, die wahrscheinlich nur in Selbstbaulösungen zu finden ist, denn sie ist etwas teurer.

11.4.1 Normale PWM-Regler

Bei ‚normalen' PWM-Reglern handelt es sich um die technische Perfektionierung der Direktverschaltung von Panel und Batterie. Es gibt Vertreter dieser Technologie, die relativ batterieschonend arbeiten und solche, die man nur als Batteriemörder bezeichnen kann.

Bei der Direktverschaltung wurde das Panel direkt mit den Batteriepolen verschaltet. In der simpelsten Form eines PWM-Reglers wird nur ein gesteuerter Schalter in den Stromkreis eingebracht und die Batteriespannung gemessen. Wenn die Spannung zu niedrig ist, wird der Schalter geschlossen. Ist die Batteriespannung hinreichend hoch, dann wird der Schalter wieder geöffnet.

Ob der Regler geeignet ist, ergibt sich daraus, wie schnell er reagiert, wie groß die Hysterese ist (das ist der Spannungsabstand zwischen Abschalten und späterem Wiedereinschalten) und wie gut die Spannung vom Panel zur Batterie passt.

Hie ein absolut negatives Beispiel: Die Spannung vom Panel ist viel zu hoch und die Reaktionsgeschwindigkeit ist niedrig. Wenn die Batterie fast leer ist, gibt es kein größeres Problem, denn der niedrige Innenwiderstand der Batterie lässt die Spannung vom Panel sofort sehr weit einbrechen und das Panel liefert gemäß des entsprechend eingestellten Arbeitspunkts einen Strom. Kritisch wird es, wenn die Batterie fast voll ist.

Nehmen wir an, die Spannung ist gerade knapp unter die Zielspannung abgesunken und das Panel wird mit der Batterie verbunden. Jetzt wird die Spannung der Batterie auf einen Wert gezogen, bei dem sie anfängt zu gasen (durch Elektrolyse wird Wasser aufgespalten und verflüchtigt sich aus der Batterie). Da der Regler langsam reagiert, sind die Phasen, in denen Gasung stattfindet relativ lang; fallen die Elektroden trocken, weil nicht rechtzeitig destilliertes Wasser nachgefüllt wurde, dann ist die Batterie sehr schnell hinüber.

Wenn Sie sich jetzt fragen, ob ein solcher Schrott tatsächlich verkauft wird, so ist die Antwort: Leider ja! Da man nicht einfach erkennen kann, ob ein Regler zu dieser Gruppe gehört, ist meine Empfehlung, weder extrem billige PWM-Regler zu kaufen (Sie bezahlen mit der Batterie!) noch solche, die für PWM-Regler eigentlich deutlich zu teuer und außerdem groß sind sowie einen mechanisch robusten Eindruck machen (ich möchte hier nicht auf ein amerikanisches Produkt eingehen, bei dem ein Relais als Schalter Verwendung findet). Es gibt eine große Gruppe von PWM-Reglern, bei denen Panel und Batterie über Transistoren miteinander verbunden werden, und das mit Frequenzen von etlichen hundert Hertz bis in den kHz-Bereich hinein. Die Batteriespannung wird gemittelt, und entsprechend der auf diese Weise gewonnenen Batteriespannung wird die Zeitdauer, wie lange Panel und Batterie verbunden sind, so variiert, dass im zeitlichen Durchschnitt genauso viel Strom in die Batterie fließt, wie diese auch aufnehmen kann und soll.

Die Leistungsgrenze solcher Regler liegt zwischen 10 und 30 Ampere, wobei oftmals eine automatische Erkennung der Batteriespannung erfolgt (meist 12V oder 24V; daher zuerst den Regler an die Batterie anschließen und erst anschließend die Panele); die Leistung liegt also zwischen rund 100 Watt und einem Kilowatt.

Bei PWM-Reglern muss man sehr auf die erlaubte Eingangsspannung und den maximal erlaubten Strom achten. Wenn die Spannung der Panele über der zulässigen Eingangsspannung liegt, killt das recht zuverlässig den Transistor. Wenn die Panele einen höheren Strom liefern können (Richtwert ist der Kurzschlussstrom mal Anzahl parallel geschalteter Panele), als der Regler vertragen kann, zerstört das den Transistor ebenfalls mit großer Sicherheit. Ausschlaggebend sind die Werte der Panele, die bei minimaler Temperatur und plötzlich auftretender maximaler Einstrahlung zu erwarten sind. Es empfiehlt sich, sowohl bei der Spannung als auch beim Strom immer für gut 20% Abstand im Hinblick auf schlimmstenfalls erwarteten Werten zu sorgen.

11.4.2 Smarte PWM-Regler

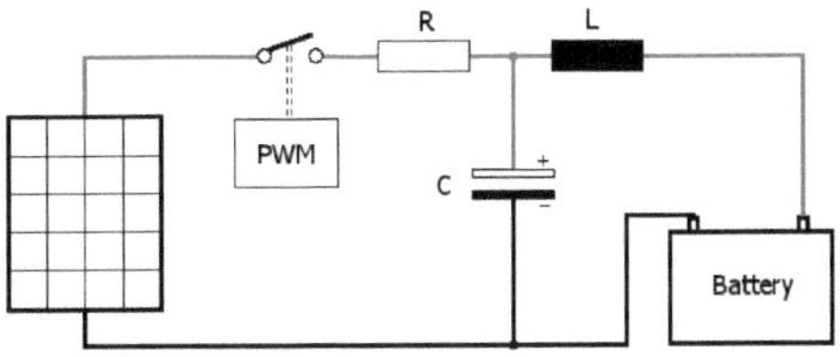

Abbildung 6: Schaltbild für einen PWM-Regler

In dieser Abbildung haben wir die wesentlichen Komponenten eines smarten PWM-Reglers.

Das Solarpanel liefert eine Spannung, die höher sein muss als die Batteriespannung. Der Kondensator C wurde schon von der Batterie durch die Spule L hindurch aufgeladen. Schließt jetzt der Schalter der PWM-Regelung, dann fließt ein Strom durch den Widerstand R (dieser ist nur dazu da, den Strom zu begrenzen, damit der elektronische Schalter der PWM-Regelung keinen Schaden nimmt). Spulen sind konservativ und möchten den Strom durch sie hindurch nicht ändern; folglich fließt der gesamte Strom zunächst in den Kondensator, an dem sich die Spannung erhöht. Der Schalter der PWM-Regelung öffnet sich wieder und die Spannung im Kondensator baut sich langsam durch die Spule hindurch wieder ab und erhöht den Strom durch die Spule. Die Spule L will den Strom in der aktuellen Höhe weiter treiben, wodurch die Spannung am Kondensator unter die Batteriespannung sinkt. Der Strom durch die Spule wird wieder schwächer, und dies ist der perfekte Zeitpunkt für den PWM-Regler, den Schalter wieder zu schließen.

Der Strom wird also päckchenweise zunächst in den Kondensator geleitet und anschließend (stark geglättet) an die Batterie weitergegeben (falls Sie die Details interessieren, müssen Sie sich ein Fachbuch über Elektronik-Grundlagen anschaffen; dieses spannende Thema würde den Rahmen des vorliegenden Buches deutlich sprengen; das Verfahren nennt sich übrigens Step-Down-Wandler). Der Regler misst ständig die Spannung über dem Kondensator und die Spannung über der Batterie sowie den Strom, der vom Solarpanel im zeitlichen Durchschnitt an die Batterie geliefert wird. Aus diesen Informationen wird das optimale Tastverhältnis (also das Verhältnis zwischen Einschalt- und Ausschaltdauer) bestimmt, und aus der Induktivität der Spule ergibt sich die günstigste Frequenz (diese ist also bauartbedingt). Wir erhalten also exakt die Ladespannung, die wir für die Batterie haben möchten.

Bei dem Schalter in dieser Schaltung handelt es sich natürlich nicht um einen mechanischen Schalter, sondern um einen MOS-FET. Diese Transistoren haben den Vorteil, dass sie mit einem sehr geringen Energieaufwand zwischen den Zuständen ‚leitend' und ‚sperrend' umgeschaltet werden können. Wir erinnern uns an P = U * I. Wenn der Transistor leitet,

ist die Spannung, die über ihm abfällt, sehr gering; folglich erzeugt der Transistor fast keine Verlustwärme. Wenn der Transistor sperrt, ist der Strom gleich Null und es ergibt sich wieder keine Verlustwärme. Es entsteht nur dann nennenswerte Verlustwärme, wenn der Transistor seinen Zustand wechselt. PWM-Regler dieser Art arbeiten meistens mit Frequenzen über 20 Kilohertz, damit das menschliche Ohr nicht gequält wird (die sich verändernden Ströme bringen die Spulen leicht zum Schwingen; deshalb hört man auch Transformatoren brummen). Bei einer solchen Frequenz sind die Verluste am Transistor noch recht gering, man kommt mit einer kleinen Spule aus (Spulen sind teuer) und die Restwelligkeit der Ausgangsspannung ist akzeptabel.
Gut ausgelegte PWM-Regler haben einen Wirkungsgrad von über 90%, manche sogar über 97 bis 98%. Der Wirkungsgrad ist hier definiert als das Verhältnis der durchgeleiteten Energie zu der im Regler verbrauchten Energie (also was als Wärme abgegeben wird).

11.5 Energetischer Unterschied: Linear- zu PWM-Regler

Der erste Zeitabschnitt bei einer Batterieladung nennt sich Bulk-Loading - man versucht, ohne die Batterie zu schädigen, so viel Energie wie irgend möglich in die Batterie hineinzubekommen. Dazu wird mit dem maximal zulässigen Strom geladen (bei einer normalen 100-Ah-Batterie wären das im Normalfall 10 Ampere; weitere Einzelheiten finden Sie im Extra-Kapitel über Batterien). Die Ausgangsspannung vom Solarpanel muss so hoch sein, dass dieser Strom in die Batterie hinein tatsächlich erzwungen werden kann.

Wir betrachten einfach mal zwei Beispiele. In beiden Fällen können die Panele hinreichend Leistung liefern. Im ersten Beispiel sei die Ausgangsspannung des Panels 24 Volt und im zweiten Beispiel lediglich 16 Volt. Wir unterstellen, dass die korrekte Spannung an der Batterie, die den optimalen Strom bewirken würde, bei 13 Volt liegt und dann ein Strom von 8 Ampere fließt:

Linear-Regler mit 24 Volt Eingangsspannung

> Zwischen gewünschter Ausgangsspannung und der Eingangsspannung liegen 11 Volt. Am Linear-Regler entsteht eine Verlustleistung von 8 A * 11 V = 88 Watt.

Linear-Regler mit 16 Volt Eingangsspannung

> Zwischen gewünschter Ausgangsspannung und der Eingangsspannung liegen 3 Volt. Am Linear-Regler entsteht eine Verlustleistung von 8 A * 3 V = 24 Watt.

PWM-Regler mit 24 Volt Eingangsspannung

> Die Batterie nimmt 8 A bei 13 Volt auf, also 104 Watt. Der Regler hat einen Wirkungsgrad von 90%, also ergibt sich eine Verlustleistung von 10 Watt.

PWM-Regler mit 16 Volt Eingangsspannung

> Die Batterie nimmt 8 A bei 13 Volt auf, also 104 Watt. Der Regler hat einen Wirkungsgrad von 90%, also ergibt sich eine Verlustleistung von 10 Watt.

Der PWM-Regler scheint also absolut überlegen zu sein. Um bei einem Linear-Regler 88 Watt an Wärme abzuführen, benötigt man schon ganz schön große Kühlkörper. Jetzt kommt die große Überraschung: Energetisch gibt es zwischen diesen beiden Reglertypen überhaupt

keinen Unterschied. Kann gar nicht sein, das haben wir doch gerade anders gesehen? Dann denken Sie jetzt mal ganz gemütlich mit.
Der Linear-Regler arbeitet kontinuierlich und verbrät die Energie, die die Batterie nicht brauchen kann, in Form von Wärme. Soweit alles klar. Aber was macht der PWM-Regler? Während einiger Millisekunden nutzt er das Energieangebot des Solarpanels und schaltet dann ab. Und was macht das Solarpanel innerhalb dieser Zeit der Abschaltung? Schlichtweg nichts, außer warm zu werden!

Der einzige Unterschied zwischen einem PWM-Regler und einem Linear-Regler besteht in dem Ort, an dem die Wärme entsteht (im PWM-Regler fällt sie im Solarpanel an, im Linear-Regler fällt sie im Leistungstransistor an). In Bezug auf den Wirkungsgrad gibt es also überhaupt keinen Unterschied! Die Behauptung vieler Hersteller, dass PWM-Regler irgendeinen besonderen Vorteil bieten, ist also völliger Unfug! Man nutzt nur das ziemlich große Solarpanel als Kühlkörper, was zugegebenermaßen intelligenter ist, als zusätzlich entsprechende große Aluminium-Geräte zu kaufen.

Ein PWM-Regler bringt also keine prinzipielle Verbesserung der Situation! Da mittlerweile PWM-Regler, die einige Ampere vertragen, zu Preisen von um die 10 Euro zu haben sind, wird in den meisten Fällen der Kühlkörper vom Linear-Regler alleine schon teurer sein. PWM-Regler sind also nicht besser, sondern nur billiger!

11.6 MPPT-Regler

Wir hatten uns bei der Diskussion, wie Solarpanele funktionieren, schon mit dem MPP (Maximum Power Point) beschäftigt. Ich hatte in einer Tabelle eingetragen, welche Leistung man aus einem Panel entnehmen könnte, wenn man verschiedene elektrische Lasten an diesem anschließt, und das Thema damit erst einmal abgeschlossen.

Ich führe nun mal ein krasses Beispiel an, warum man von den eben beschriebenen Reglern Abstand nehmen wollte. Nehmen wir an, jemand ist relativ günstig an ein größeres Solarpanel gelangt, das bei einer Ausgangsspannung von 36 Volt 180 Watt liefern kann, und wir setzen einen PWM-Laderegler ein, um unsere 12V-Batterie zu laden. Wenn das Panel die volle Leistung bringt, fließen 5 Ampere.

Da in einem Stromkreis überall der gleiche Strom fließen muss, können wir die Batterie auch nur mit 5 Ampere aufladen. Wir nehmen der Einfachheit halber an, dass wir wieder eine Batteriespannung von 13 Volt haben. Also fließen 65 Watt in die Batterie hinein. Der PWM-Regler hat wieder 90% Wirkungsgrad und direkt in ihm werden 6,5 Watt Verlustwärme anfallen. Damit kann man prima leben.

Jetzt wissen wir aus dem vorhergehenden Kapitel noch, dass der PWM-Laderegler dafür sorgt, dass die Verlustwärme zu einem großen Teil nicht in ihm selbst anfällt, sondern direkt im Solarpanel (die Elektronen können nicht über die Barriere springen, weil auf der anderen Seite schon zu viele Elektronen sind, also wird das Licht in Wärme umgewandelt). Wir gehen mal von einem wunderschönen Sommertag aus, mit einer Sicht von Pol zu Pol, wie die Piloten sagen, an dem wir tatsächlich den Maximalertrag erhalten könnten.

In Regler und Batterie fallen 71,5 Watt an, folglich werden 108,5 Watt im Panel in Wärme umgesetzt. Wir haben also 180 Watt zur Verfügung, aber 108,5 + 6,5 = 115 Watt fallen als Verlustwärme an. Ganz grob gerechnet haben wir 64% Verluste und somit einen Wirkungsgrad von nur 36%. Da die Panele nach wie vor den größten Anteil an den Anlagekosten verursachen, wird hier sozusagen Geld durch die Dachluke geworfen.

Ein Solateur sollte gelernt haben, dass man Anlagen nicht auf diese Weise konzipieren sollte. Aber ich schätze, dass es ziemlich viele Kleinanlagen auf der Welt gibt, die von Halbprofis und Enthusiasten aufgebaut wurden, bei denen es ähnlich schlecht aussieht. Woran sollte man auch erkennen können, dass da etwas nicht richtig zusammenpasst? Das Solarpanel wird vielleicht zwei Grad wärmer, als notwendig wäre, und das war es auch schon. Wer rechnet schon von den technischen Daten und der aktuellen Batterieladung zurück? Wer kann das schon? Sie! Jetzt!

Eine solch lange Einleitung hätte ich natürlich nicht gebracht, wenn es nicht Abhilfe geben würde, nämlich in Form des MPPT-Reglers. Zunächst die technische Idee, die hinter diesem Regler steckt.

In der nächsten Abbildung haben wir ein Solarpanel, an das ein Elektromotor angeschlossen ist, und dieser treibt über eine Welle einen Generator an. Die elektrische Energie, die vom Generator kommt, wird direkt in die Batterie eingespeist. Die Höhe der Ausgangsspannung des Generators ergibt sich aus der Spannung, die der Regler auf die Erregerwicklung gibt (Sie erinnern sich vielleicht, dass wir so etwas Ähnliches schon bei den alten Autos hatten). Der Regler misst die Batteriespannung und bestimmt daraus den optimalen Ladestrom.

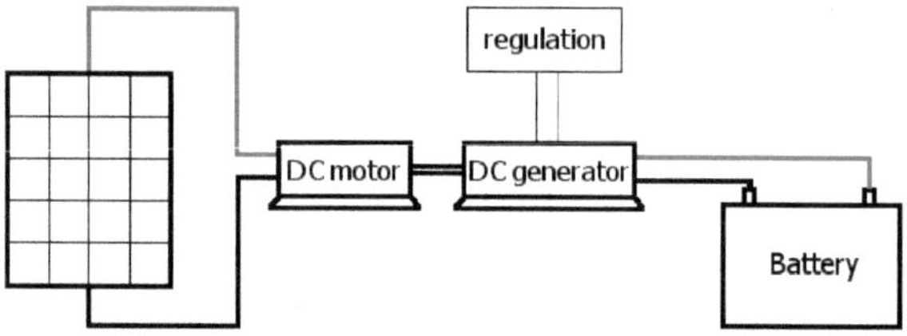

Abbildung 7: Schaltbild für ein Elektromotor an einem Solarpanel

Beim Auto war die Leistung, die in die Batterie geht, relativ klein im Vergleich zur Motorleistung (zur Not regelte der Fahrer völlig unbewusst mit dem Gasfuß die Leistungsabgabe nach). Jetzt ist die Situation so, dass die Ausgangsleistung des Generators gleich der Leistung des Solarpanels sein sollte (Verluste bleiben unbeachtet). Die Regelung muss also die Leistungsfähigkeit des Panels mitberücksichtigen.

Wenn der Regler der Meinung ist, dass die Leistung in die Batterie hinein größer sein sollte, erhöht er die Spannung an der Erregerwicklung. Dadurch erhöht sich die Spannung an der Batterie und es fließt mehr Energie in sie hinein. Da die Energie irgendwo herkommen muss, bremst der Generator den Elektromotor, und das wirkt auf das Solarpanel, als hätte der Motor seinen Innenwiderstand verändert. Wir können also bei einer gegebenen Einstrahlung den Arbeitspunkt beliebig auf der Kennlinie hin und her bewegen, und zwar in

Abhängigkeit von der Ausgangsspannung des Reglers für die Erregerwicklung.

Wenn der Regler eine riesige Energiemenge verlangt, wird der Generator den Motor sehr stark abbremsen und der Widerstand des Motors geht gegen unendlich. Wir bekommen also keine Energie mehr in die Batterie. Verlangt der Regler nichts, dann läuft der Motor praktisch frei und wir bekommen auch keine Energie in die Batterie. Wir haben also die Eintausend-Dollar-Frage: Wie bekommt man ein Optimum an Energie aus dem Solarpanel in die Batterie?

Einige Seiten weiter vorne in diesem Buch hatte ich eine Tabelle erstellt und dargelegt, dass die Energiemenge, die man aus einem Solarpanel beziehen kann, von dem Widerstand abhängt, den man mit dem Solarpanel verbindet.

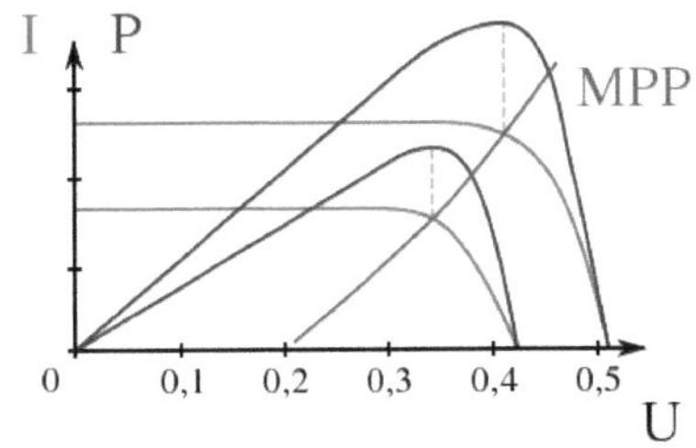

Abbildung 8: Strom-Kennlinien eines Panels

Die Abbildung (Quelle: Wikipedia, Stündle, public domain) zeigt in roter Farbe zwei Strom-Kennlinien eines Panels für zwei verschiedene Einstrahlungen (hier für eine einzelne Zelle dargestellt). In blauer Farbe ist dargestellt, welche Leistung aus dem Panel entnommen werden kann, wenn man über einen geeignet gewählten Widerstand die Spannung auf den zugehörigen Wert einbrechen lässt.

Mit welcher roten Linie (und zugehöriger blauen Linie) man arbeitet, ergibt sich aus der aktuellen Einstrahlung (es gibt also genau so viele rote wie blaue Linien und von beiden unendlich viele). Wenn alle Punkte auf den roten Linien, bei denen die zugehörigen blauen Linien ein Maximum aufweisen, miteinander verbunden werden, ergibt sich die grau eingetragene MPP-Kennlinie. Und jetzt kommt natürlich die völlig pragmatische und berechtigte Frage: Und was nützt uns das? Ich muss zugeben, dass sie uns in dieser Form direkt überhaupt nichts bringt, denn wir müssten die aktuelle Einstrahlung kennen, und der Regler müsste auch noch über alle Paneldaten verfügen. Aber indirekt haben wir einen Nutzen: Die Kurve steigt monoton und stetig an, und damit können wir etwas anfangen.

Wir machen unseren Regler ein wenig intelligent und zwar so, dass er ein Trial-And-Error-Verfahren durchführen kann. Wir fangen mit irgendeiner kleinen Leistung an (wenn die Leistung aus den Panelen nicht mindestens 5 Watt beträgt, dann nutzt uns das überhaupt nichts, wenn wir Batterien mit 500 Ah laden möchten). Wenn dieser Wert nicht erreicht wird, versuchen wir es in einigen Sekunden noch einmal. Irgendwann geht die Sonne auf und die 5 Watt können entnommen werden. Der Regler erhöht die Erregerleistung des Generators so, dass wir 10 Watt erhalten müssten. Wenn wir die nicht bekommen, gehen wir wieder auf 5 Watt zurück.

Jetzt kann man natürlich beliebig gute Algorithmen entwickeln, um möglichst schnell den optimalen Arbeitspunkt zu finden. Dabei durchläuft man jedes Mal folgende Schritte: Eine neue Erregerspannung => eine andere Wirkleistung geht in die Batterie => der Motor wird entsprechend belastet => der Motor zeigt nach außen einen anderen Widerstandswert => der Arbeitspunkt verschiebt sich. Wenn eine Veränderung des Arbeitspunktes eine geringere Leistungsabgabe an die Batterie bewirkt, kehren wir die Suchrichtung einfach um. Wir pendeln also, in kleinen Schritten, um den optimalen Betriebspunkt herum. Da die Leistungskurven ein ziemlich flaches Maximum aufweisen, ist die nicht geerntete Energiemenge relativ gering und wir können diese Verluste getrost vernachlässigen.

Das Phantastische an diesem Verfahren besteht darin, dass man bei Änderungen der Einstrahlung völlig automatisch von einer Kennlinie zur anderen wechselt und auf dieser hat man (praktisch sofort) wieder den Arbeitspunkt, der die optimale Energieausbeute aus dem Panel ermöglicht. Hiermit haben wir dann auch das ‚T' aus der Überschrift erklärt – es geht um das Maximum Power Point Tracking. Das englische Verb ‚to track' heißt soviel wie verfolgen. Es wird also der Arbeitspunkt verfolgt, der die beste Energieausbeute ermöglicht (wenn man die aktuelle Einstrahlung misst und alle Anlagendaten kennt, kann man auch auf das ‚T' verzichten; aber Tracking ist einfacher).

Das absolut Geniale an einem solchen System ist, dass man den Regler ohne jegliche Kenntnisse der Gesamtanlage bauen und konfigurieren kann. Das erhoffte Ergebnis wird durch die Regelung auf jeden Fall erreicht (falls dies physikalisch möglich ist), und es ist die MPP-Kennlinie (die graue Linie), die dies ermöglicht, eben weil sie stetig ist und monoton ansteigt.

Jetzt wird ein Laderegler natürlich nicht mit Motoren und Generatoren arbeiten (obwohl dies in der Tat möglich wäre), sondern man wird mit elektronischen Komponenten das gleiche Ergebnis erreichen wollen. Um es sich so einfach wie möglich zu machen, stellen Sie sich einen MPPT-Regler einfach als eine besondere Art von DC-DC-Wandler vor, der seinen Eingangswiderstand beliebig ändern und auch jede beliebige Ausgangsspannung erzeugen kann (diese beiden Parameter sind absolut unabhängig voneinander).

Das Ergebnis dieser etwas komplizierten elektronischen Schaltung sind zwei getrennte Stromkreise. Wir haben also einen Eingangskreis, bei dem die Leistung über $P_{Ein} = U_{Ein} * I_{Ein}$ definiert ist, und wir haben einen Ausgangskreis, bei dem die Leistung über $P_{Aus} = U_{Aus} * I_{Aus}$ definiert ist. P_{Ein} und P_{Aus} müssen wegen des Energieerhaltungssatzes identisch sein (wir vernachlässigen immer noch die Verluste).

Der Nachteil des PWM-Reglers (und auch des Linear-Reglers) bestand darin, dass sowohl im Eingangskreis als auch im Ausgangskreis ein identischer Strom fließen musste. Folglich änderte sich, je nach gewünschter Spannung, die übertragbare Leistung (oder die hierdurch bedingte Verlustleistung). Bei einem DC-DC-Wandler hat man zwar auch eine Verlustleistung (typischerweise ungefähr 5-10%), aber diese ist immer deutlich kleiner als beim PWM-Regler, es sei denn, dieser arbeitet zufällig im MPP. Wir schauen uns das noch einmal genauer an.

11.7 Vergleich: PWM-Regler und MPP-Regler

Wir hatten ja schon gesehen, dass der PWM-Laderegler ein Blender ist, denn er lässt die Verluste im Solarpanel anfallen und glänzt dann mit hervorragenden Werten. Also behandele ich ihn jetzt so, als wäre er ein ganz normaler Linear-Regler. Der Wirkungsgrad eines Linear-Reglers berechnet sich folgendermaßen:

$$\text{Wirkungsgrad}_{\text{Linear-Regler}} = (\text{Ausgangsspannung} / \text{Eingangsspannung}) * 100$$

Wenn wir eine Eingangsspannung von 24 Volt haben, aber nur 12 Volt benötigen, hätten wir einen Wirkungsgrad von 50%, was letztlich grottenschlecht ist. Wenn wir mit der Eingangsspannung auf 18 Volt runtergehen und immer noch 12 Volt Ausgangsspannung haben möchten, steigt der Wirkungsgrad auf phantastische 66%, was immer noch ziemlich mies ist. Man kann also generell sagen, dass der Wirkungsgrad eines Linear-Reglers (und somit auch eines PWM-Reglers) um so schlechter wird, je größer die Spannungsdifferenz ist, die er ausgleichen muss (in der Praxis ist der Wirkungsgrad geringfügig besser, weil die Spannung am Solarpanel bei Belastung etwas einbricht). Den Umstand, dass der optimale Arbeitspunkt bestenfalls zufällig getroffen wird, verfolgen wir jetzt nicht weiter, er würde aber eindeutig dazu führen, dass dieser Reglertyp noch viel negativer bewertet werden müsste. (Ja, das ist möglich, aber wie nennt sich die Steigerungsform von grottenschlecht?)

Ein MPP-Regler ist letztlich nichts anderes als ein DC-DC-Wandler, bei dem ein Regler das Verhältnis zwischen Eingangs- und Ausgangs-Spannung einstellen kann. Das heißt, dass die Eingangsspannung sowohl kleiner als auch größer sein kann als die Ausgangsspannung. Grundsätzlich ist die Eingangsinformation für den Regler die Aufnahmefähigkeit der Batterie und der angeschlossenen Verbraucher. Dann ist der Innenwiderstand, der von den Panelen aus gesehen werden kann, gerade so groß, dass so viel Energie geliefert wird, wie auf der anderen Seite des Wandlers aufgenommen werden kann. Daher wird normalerweise immer wieder nach dem aktuellen MPP gesucht werden müssen (falls nicht so viel Energie benötigt wird, dann wird der aktuelle Arbeitspunkt neben dem MPP liegen). Falls die angeschlossenen Verbraucher mehr Leistung benötigen, als die Panele liefern können, wird die Ausgangsspannung entsprechend abgesenkt (wegen $P = U_2 / R$ gibt es eine sehr enge Kopplung zwischen der Spannung und dem Energieverbrauch).

In unserem aktuellen Beispiel war der MPPT-Controller 20% effektiver als der PWM-Regler. Jetzt muss man eine wirtschaftliche Überlegung anstellen, denn PWM-Controller fangen preislich bei knapp über 10 Euro an und die MPPT-Controller beginnen eher bei 100 Euro. Wir stellen uns einfach mal ein kleines System vor, dass pro Tag eine kWh liefert, die uns 7 Cent kostet, wenn wir mit einem PWM-Controller arbeiten. Wir nehmen an, dass diese Installation wunderbar während 20 Jahren arbeitet. In dieser Zeit wird die Anlage 7.300 kWh liefern, was ungefähr 511 Euros entspricht.

Wäre ein um 20% effektiverer Regler eingesetzt worden, dann hätten wir für 100 Euro mehr Energie erhalten. Es wäre wirtschaftlich also reichlich egal, welchen Regler wir einsetzen. Anders sieht das natürlich aus, wenn wir zu einem Preis von 15 Cent pro kWh gekommen wären. Es kann also keine generelle Aussage darüber getroffen werden, welchen Regler man einsetzen sollte. Aber je ungünstiger die Einsatzbedingungen sind (also je mehr uns die kWh kostet), desto größer sind die Vorteile eines MPPT-Reglers.

Wenn man sich das Innere eines MPPT-Reglers ansieht, wird man völlig überrascht feststellen, dass darin nicht wesentlich mehr Bauteile zu finden sind, als in einem PWM-Regler (das Programm im Mikroprozessor ist deutlich komplizierter, aber der Mehraufwand an Bauelementen ist minimal). Man wird also in naher Zukunft damit rechnen können, dass MPPT-Regler der unteren Leistungsklasse in ein Preissegment von um die 20 Euro wandern werden (das war bis Ende 2015 noch der Fall; ich warte aber weiter).

Abschließend möchte ich noch auf einen wesentlichen Vorteil von MPPT-Reglern zu sprechen kommen. Sie können durch Verschiebung des Arbeitspunktes nicht nur den maximalen Ertrag sichern, sondern lassen sich auch ohne Probleme ‚überbelegen'. Wenn ich einen PWM-Regler habe, der maximal 20 Ampere verträgt, und diesen mit Panelen verbinde, die 30 Ampere liefern können, ist der PWM-Regler irgendwann im Sommer zuverlässig gegrillt. Ein MPPT-Regler verändert seinen Innenwiderstand immer so, dass der Energieverbraucher optimal versorgt wird. Wenn die Panele also 5.000 Watt liefern könnten, der Verbraucher (oder die Batterie) aber nur 2.000 Watt erhalten möchte, verschiebt der MPPT-Regler den Arbeitspunkt so, dass nur 2.000 Watt abgefordert werden (die nicht verwendbare Energie wird also in den Panelen in Wärme umgesetzt).

Ein PWM-Regler kann durch Überbelegung leicht zerstört werden; bei einem MPPT-Regler kann dies nicht passieren!

11.8 Nachtrag: PWM für 12V oder 24V

Oftmals findet man in Anzeigen für Solarpanele die Angabe, dass diese für 12-Volt oder für 24-Volt-Anlagen ausgelegt seien (manchmal ist dort auch zu lesen, dass sie 12V oder 24 Volt liefern würden, was völlig falsch ist). Also muss ich an dieser Stelle ein wenig Licht ins Dunkel bringen.

Bei den Daten der Panele haben wir die Voc (voltage open contacts / Spannung bei offenen Kontakten), die Vmp (voltage im maximum power point / Spannung), den Isc (short cut current / Strom bei Kurzschluss) und den Imp (Strom im maximum power point). Alle diese Angaben sind bezogen auf die Standard Test Conditions.

Wenn Sie zu der Abbildung zurückblättern, in der der MPP dargestellt wurde, werden Sie sehen, dass der Kurzschlussstrom und der Imp fast gleich sind; nur die Spannung ändert sich um 15-20%.

Wenn also ein ‚guter normaler' PWM-Regler im Einsatz ist, ergibt sich eine Situation, bei der ich einige Fakten vorwegnehmen muss. Eine 12V-Batterie sollte eigentlich immer eine höhere Spannung als 12 Volt aufweisen, denn bei 12 Volt ist sie schon fast leer. Wenn sie geladen wird, kann die Spannung an der Batterie problemlos bis auf 14,7 Volt steigen. Wenn eine Ausgleichsladung erfolgen soll (wozu diese gut ist, wird im Extrakapitel über Batterien erläutert), darf die Spannung sogar bis auf 16,2 Volt steigen.

Jetzt kommen noch zwei Faktoren hinzu. Die Spannung, die ein Solarpanel abgibt, sinkt mit steigender Temperatur. Für diese ist im PWM-Regler der entsprechende Transistor vorgesehen, über dem ebenfalls noch eine Spannung entsteht. Daher sollte ein Panel, das für das Laden einer 12V-Batterie eingesetzt wird, mindestens 18 Volt abgeben könne, damit sich die Batterie auch im Hochsommer noch zuverlässig laden lässt.

Da der MPP eines Panels rund 20% unter der Leerlaufspannung liegt, hat ein 18V-Panel seinen MPP bei rund 14,4 Volt. Weil sich die Abgabeleistung eines Panels in der Nähe des MPP nur geringfügig mit der Spannung ändert, sind Panele mit 18 Voc fast ideal zum Laden von 12V-Batterien. Das Gleiche gilt für 24V-Batterien und 36-Voc-Panele.

Kapitel 12 • Solaranlagen erweitern oder modifizieren

Bei der Planung einer komplett neuen Anlage hat man natürlich die freie Auswahl, welche Komponenten man gerne einsetzen möchte. Die meisten Menschen sind schon froh, wenn sie ihr dringendstes Energiebedürfnis bezahlen können. Sie werden daher erst einmal mit einer kleinen Anlage anfangen.

Wir kommen wieder auf den Herren mit dem Häuschen in den andalusischen Bergen zurück; wir geben ihm jetzt auch einen Namen, damit es einfacher wird: Jan de Witt aus Südholland. Als er Haus und Grundstück kaufte, hieß es, einen Stromanschluss auf seinem Grundstück zu erhalten, sei überhaupt kein Problem. Er könne sogar noch Geld damit verdienen, denn er könne später die Unteranschlüsse verkaufen, falls jemand auf der Strecke zu ihm hoch auch Strom haben wolle.

In ein paar hundert Metern Entfernung kann er das Stromkabel im Tal sehen - irgendwie recht nah aber andererseits so weit entfernt wie die andere Seite der Milchstraße. Nach etlichen Mühen hatte er herausgefunden, dass man tatsächlich an einem der Masten im Tal einen Transformator setzen könnte. Als er den Preis erfuhr, wurde ihm leicht schwindelig, aber was macht man nicht alles, um zivilisiert leben zu können.

Dann fand er heraus, dass keiner der Grundstückseigentümer auf dem Weg zum Strommast zulassen wollte, dass die Leitung über sein Grundstück führt und dort womöglich Masten gesetzt werden. Nach einigem Hin und Her hatte er eine Trasse gefunden, bei der Masten und Kabel auf den Grundstücksgrenzen verlaufen würden, und die Eigentümer willigten ein. Das Kabel war jetzt 850 Meter lang statt der eigentlich nötigen 600 Meter, aber was macht man nicht alles für ein wenig Komfort. Dann holte er die Preise ein für das Setzen der Masten und das Verlegen der Kabel und er hatte kurz den Eindruck, als würde sich die Welt vor seinen Augen verdüstern.

Als er versuchte, die entsprechende Baugenehmigung zu erhalten (man kann ja in einem Land wie Spanien nicht einfach irgendwo eine Leitung ziehen), hatte er den Eindruck, dass sein Antrag immer wieder hinter den Schreibtisch gefallen sein musste. Zufällig stellte sich bei einer Unterhaltung mit einer Dame aus der Nachbarschaft heraus, dass eine ihrer angeheirateten Nichten zweiten Grades (ich übertreibe) in der Gemeindeverwaltung arbeitet und die würde nachsehen, was das Problem sei.

Die Nachforschung ergaben, dass Jans Haus zwar mit einer gültigen Baugenehmigung errichtet wurde, diese aber nie hätte erteilt werden dürfen. Da das Haus fertig sei, sei es hierdurch ‚quasi' legalisiert, aber einen Stromanschluss würde er nie bekommen können. Gegen einen nicht ganz moderaten dreistelligen Betrag teilt ihm ein Anwalt mit, dass es keine Möglichkeit gäbe, zu beweisen, dass der Verkäufer hiervon Kenntnis hatte. Die Welt verfinsterte sich tatsächlich.

Abends in der Bar unten im Tal (Paco, der Barbesitzer, erlaubt Jan immer, seinen Laptop an der Steckdose aufzuladen) grübelt Jan vor sich hin und sieht nur eines: Ohne Strom geht es nicht! Zumindest 12 Volt, um sein Handy und seinen Laptop aufzuladen, müssen sein. Woher können wir ihn bekommen? Das Internet ist immer so schlau, also schaut er am nächsten Tag nach, was dort zum Thema alternative Energiegewinnung zu finden ist.

Es folgt ein frustrierender Tag im Internet. Nach ungefähr 5 Stunden weiß Jan jetzt definitiv, dass eine entsprechende Lösung technisch möglich und auch gar nicht besonders teuer ist, aber viel mehr hat er nicht in Erfahrung bringen können. Die Foren waren zwar recht interessant, aber von seinen tausend Fragen waren nur drei bis fünf beantwortet worden. Zum Ausgleich hatten diese Antworten gefühlt 20 bis 30 neue Fragen aufgeworfen. So würde er nicht weiterkommen. Vielleicht wäre ja ein Fachbuch sein Retter.

Bei den meisten Fachbüchern, die im Internet angeboten werden, ist es möglich, zumindest einige Kapitel als Probe zu lesen. Nach einer weiteren Stunde hat sich Jan schon fast entschlossen, mit den Foren fortzufahren, aber erst am nächsten Tag (wenn man ‚mañana' im spanischen Wörterbuch nachschlägt, steht dort ‚morgen' als Übersetzung; das ist in der Realität aber wohl ziemlich falsch, denn es heißt eigentlich ‚heute auf keinen Fall mehr' oder ‚irgendwann an einem dieser wunderschönen Tage')! Dann fällt sein Blick auf ein Buch, das auch als E-Book erhältlich ist und den Titel Photovoltaik für Quereinsteiger trägt. Die Probekapitel lesen sich fast flüssig, obwohl er sich beim Kapitel über Physik ziemlich konzentrieren musste (die Schulzeit ist schon ganz schön lange her).

Falls es tatsächlich wahr sein sollte, dass es in dem Buch nicht deutlich komplizierter werden würde, als in dem kurzen Kapitel über Physik, dann wäre es wirklich einen Versuch wert. Noch vor einer halben Stunde wollte Jan zu Fuß ins Tal zu Pacos Bar gehen und sich die Kante geben. Doch jetzt lädt er das Buch aus dem Internet auf seinen Rechner und fährt mit dem Auto. Morgen würde er sich konzentrieren müssen! Bei diesem Gedanken nimmt er die Taschenlampe und bläst die drei Kerzen auf dem Tisch aus.

Diesen Abschnitt über Jan de Witt habe ich eingefügt, damit man versteht, wie viele Anlagen entstehen. (Anmerkung: Die Geschichte ist in ihren Grundzügen tatsächlich wahr, trug sich jedoch in der Gegend um Valencia zu.) Zuerst muss es elektrisches Licht im Haus geben, weiter denkt man noch nicht. Dann wäre es schön, wenn man Handy und Laptop daheim aufladen könnte und nicht immer Paco fragen muss. Auch wenn der nette Barbesitzer die lebenslange Nutzung seiner Steckdose angeboten hat, sollte dies besser nicht ausgenutzt werden. Dann kommt noch ein Autoradio hinzu, vielleicht ein kleiner Kühlschrank, und nun werden die Wünsche langsam größer (Plasmafernseher und Satellitenanlage !!?). Irgendwann ist es schließlich so weit und es muss ein weiteres Solarpanel her. Man sucht nach dem Typ des Solarpanel, das man vor zwei Jahren installiert hat, und stellt fest, dass genau dieses nicht mehr produziert wird. Man findet ein ähnliches, das etwas mehr Leistung bringt und von den mechanischen Abmessungen neben das alte Panel passen würde. Das alte Panel brachte im Neuzustand 80 Watt peak, das neue Panel würde 100 Watt liefern. Kann und darf man diese nun überhaupt zusammenschalten, und falls ja, wie gehe ich dann vor? Genau um diese Frage geht es (unter anderem) in den folgenden Abschnitten.

12.1 Die Alterung von Panelen

Ab 1977 begann man an deutschen Universitäten (und wahrscheinlich auch an anderen Orten) mit Langzeituntersuchungen zu Solarpanelen. Im Laufe der Jahre wurden dann etliche Baureihen in die Versuche einbezogen. Ein Ergebnis dieser Untersuchungen bestand darin, dass alle Panele altern (also im Laufe der Zeit immer weniger Leistung abgeben). Das nächste Ergebnis ist, dass die Alterung im Laufe der technischen Entwicklung immer langsamer wurde (man geht jetzt von Lebensdauern von weit über 20 Jahren aus, falls die Panele nicht am Montagmorgen gefertigt wurden. Als drittes Hauptergebnis ist anzuführen, dass völlige Ausfälle von Solarpanelen sehr selten sind. (Nur um richtig verstanden zu werden: Die Leistung, die abgegeben werden kann, wird mit der Zeit immer kleiner, aber nur ganz selten fällt eine Zelle, und damit meist das ganze Panel, komplett aus.)

Der Stand in 2013 war der, dass die Panele nach 10 Jahren noch mindestens 90% ihrer Nennleistung bringen und nach 20 Jahren immerhin noch 80%. Manche Hersteller geben die Nennleistung (also die P_{peak} unter STC) sogar etwas zu niedrig an, damit sie bei der Alterung punkten können, aber das kann uns als Endverbraucher eigentlich ziemlich egal sein.

Wenn ich also heute eine Solaranlage plane, die meine Energiewünsche exakt erfüllt, dann muss ich damit rechnen, dass mir in zehn Jahren einige Prozente fehlen werden, sogar wenn meine Ansprüche nicht steigen. Die Frage nach einer Erweiterung der Anlage stellt sich also mit der Zeit völlig automatisch.

12.2 Spannungsquellen parallel schalten

Eine Spannungsquelle wird allgemein mit diesem Symbol dargestellt.

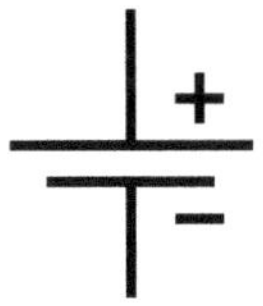

Abbildung 9: Symbol für eine Spannungsquelle

Häufig fehlen das Plus- und das Minus-Zeichen. Ich habe da aber eine einfache Eselsbrücke, wie man in diesem Fall Plus- und Minus-Pol auseinanderhalten kann. Der Strich vom Pluspol ist deutlich länger, damit man ein Stück davon abschneiden kann, um ein Plus-Symbol daraus zu formen. Auch andere Gleichstromquellen, wie etwa Solarpanele, lassen sich mit diesem Symbol_darstellen.

Die wichtigste Kenngröße einer Spannungsquelle ist ihre nominelle Spannung, weshalb diese in den Zeichnungen meistens direkt neben der Spannungsquelle angegeben werden. In der nächsten Abbildung haben alle drei Spannungsquellen die gleiche Nennspannung. Wenn man sie in der angegebenen Form miteinander **parallel** verschaltet, wird man bei gleicher Nennspannung eine höhere Kapazität zur Verfügung haben (das heißt, das Licht geht erst nach drei Stunden aus, und nicht schon nach einer Stunde wie bei Verwendung nur einer Batterie).

Auf die gleiche Art und Weise kann man auch Solarpanele mit gleicher Ausgangsspannung miteinander verschalten.

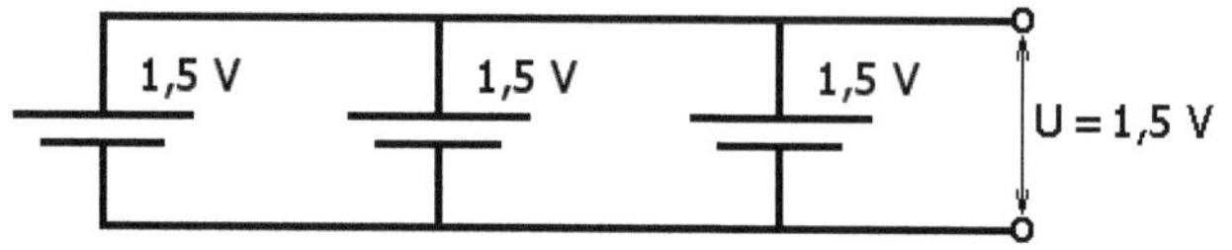

Abbildung 10: Drei Panele werden parallel geschaltet

Wenn man drei Panele mit je 18 Volt Nennspannung parallel verschaltet, wird der Laderegler vielleicht nicht sechs Stunden benötigen, um die Batterie zu laden, sondern nur zwei. Wenn man jetzt anfängt und die tatsächliche Ausgangsspannung der Panele misst (einzeln!), werden sich kleinere Unterschiede ergeben. Sogar wenn diese Spannungen um 10% differieren (das wird nicht vorkommen), stellt dies kein Problem dar, denn der Regler wird die Ausgangsspannung sowieso recht weit herunterziehen, um die gesamte verschaltete Anlage in den MPPT (oder seine Nähe) zu zwingen.

Anders sieht das aus, wenn man zwei große 1,5 Volt Batterien mit einer kleinen 4,5 Volt Batterie parallel schaltet. Zunächst wird die 4,5-Volt -Batterie die beiden 1,5-Volt-Batterien laden. Dann werden sich alle drei Batterien gleichmäßig entladen. Die 4,5-Volt-Batterie wird schon weit im roten Bereich sein, während es um die 1,5-Volt-Batterien noch hervorragend bestellt ist. Wenn die 1,5-Volt-Batterien in den Bereich kommen, in dem sie Schaden nehmen könnten, wird die 4,5-Volt-Batterie schon lange (so gut wie) tot sein.

Solarpanele haben da deutlich ausgeprägtere Nehmerqualitäten (wir erinnern uns, dass sie alles zwischen Leerlauf und Kurzschluss hinnehmen, ohne Schaden zu nehmen).

Grundsatz: Parallelschaltung nur bei gleicher Ausgangsspannung!

12.3 Spannungsquellen in Reihe schalten

In der nächsten Abbildungen haben wir einige Spannungsquellen, die in Reihe geschaltet sind (bitte beachten Sie, dass die unterste Spannungsquelle eine Spannung von 4,5 Volt abgibt!). Wie man sieht, summieren sich die Einzelspannungen auf.

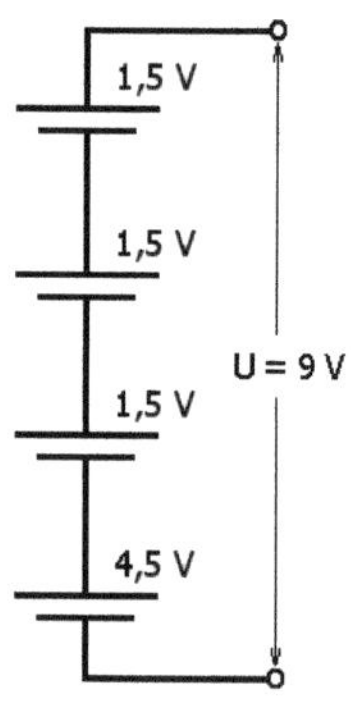

Abbildung 11: In Reihe geschaltet

Aber jetzt kommen wir zu einem Problem dieser Anordnung und zwar nehmen wir an, dass alle Batterien eine Kapazität von 100 Ah haben, nur die Batterie mit 4,5 Volt hat lediglich eine Kapazität von 1 Ah. Was wird also geschehen, wenn man einen 9-Volt-Verbraucher anschließt? Nun, nach kurzer Zeit kann die 4,5-Volt-Batterie keine Elektronen mehr liefern und die anderen Batterien besitzen noch 99% ihrer Kapazität. Die drei Batterien werden also ihre Kraft zusammennehmen und einen Strom durch die 4,5- olt-Batterie erzwingen (das heißt, sie versuchen die Batterie falsch herum zu laden; wenn Sie Glück haben, wird nur die 4,5-Volt-Batterie tot sein, aber möglicherweise werden Sie das resultierende Ergebnis aus diesem Problem auch aufwischen müssen).

Solarpanele sind, wie schon gesagt, etwas härter im Nehmen. Wenn keine Freilaufdiode vorhanden ist, ergibt sich der maximal mögliche Strom aus der Restmöglichkeit, die das schwächste Panel aufbringen kann. Mehr kann nicht passieren. Wenn man also ein schwächelndes Panel in Reihe mit anderen Panelen verschaltet, liegt möglicherweise die Ausgangsleistung deutlich unter der erwarteten. Man kann Panele, die schon in Rente gegangen sind, identifizieren, indem man den Kurzschlussstrom misst. Wenn eines der Panele einen Kurzschlussstrom aufweist, der deutlich niedriger liegt, als der von den anderen Panelen, weiß man, welches Panel ausgetauscht werden muss.

Grundsatz: Reihenschaltung nur bei gleicher Kapazität in Ampere!

Bei einer Parallelschaltung von Batterien oder Solarpanelen erhalten wir also eine höhere Gesamtkapazität (Fähigkeit, Arbeit zu leisten, kWh, gespeicherte Energie) bei gleicher Spannung und bei einer Reihenschaltung bekommen wir eine höhere Gesamtkapazität (Fähigkeit, Arbeit zu leisten, kWh, gespeicherte Energie) bei höherer Spannung.

12.4 Leitungsverluste reduzieren

Wir kommen noch einmal zurück auf die Solaranlage in dem Kapitel, in dem ich Sie, was den notwendigen Kabelquerschnitt anbelangt, ein wenig an der Nase herumgeführt hatte. Wir waren dort von einer Anlage ausgegangen, die 1 kW liefern sollte, wobei die Panele eine Spannung von 25 Volt aufweisen sollten. Aus $P = U * I$ hatte sich ergeben, dass wir einen Strom von 40 Ampere benötigten, um die Leistung über das Kabel transportieren zu können. An der betreffenden Stelle im Buch konnten Sie noch nicht wissen, dass man Solarpanele auch in Reihe schalten kann, um die Spannung zu erhöhen (es sei denn, Sie hatten das schon früher woanders gelernt). Ich habe die Widerstandswerte, die jeweils zulässige Stromstärke und die Kosten hier in eine Tabelle kopiert, damit Sie nicht blättern müssen:

mm^2	Ω pro Meter	Amp. nach DIN	€ pro Meter
1,0	0,0178	11	0,12
1,5	0,0118	15	0,17
2,5	0,0071	20	0,26
4,0	0,0044	25	0,42
6,0	0,0029	33	0,63
10,0	0,0018	45	1,05
16,0	0,0011	61	1,70

Die Panele aus dem Beispiel liefern 25 Volt. Wir schalten jeweils zwei Panele in Reihe (das nennt sich String) und alle Strings parallel. Wir haben also 50 Volt auf den Kabeln nach unten. Bei 50 Volt benötigen wir 20 Ampere, um 1 kW zu transportieren. Also nehmen wir ein Kabel mit 2,5 mm^2, das bei 20 Meter einen Widerstand von 0,142 Ω aufweist. Ein Strom von 20 Ampere erzeugt eine Spannung von 2,84 Volt über dem Kabel und wir haben im Kabel eine Verlustleistung von 56,8 Watt.

Jetzt schalten wir vier Panele in Reihe und die Spannung erhöht sich auf 100 Volt (Gleichspannungen über 120 Volt werden als gefährlich eingestuft; wir sind also noch auf der sicheren Seite). Bei 100 Volt benötigen wir nur 10 Ampere, um die Leistung von einem kW zu übertragen. Zur Sicherheit nehmen wir ein Kabel mit 1,5 mm^2, das bei 20 Meter einen Widerstand von 0,236 Ω aufweist. Ein Strom von 10 Ampere erzeugt eine Spannung von 2,36 Volt über dem Kabel und wir haben im Kabel eine Verlustleistung von 23,6 Watt.

Zuvor kam es beim dünnsten Kabelquerschnitt von 10 mm^2, der nach den Regeln der Technik minimal zulässig war, zu einem Verlust von 57,6 Watt. Jetzt haben wir bei einem Kabelquerschnitt von gerade einmal 1,5 mm^2 lediglich einen Verlust von 23,6 Watt. Zusammenfassend lässt sich also Folgendes feststelle: Mit dem Quadrat der Spannung_sinkt die Verlustleistung auf einem Kabel. Man kann sich ein Optimum suchen im Hinblick auf Kabelpreis und Leitungsverlusten. Die Kabelpreise haben wir schon betrachtet, also ist klar wohin die Reise geht.

Lassen Sie uns einfach mal annehmen, Sie hätten beschlossen, Ihren alten PWM-Regler gegen einen neuen MPPT-Regler auszutauschen. Die Neuverkabelung auf dem Dach ist schnell erledigt. Anschließend stellt sich natürlich die Frage, warum man nicht das dicke alte 10-mm^2-Kabel weiterhin verwenden sollte. Es hat einen Widerstand von 0,022 Ω, und ein Strom von 10 Ampere erzeugen eine Spannung von 0,22 Volt am Kabel. Wir können unsere Verluste im Kabel dramatisch auf 2,2 Watt reduzieren. Sie werden zugeben müssen, dass dies eine deutliche Verbesserung im Vergleich zur Originalsituation darstellt.

Bei dem einige Seiten vorher angeführten Beispiel hatten wir mit dem dünnsten ‚legalen' Kabel 57,6 Watt Verlust, was gerechnet auf 10 Jahre Kosten in Höhe von €210,24 verursacht. Mit der neuen Lösung haben wir den Verlust auf ungefähr 8 Euro begrenzt. Der MPPT-Regler dürfte jetzt bis zu 200 Euro teurer sein und würde sich noch bezahlt machen.

In kommerziellen Anlagen sind Spannungen bis zu 1.000 Volt üblich, aber das ist ein Bereich, in den Sie nicht vordringen dürfen. Alle Spannungen über 120 Volt DC sind potentiell tödlich, also ist das die praktische Grenze für alle Maßnahmen, die hier beschrieben werden. Für unsere Ansprüche genügen die 120 Volt voll und ganz; sogar für einen großen Haushalt!

12.5 Laderegler und höhere Spannungen

Im Datenblatt eines Ladereglers können Sie nachschlagen, mit welcher Eingangsspannung er maximal betrieben werden darf. Mir ist kein Linear- oder PWM-Laderegler für 12-Volt-Batterien bekannt, der eine Eingangsspannung von 100 Volt verträgt, folglich ist das hier eine akademische Übung (ein solcher Laderegler wäre technisch problemlos machbar, aber je höher die Sperrspannungen an den Transistoren sein müssen, desto teurer sind diese; folglich baut niemand solche Laderegler; den letztendlichen Grund sehen wir uns jetzt an).

Die Panele geben bei 100 Volt 10-Ampere ab, also 1 kW. In der Batterie kommen 10 Ampere bei 12 Volt an, also 120 Watt. Wir hätten also einen Wirkungsgrad von 12% und Verluste von 88%. Egal ob Linear-Regler oder PWM-Regler, ein Teil mit einem solchen Wirkungsgrad wird niemand kaufen wollen.

Ein MPPT-Regler wird auch bei höheren Eingangsspannungen immer noch einen Wirkungsgrad von 90% oder mehr besitzen. Man muss also entweder auf höhere Spannungen verzichten (dann kann man einen PWM-Laderegler mit dicken Kabeln einsetzen) oder man muss einen etwas teureren MPPT-Laderegler einsetzen.

Ein wesentlicher Vorteil beim Arbeiten mit etwas höheren Spannungen besteht darin, dass sich die Verschaltung der Panele deutlich vereinfachen lässt. Wenn man beispielsweise vier Panele jeweils in Reihe schaltet, kommen in der Verteilerdose nicht acht Kabel an, sondern nur zwei. Um vier Panele mit MC4-Verbindungen zu verschalten, muss man nur vier Konnektoren ineinander schieben (damit sind die Panele schon mal verschaltet) und eine vorbereitete Verlängerung beim letzten Panel in den Verbinder drücken. Jetzt noch zwei Kabel in der Verteilerdose anklemmen, und schon sind vier Panele verdrahtet. Wenn man die Kabel schon vorbereitet hat, wird man vielleicht 30 Sekunden pro Verbindung benötigen. Außerdem hat man viel weniger Kabel auf dem Dach (und die Übersicht ist sehr viel besser).

12.6 Noch einmal Licht und Schatten

Was vor einigen Seiten über einzelne Solarzellen gesagt wurde, ist natürlich auch für ganze Solarpanele gültig (ist aber auch von der internen Verschaltung abhängig). Wir bleiben für die Beispiele bei den vier Panelen mit 25 Volt Ausgangsspannung.

Wir schalten vier Solarpanele parallel und verschatten jetzt eines von ihnen. Hierbei messen wir Strom und Spannung an einer passend ausgewählten Last (zum Beispiel ein paar Scheinwerfer für LKWs). Wir verschatten jetzt ein Panel mehr oder weniger stark und stellen fest, dass die abgegebene Leistung der Panele zwischen 75% und 100% schwankt.

Nun verschalten wir die Panele in Reihe und verbinden einen geeigneten Verbraucher mit ihnen (etwa eine Heizpatrone für eine Waschmaschine). Wenn das eine Panel jetzt verschattet wird, dann schwankt die abgegebene Leistung zwischen 0% und 100% (ich habe also gerade wiederholt, was Sie schon lange wissen sollten).

Am günstigsten ist es natürlich, wenn es am Aufstellungsort der Panele überhaupt keinen Schattenwurf gibt. Lässt sich dieser nicht verhindern, dann sollten Sie Ihre Planung für die Verschaltung so gestalten, dass durch den Schattenwurf möglichst wenige Strings zeitgleich beeinträchtigt werden. Manchmal könnte es sogar notwendig werden, mehrere Laderegler einzusetzen, um die einzelnen verschatteten Bereich voneinander zu entkoppeln (dazu kommen wir im nächsten Kapitel).

Zur Verdeutlichung: Wenn man einen einzigen MPPT-Laderegler in einer durchmischten Verschaltung einsetzt, dann sucht dieser auf der summierten Kennlinie nach dem Arbeitspunkt, der die meiste Energie liefert. Hat man also einen Bereich, in dem Panele zumindest teilweise verschattet sind, und andere Bereiche, in denen sie den vollen Sonnenschein abbekommen, dann ist der Arbeitspunkt weder für den einen noch für den anderen Bereich optimal. Es wäre also besser, wenn jeder dieser Bereiche seinen eigenen Laderegler bekommt.

Es gibt Situationen, in denen es für einen einfachen Algorithmus unmöglich ist, den MPP zu finden. Wenn Sie MPPT-Regler einsetzen, die den MPP in jedem Fall finden, werden Sie dafür einen entsprechenden Preis zahlen müssen. Wenn Sie es sich einfach machen, können sie auch einfaches Gerät einsetzen: Jeder Bereich mit abweichender Einstrahlung erhält einen eigenen Regler. Gute Ideen für teure Lösungen hat sicherlich der Solateur in Ihrer Nachbarschaft.

12.7 Mehrere Laderegler parallel auf eine Batterie schalten?

Aus zwei Gründen könnte es notwendig werden, mehrere Laderegler zu verwenden, nämlich dann, wenn die Anlage gewachsen ist und der alte Laderegler nicht mehr genügend Leistung bringt oder wenn eine komplexere Verschattungssituation vorliegt und einzelne Bereiche entkoppelt werden müssen (wie schon einmal gesagt, in einem solchen Fall lesen Sie hier eigentlich im falschen Buch).

Aus Sicht des Ladereglers sieht es so aus, dass er elektrische Energie von den Solarpanelen bezieht und er sie auf der anderen Seite in eine Batterie einspeist. Wenn man, während der Regler einspeist, irgendwelche Verbraucher einschaltet, stellt sich das Ganze für den Regler so dar, dass die Kapazität der Batterie plötzlich größer wird, weil es ja länger dauert, diese zu laden. Speist ein weiterer Regler elektrische Energie in die Batterie ein, dann sieht das für die Regler so aus, als wäre die Kapazität jetzt kleiner, denn die Batterie lässt sich schneller laden.

Bei den guten Ladereglern ist der Ladevorgang (zumindest) dreigeteilt. Zuerst haben wir eine Phase mit konstantem Strom (die Batterie soll möglichst schnell voll werden); wenn die Ladespannung nahe an die Spannung herankommt, bei der die Batterie anfangen würde, stark zu gasen (Details im Extra-Kapitel über Batterien), folgt eine Phase mit konstanter Spannung (wobei der Strom langsam immer weiter abnimmt); ist der Strom sehr klein geworden, dann schaltet der Laderegler auf die Erhaltungsspannung um (bei dieser Spannung wird die Selbstentladung der Batterie gerade eben ausgeglichen).

An dieser Stelle sei ganz klar eines gesagt: Wenn Sie einen Laderegler haben, der nicht diesem Vorgehen folgt, werfen Sie ihn weg (oder verschenken Sie ihn an jemanden, mit dem Sie noch eine Rechnung zu begleichen haben). Das Gleiche gilt, wenn Ihr Regler nicht in vorherige Phasen zurückfallen kann. Es gibt Laderegler, für die gibt es nur sie selbst und diese eine Batterie im Universum. Wenn Sie einen solchen Regler lieber behalten möchten, können Sie mit dem vorliegenden Buch genauso gut Ihren Gartengrill anzuheizen. Gleich jetzt.

Normalerweise sind Laderegler so ausgelegt, dass sie friedlich mit anderen Ladereglern koexistieren können. Bei manchen Ladereglern ist es so, dass sie nur mit anderen Ladereglern des gleichen Herstellers zusammen verwendet werden können. Mit welchem Typ Laderegeler man es konkret zu tun hat, lässt sich oft noch nicht einmal aus den Datenblättern entnehmen. Generell lässt sich sagen, dass die guten (und somit meist auch etwas teureren) Laderegler keine Schwierigkeiten machen werden, denn der Betrieb mit mehreren parallelen Ladereglern ist eine Standardaufgabe. Bei den ganz billigen Ladereglern kann man sich nicht darauf verlassen.

Wenn Sie also Panele haben, die unterschiedliche Ausrichtungen aufweisen (ein nettes Beispiel sind Ost-West-Dachflächen zum etwas gleichmäßigeren Verteilen des Energieeintrags über den Tag) oder die von den elektrischen Kenndaten her nicht kompatibel miteinander sind, besteht der einfachste Weg darin, diese jeweils mit einem eigenen Laderegler zu verschalten. Die paar Euro, die Sie für einen weiteren Laderegler ausgeben müssen, stehen in keinem Verhältnis zu der Zeit, die Sie aufwenden müssten, um anderweitig eine vernünftige und zuverlässige Lösung zu finden.

Zudem würde es dem Motto dieses Buches „Photovoltaik ist einfach!" widersprechen. Also belassen wir es dabei: Jede Ausbaustufe wird so ausgelegt, dass sie auch als eigenständige Anlage funktionieren könnte (nein, Sie benötigen nicht mehr Batterien; ich spreche von Panelen und Ladereglern)!

Die einzige Ausnahme bildet die Tragkonstruktion. Diese sollte gleich so ausgelegt werden, dass man problemlos ein paar Panele nachrüsten kann. Ein paar zusätzliche Meter Grundgerüst kosten bei einmaliger Anbringung nur geringfügig mehr als ein genau kalkuliertes Untergerüst. Wenn es irgendwann nötig wird, die Anlage zu erweitern, wäre eine Erweiterung des Gerüstes sehr viel teurer. Also planen Sie beim Untergerüst als Junggeselle (-gesellin) mit ein, dass Sie vielleicht einmal eine Familie mit vier Personen sein werden.

Bevor ich dieses Kapitel abschließen kann, muss ich noch zwei Themenbereiche ansprechen, nämlich die Ausgleichsladung und das Mischen des Elektrolyts durch Gasung (die Einzelheiten dazu, warum so etwas gemacht wird, können Sie dem Extra-Kapitel über Batterien entnehmen). In beiden Fällen wird eine Spannung an die Batterie(-bank) angelegt, die eigentlich etwas zu hoch ist, und die Batterie reagiert hierauf, indem das Wasser im Elektrolyt in Wasserstoff und Sauerstoff aufgespalten wird (nicht das gesamte auf einmal, sondern Milliliter für Milliliter).

Wir machen die Situation einfach und stellen uns zwei Ladegeräte an einer Batterie vor; beide Ladegeräte zusammen erzeugen eine Spannung an der Batterie von 13,2 Volt, die Batterie ist also fast voll. Eines der Ladegeräte beschließt jetzt, dass eine erhöhte Spannung von beispielsweise 14,5 Volt auf die Batterie gegeben wird, damit diese zu gasen beginnt (ob dies geschieht, um das Elektrolyt zu durchmischen oder um eine Ausgleichsladung durchzuführen, ist unerheblich).

Die Spannung über der Batterie ist nicht das, was der andere Laderegler erwartet hat; also muss er sich jetzt so verhalten, als wäre er nicht vorhanden. Dies könnte er dadurch erreichen, dass er sich (etwa über ein Relais), solange die Spannung höher ist, als er selbst das für richtig hält, physikalisch abkoppelt. Oder er regelt seine Ausgangsspannung so, dass sein Ausgangsstrom Null ist, und folgt der externen Spannung so lange, bis er wieder der Meinung ist, dass eine höhere Ausgangsspannung als die gemessene sinnvoll sei (die Spannung wird also auf keinen Fall nach unten gezogen!).

In Deutschland nennen wir dieses Prinzip so: Wer am lautesten schreit, der behält recht und alle anderen folgen!

Falls Ihr Gerät nicht auf diese Weise reagiert => wegwerfen!

Kapitel 13 • Speicherung von elektrischer Energie

Bisher haben wir uns damit beschäftigt, wie man elektrische Energie mit Hilfe der Photovoltaik erzeugt und was das für Kosten verursacht. Für einen Dieselmotor ist es völlig egal, ob er nachts läuft oder tagsüber. Ein Solarpanel kann nur tagsüber Energie liefern, nachts hingegen überhaupt keine. Also müssen wir uns damit beschäftigen, wie man auch in der Nacht Strom haben kann oder wie man eine Schlechtwetterfront überbrückt, die ein paar Tage den Himmel verdunkelt.

Ich habe für dieses Kapitel zusammengetragen, was aktuell alles an Energiespeichern genutzt wird; falls Sie Deutsch gut lesen können und wissen möchten, wonach in Bezug auf Batterien alles geforscht und was diesbezüglich entwickelt wird, sollten Sie nach ‚Buch der Synergie Batterie' googeln.

Für unsere Belange genügt es, uns mit der Frage zu beschäftigen, was es kostet, eine kWh zu speichern und wieder abzurufen. Man hat also die Anzahl von Zyklen (also wie oft man etwa eine bestimmte Energiemenge einspeisen und wieder entnehmen kann), den Wirkungsgrad (also den Energieverlust) und die Investitionskosten, die zu Buche schlagen, um eine kWh speichern zu können. Daraus kann man dann den Preis pro Zyklus berechnen. Nicht ausgewertet wurde der notwendige Raumbedarf, denn die meisten dieser Lösungen liegen sowieso außerhalb der Möglichkeiten eines privaten Betreibers.

Typ	Max. Zyklen	Wirkungs-grad	€ / kWh	Cent / Zyklus	Cent* / Zyklus
Superkondensator	500.000	90	10.000	2,22	101,36
Supraleitende Spule	1.000.000	90	2.000	0,22	20,09
Schwungrad Eisen	1.000.000	90	5.000	0,55	50,22
Schwungrad CFK	1.000.000	95	1.200	0,12	10,95
Blei-Akku	1.000	80	100	12,50	-
Pumpspeicher-KW	10.950	80	71	0,81	-

(Daten aus der deutschen Wikipedia; den Wirkungsgrad bei Blei-Akkus bekommt man besser hin!)

Beim Pumpspeicherkraftwerk bin ich davon ausgegangen, dass es 30 Jahre lang hält und jeden Tag einen Zyklus absolviert. Wenn man von einem Zyklus pro Tag ausgeht, würden die ersten vier Speicher bis zu 2.740 Jahre in Betrieb sein müssen. In der Spalte „Cent* / Zyklus" wird berücksichtigt, dass nur eine technische Lebensdauer von 30 Jahren zu erwarten ist.

Wenn wir jetzt mal alle Schwierigkeiten außen vor lassen (Raumbedarf, Zugriffsmöglichkeit, Genehmigungen), sind die ersten 3 Lösungen weniger interessant. Lediglich das CFK-Schwungrad ist preisgünstiger als der Bleiakku. Das ist übrigens auch der Grund, weshalb diese Schwungräder zunehmend in den Verteilernetzen eingesetzt werden, und zwar bei der Netzstabilisierung. Da kleine Schwankungen im Netz relativ häufig sind, kann die hohe mögliche Zyklenzahl auch tatsächlich ausgenutzt werden.

Sowohl Bleiakku als auch CFK-Schwungrad können Energie innerhalb von wenigen Millisekunden bereitstellen und die gespeicherte Energie in relativ kurzer Zeit fast vollständig wieder abgeben. Allerdings haben Schwungräder auch einen großen Nachteil: Es muss ihnen ständig ungefähr 1% ihrer Nennleistung zugeführt werden, um die Reibungsverluste auszugleichen.

Jetzt gibt es natürlich viele verschiedene Arten von elektrischen Akkumulatoren, und es stellt sich die Frage, wie man da eine Bewertung vornehmen kann. Ein Ausschlusskriterium könnte die Verträglichkeit für die Umwelt sein. Wie Sie die verschiedenen Speicher bewerten wollen, überlasse ich weitestgehend Ihnen - ich möchte jedoch eine Lanze für den ganz normalen Bleiakku brechen, der unverdienterweise einen schlechten Ruf hat. Bleiakkus haben (in Deutschland) eine Recyclingrate von über 95%, und der Anteil des zurückgewonnenen Bleis kratzt an der 100%-Marke (nur Gold hat eine höhere Recyclingrate).
Das wahrscheinlich wichtigste Kriterium wird zunächst der Preis pro gespeicherter kWh sein. Wenn wir den Preis durch die Speichergröße teilen, können wir den Anschaffungspreis auf eine Kilowattstunde normieren (bei Batterien erhalten wir überschlägig die Speichergröße in kWh, indem wir die Kapazitätsangabe in Ah mit der Nennspannung in Volt multiplizieren; 100 Ah bei 12 Volt ergibt also 1,2 kWh, und diesen Betrag reduzieren wir dann auf die empfohlene maximale Entladetiefe).

Zusätzlich müssen wir wissen, wie lange der Speicher bei normaler Nutzung hält. Hierzu benötigen wir aus dem Datenblatt der Batterie eine Angabe, nämlich die Anzahl der tiefen Zyklen, die diese Batterie überleben wird. Dann multiplizieren wir die gerade eben ermittelte Kapazität mit dieser Anzahl voller Zyklen und erhalten die Anzahl der kWh, die man in ihrer Lebenszeit durch diese Batterie hindurch leiten kann. Wenn wir den Preis der Batterie durch diese Zahl dividieren, erhalten wir den Preis, den es kostet, eine kWh zu speichern und wieder zu entnehmen (den Wirkungsgrad und die Wartung lassen wir jetzt noch außen vor).

Bei diesem Ausdruck in Euro pro kWh haben wir jetzt die kalendarische Lebensdauer des Speichers aus unserer Rechnung eliminiert. Es ist nun also egal, ob die Batterie drei Jahre hält oder sieben Jahre - wir haben die echten Kosten, die pro kWh entstehen. Dies soll jetzt kurz anhand von drei Beispielen erläutert werden (der NiCd-Akku darf vollständig entladen werden, die Bleibatterien lediglich zu 80%).

1. Kleiner NiCd-Akku

Preis:	1,35 Euro
Spannung:	1,2 Volt
Kapazität:	1,3 Ah
max. Zyklen:	300
Kapazität:	1,0 * 1,2 V * 1,3 Ah = 1,56 Wh = 0,00156 kWh
Durchsatz:	300 * 0,00156 kWh = 0,47 kWh
Durchsatzkosten:	1,35 Euro / 0,47 kWh = 2,87 € / kWh

2. Wohnmobil/Solar-Batterie

Preis:	199,90 Euro
Spannung:	12 Volt
Kapazität:	180 Ah
max. Zyklen:	600
Kapazität:	0,8 * 12 V * 180 Ah = 1,73 kWh
Durchsatz:	600 * 1,73 kWh = 1.038 kWh
Durchsatzkosten:	199,90 € / 1.038 kWh = 0,19 € / kWh

3. PzS-Batterie (6 PzS 840)

Preis:	3.390,00 Euro
Spannung:	48 Volt
Kapazität:	840 Ah
max. Zyklen:	1.500
Kapazität:	0,8 * 48 V * 840 Ah = 32,562 kWh
Durchsatz:	1.500 * 32,562 kWh = 48.843 kWh
Durchsatzkosten:	3.390 € / 48.843 kWh = 0,069 € / kWh

Wie man sieht, ist es also relativ leicht möglich, den Nutzwert ziemlich gut zu bestimmen, den ein Akku in einer Solaranlage hat. Wir haben Unterschiede von 6,9 Cent bis 2,87 Euro, um eine kWh zu speichern und wieder zurückzugewinnen. Ich habe bisher den Wirkungsgrad ausgelassen, um die Berechnung einfach zu halten. Das hole ich jetzt für die beiden Bleibatterien nach.

Ich glaube jetzt mal den Werbeaussagen einiger Händler/Hersteller, dass die wartungsarmen Batterien einen Wirkungsgrad von 90% aufweisen. Wir kämen dann auf einen Preis von 21,1 Cent pro durchgeleiteter kWh bei der Solarbatterie und 8,6 Cent bei der Panzerplattenbatterie mit 80% Wirkungsgrad. Wir haben also ein Preisverhältnis von 1 : 2,45. Dieser Unterschied könnte dafür ausschlaggebend sein, dass Sie die Wartung (nur ab und zu etwas Wasser nachfüllen) selbst übernehmen möchten. Zum Ausgleich könnten Sie den Strom nachts zum halben Preis beziehen.

Wenn wir bei der PzS-Batterie noch berücksichtigen, dass man sie irgendwo unterbringen und auch verschalten muss (Sicherung, Trennschalter, Kabel, Messgeräte etc.), kommt man zu dem Ergebnis, dass wir als Endkunde auf einen Preis von knapp unter **10 Cent pro durchgeleitete kWh** kommen können (siehe Extrakapitel über Batterien). Wenn Sie für sich berechnet haben, zu welchem Preis Sie tagsüber eine kWh erzeugen können, kennen Sie jetzt den Preis für die kWh während der Nacht (Tagespreis + 10 Cent). Entsprechend den lokalen Gegebenheiten (also dem Strompreis vom Netz) können Sie nun entscheiden, ob es günstiger ist, nachts auf das öffentliche Netz umzuschalten oder besser ein paar große Batterien zu kaufen, die Sie tagsüber laden.

Wenn wir uns jetzt das Zusammenwirken von alternativen Stromquellen und dem großen Verbundnetz ansehen, sieht man Preise auf dem Spotmarkt von 6-7 Cent pro kWh in Europa (obwohl hier in Megawatt-Stunden kalkuliert wird). Manchmal kam es sogar vor, dass die Preise negativ waren (also der Kunde dafür bezahlt wurde, dass er Strom verbrauchte), aber insgesamt ist die Preisdifferenz zu klein, als dass sich der Einsatz von Massenspeichern in Batterieform lohnen könnte. Bleibatterien können als ausgereifte Technologie gelten, es ist also nicht damit zu rechnen, dass sie deutlich billiger werden (je nach Nachfrage ist wohl eher mit einem moderaten Preisanstieg zu rechnen).Li-Ion-Akkumulatoren befinden sich noch in der (großtechnischen) Entwicklung, und 2013 wurde geschätzt, dass man noch mindestens 10 Jahre benötigt, bis die 10-Cent-Marke pro durchgeleiteter kWh geknackt werden könnte. Auch von hier wird keine Rettung kommen (zumindest nicht so bald).
Die Elektrolyse und spätere Erzeugung von Strom mit Hilfe von Brennstoffzellen hat einen Wirkungsgrad von ungefähr 30%, und die großtechnische Speicherung von Wasserstoff ist technisch möglich, aber auch nicht ganz billig. Der Wirkungsgrad bei der Weiterverarbeitung zu Erdgas liegt in der gleichen Größenordnung, allerdings gibt es riesige Speicher und das Erdgasnetz in Deutschland ist derart gut ausgebaut, dass man (fast) jede beliebige Energiemengen von A nach B verschieben kann.

Auf dem Strommarkt wird etwas zum Einsatz kommen, das sich Grenznutzen nennt. Eigentlich möchte man mehr als 6 Cent pro kWh einnehmen. Wenn der Preis deutlich unter 4 Cent sinkt, kommt der Punkt, an dem es wirtschaftlich egal ist, ob man zu diesem niedrigen Preis verkauft oder Gas aus dem Strom macht, um den später wieder erzeugten Strom für 6 Cent (oder mehr) zu verkaufen. Da Gaskraftwerke sehr schnell reagieren können, wird man wahrscheinlich eher bis zum frühen Abend warten und den Strom dann für 9 Cent pro kWh verkaufen wollen (man hat ja Zeit, das Gas wird ja nicht schlecht).
Allerdings gibt es auch Leute, die meinen, dass sich PGP (power to gas to power) niemals lohnen wird, weil die Anlagen nicht kontinuierlich in Berieb sein können und der Hauptanteil der Kosten nicht für die Umwandlung selbst bezahlt wird, sondern für die Kapitalkosten. Das könnte sich natürlich auch wieder ändern, wenn es gelingt, preiswerte Katalysatoren zu entwickeln.

Bei dem Problem der Energiespeicherung ist sehr vielen Leuten klar, dass man mit den aktuell technisch möglichen Lösungen nicht in Preisbereiche kommt, die die Speicherung wirklich wirtschaftlich machen. Zumindest in Deutschland gibt es praktisch keine weiteren Möglichkeiten, Pumpspeicherkraftwerke zu bauen, unabhängig davon, dass das ziemlich lange dauert. Auf der anderen Seite wissen tausende Wissenschaftler, dass man mit einem wirklich wirtschaftlich arbeitenden Speicher vielleicht nicht zum Nobelpreisträger, aber steinreich werden kann; und mit etwas Glück sogar beides. Die Zukunft bleibt spannend!

Kapitel 14 • Wechselrichter

Wir haben bisher erfahren, wie aus Licht Gleichstrom wird, und dann haben wir einen Laderegler verwendet, um diesen Gleichstrom in einer Batterie zu speichern (man kann natürlich auch Energie verbrauchen, während nebenher die Batterie geladen wird). Im Prinzip kann man sagen, dass wir damit alles haben, von dem wir meinen, dass wir es brauchen (zumindest gibt es für den Bereich Wohnmobile, Camping und Yachten fast alles, und das wahlweise für 12 oder 24 Volt).

Das ist zumindest im Prinzip erfreulich, aber all diese Lösungen lassen in einem Detail etwas zu wünschen übrig, denn die betreffenden Geräte sind im Vergleich zu den Geräten, die mit 230 Volt und 50 Hz arbeiten (setzen Sie hier bitte Ihre landestypischen Werte ein), deutlich teurer. An diesem Punkt setzt dieses Kapitel an, denn es gibt die Möglichkeit, Wechselstrom aus Gleichstrom zu erzeugen, um dann die deutlich preisgünstigeren Geräte für 230 Volt nutzen zu können.

Die einfachste Möglichkeit (und die wurde vor einigen Jahrzehnten auch noch technisch eingesetzt) wäre die mechanische Kopplung eines Gleichstrommotors mit einem Wechselstromgenerator. Ein solcher Gerätesatz bringt zwar deutlich mehr Kilogramm auf die Waage als ein moderner Wechselrichter, und alle paar Jahre müsste man die Lager auswechseln, aber so ein Ungetüm wäre wesentlich robuster als jegliche Elektronik (Haltbarkeit 40 bis 100 Jahre). Der Preisverfall bei elektronischen Bauelementen hat dazu geführt, dass man solche Geräte nicht mehr baut.

Diese Gerätesätze haben allerdings einen didaktischen Vorteil für mich, denn anhand derer lässt sich besser erläutern, was da eigentlich geschieht. Wir wissen, was ein Motor ist, und wir wissen, was ein Wechselstromgenerator ist. Wir wissen vielleicht nicht, wie man einen solchen Generator vernünftig regelt, damit Frequenz und Spannung korrekt erzeugt werden, aber dafür gibt es ja Techniker, die sich um solche Details kümmern können.

Genau das haben die Ingenieure und Techniker gemacht und dabei die kleinen Wunder entwickelt, die wir als Wechselrichter im Geschäft oder im Internet kaufen können. Auf der einen Seite geht Gleichstrom rein und auf der anderen kommt Wechselstrom heraus. Das Gerät überwacht intern alle Ströme, Spannungen und die Frequenz (wenn es sich um einen Inselwechselrichter handelt; was das ist, dazu kommen wir gleich), und wenn irgend etwas nicht so ist, wie es sein sollte, geht das Gerät in einen Passivmodus und tut so, als wäre es nicht vorhanden (erinnert mich irgendwie an Harry Potter und echte Magie). Um es ganz krass auszudrücken: Nachdem der Wechselrichter angeschlossen wurde, gibt es für die nächsten Jahre überhaupt nichts, was Sie einstellen oder ändern müssten (voll langweilig!).

14.1 Einspeise-Wechselrichter

Ein Wechselrichter dieser Bauart hat die Aufgabe, elektrische Leistung in das öffentliche Netz einzuspeisen. Damit er dies tun kann, muss er sich mit dem öffentlichen Netz synchronisieren. Er versucht, die Spannung im öffentlichen Netz so gut er kann zu unterstützen (das heiß, mit ein paar hundert Watt einige Terrawatt stützen!) und zwar sowohl in Bezug auf die Kurvenform der Sinusspannung als auch in Bezug auf die Frequenz. Was schaltungstechnisch in diesen Geräten abläuft, muss uns hier nicht interessieren.

Damit ein solcher Wechselrichter die Zulassung bekommt, dass er mit dem öffentlichen Netz verbunden werden darf, muss er drei Hauptanforderungen erfüllen:

1. Er darf bauartbedingt keine Störungen auf dem Netz verursachen.

2. Bei Ausfall des Netzes muss er sofort seine Arbeit einstellen.

3. Er muss eine vorgegebene Blindleistung kompensieren können.

Zu 1. Dies bezieht sich weitgehend auf die Signalform, die der Wechselrichter in das Netz einspeisen möchte. Die Spannung im Netz sollte sinusförmig sein. Wer sich schon einmal das Spannungssignal des Netzes angesehen hat, insbesondere innerhalb eines Industriegebietes, der zweifelt daran, dass sich dieses noch als sinusförmig bezeichnen lässt. Es geht also darum, dass dieser Missstand zumindest nicht durch einspeisende Wechselrichter vergrößert wird. Wechselrichter, die ins Netz einspeisen, müssen also sogenannte Sinus-Wechselrichter sein (mehr dazu gleich). Die Kurvenform wird auch häufig als reiner Sinus bezeichnet.

Zu 2. Diese Forderung hängt mit der Arbeitssicherheit zusammen. Das, was aus dem Wechselrichter herauskommt, ist Wechselstrom mit 230 Volt, und jeglicher Wechselstrom mit einer Spannung von über 50 Volt ist potenziell tödlich. Nehmen wir an, der Stromversorger muss Arbeiten an den Leitungen zu Ihrem Haus durchführen, also wird die Leitung allpolig von der Versorgung getrennt. Eigentlich sollte der Elektriker nun auf Spannungsfreiheit prüfen und die Leitungen kurzschließen und erden, aber was, wenn er es vergisst? Wenn er nicht auf dem Schirm hat, dass es Ihre Anlage gibt (oder Sie vergessen haben, diese anzumelden), schwebt er jetzt in tödlicher Gefahr. Folglich gibt es bei einspeisenden Wechselrichtern die Forderung, dass diese zyklisch und in kurzen Zeitabständen prüfen, ob sie noch mit einem Netz verbunden sind. Falls dies nicht der Fall ist: Abschalten und warten, bis wieder ein starkes Sinussignal auf der Leitung vorhanden ist!

Zu 3. Das ist jetzt ein wenig schwierig zu erklären. Auf der Leitung haben wir eine sinusförmige Spannung. Es gibt Geräte, die nehmen am Anfang einer jeden Halbwelle Energie auf und geben sie später wieder zurück. Andere Geräte wiederum nehmen am Ende einer Halbwelle Energie auf und geben sie später zurück. Es gibt also elektrische Energie, die 100 mal pro Sekunde zwischen Generator und Verbraucher hin und her schwingt. Diese Energie wird Blindleistung genannt, da sie keine eigentliche Arbeit verrichtet. Das Problem besteht darin, dass diese Blindleistung aber reale Verluste auf den (manchmal sehr langen) Leitungen verursacht. Mit der Forderung nach Kompensation von Blindleistung werden die Betreiber einer Solaranlage gezwungen, technischen Aufwand zu betreiben, damit der Versorger weniger Verluste macht. Nicht nett, aber man braucht ihn ja als Abnehmer des Stroms, also muss man lieb sein.

In letzter Zeit ist in Deutschland noch etwas hinzugekommen (zumindest für größere Anlagen) und zwar entweder eine Selbstbeschränkung, was die Einspeisung betrifft, oder die

Installation von Fernwirktechnik (der Netzbetreiber kann also die Abgabeleistung der angeschlossenen Solaranlagen regeln; nach aktueller Rechtslage muss er allerdings den entgangenen Gewinn ersetzen). Eine solche Regelung kann auch vollautomatisch erfolgen. Wenn das Energieangebot im Netz größer ist als der aktuelle Verbrauch, erhöht sich entweder die Spannung oder die Frequenz im Netz oder beides. Beide Werte lassen sich messtechnisch gut erfassen und die abgegebene Leistung kann entsprechend den Vorgaben heruntergeregelt werden (falls die Spannung oder die Frequenz im Netz außerhalb der Spezifikation liegt, muss der Wechselrichter sich automatisch für diese Zeiten komplett abschalten).

Dieser Eingriff in die private Energieerzeugung war technisch unvermeidbar, da sich bisweilen sowohl bei Windkraft als auch bei Photovoltaik die eingespeiste Leistung in kurzer Zeit stark und nicht immer vorhersehbar ändert. Als Daumenregel kann man davon ausgehen, dass bei drehenden Generatoren die Zeit für einen Regelvorgang mit der Größe der Anlage wächst. Ein Atomkraftwerk könnte diese Schwankungen, sogar wenn man es wollte, nicht ausregeln.

Die Netzbetreiber hätten es gerne, wenn sie fremde Einspeiseanlagen nicht nur herunterregeln, sondern auch Verbraucher beim Endkunden ein- und ausschalten könnten, wenn es ihrer Meinung nach erforderlich ist. Diese Idee nennt sich Smart Grid. Eine Untersuchung der Ernst & Young GmbH (http://www.bmwi.de/DE/Mediathek/publikationen,did=586064.html) im Auftrag der Bundesregierung kam allerdings zu dem Ergebnis, dass Smart Grids für den Endkunden keinen Nutzen bringen und sogar volkswirtschaftlich sinnlos sind. Trotzdem sollen sie, außer bei Kleinkunden, zwangsweise eingeführt werden. Ziehen Sie Ihre eigenen Schlussfolgerungen!

14.2 Insel-Wechselrichter

Unter einer Insel versteht man eine elektrische Versorgungseinheit, die keinen Kontakt zum öffentlichen Netz hat, also auch tatsächlich auf einer Insel stehen könnte. Eine Halbinsel ist dementsprechend eine Installation, die je nach Betriebsbedingungen mit den Netz verbunden ist oder autonom arbeitet; eine typische Halbinsel würde also tagsüber und bei hinreichend gutem Wetter die Versorgung selbst übernehmen und bei schlechtem Wetter oder nachts wird dann auf das Netz umgeschaltet. Eine Variante ist der Hybrid-Wechselrichter; bei ihm wird das öffentliche Netz über ein Relais mit dem Hausnetz verbunden, und die Umwandlung der Energie aus den Panelen wird so geregelt, dass nie ins Netz eingespeist wird. Solche Hybridwechselrichter waren 2015 noch legal, aber es zeichnen sich gesetzgeberische Tendenzen ab, dies zu ändern.

Die Spannung im Netz ändert sich sinusförmig bei einer Frequenz von ziemlich genau 50 Hertz (das kann in Ihrem Heimatland natürlich anders sein). Im europäischen Verbundnetz stehen tausende von Kraftwerken als Kraftlieferant zur Verfügung und diese arbeiten absolut synchron. Wenn man sich da mit einem Wechselrichter draufschaltet, der mit 51 Hertz statt 50 Hertz arbeitet, kann man nur hoffen, dass die Sicherung flink genug ist, um die Verbindung zu trennen, bevor die Elektronik abraucht. Das heißt, wenn Einspeisung und Verbrauch gleichzeitig stattfinden, muss der Wechselrichter vom Netz geführt werden. Auch bei einer unterbrechungsfreien Stromversorgung (USV) handelt es sich genau genommen um eine Halbinsel. Wenn das Netz ausfällt, startet die eigene Stromversorgung (die Elektronik von Wechselrichtern ist so schnell, dass sie in weniger als einer Millisekunde die Last übernehmen könnte), das Hausnetz trennt sich allpolig vom Netz ab (Unfallschutz!) und schaltet den Wechselrichter allpolig auf das Hausnetz um. Diese Umschaltung wird in der Regel mit Hilfe von Relais erfolgen, damit eine galvanische Trennung (weder Gleich- noch Wechselstrom kann zwischen den Netzen fließen) zwischen Hausnetz und Verteilernetz garantiert werden kann.

Eine solche Umschaltung dauert 10 bis 20 Millisekunden (mechanische Trägheit der Relais) und man würde bei den meisten Lichtquellen ein kurzes Flackern wahrnehmen können. Einphasige Maschinen (also etwa Staubsauger, Handmixer etc.) gleichen die Unterbrechung durch ihre mechanische Trägheit aus. Alle Geräte mit Elektronik (inklusive PCs) weisen in ihren Netzteilen einen sogenannten Stützkondensator auf, mit dessen Hilfe sie die Lücke überbrücken können. USVs der ‚Luxusklasse' sind ständig mit dem Netz synchronisiert, um beim Umschalten Spannungs- und Stromspitzen im Hausnetz zu vermeiden.

14.3 Wechselrichter-Technik

Elektronische Wechselrichter sind keine neue Erfindung, sondern haben sich im Laufe von Jahrzehnten entwickelt, und je nach Einsatzzweck und geforderter Leistung wurde mit unterschiedlichen Schaltungen gearbeitet.

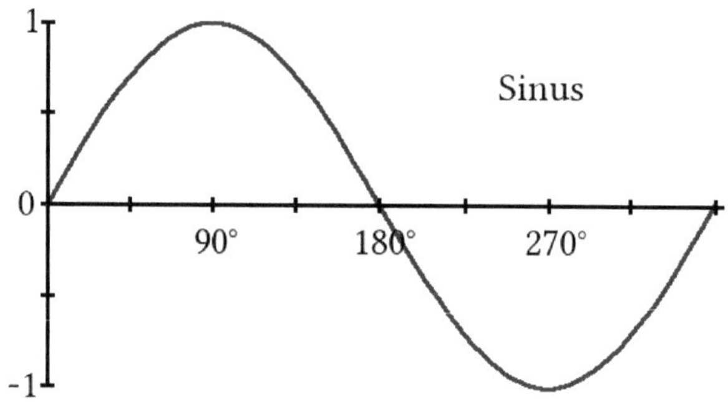

Abbildung 12: Sinuskurve einer Spannung

In dieser Abbildung haben wir die Kurvenform, die die Spannung normalerweise haben sollte, nämlich einen Sinus. Da der Sinus über den Einheitskreis (Kreis mit dem Radius 1) definiert wird, beträgt der Maximalwert 1 und der Minimalwert -1. Die Spannung im europäischen Netz beträgt 230 Volt AC; dies ist aber nicht der Maximalwert, sondern der Effektivwert. Den Spitzenwert erhält man, indem man den Effektivwert mit 1,41 multipliziert (das ist die Wurzel aus 2): 230 Volt * 1,41 = 325 Volt. Die 1 an der y-Achse entspricht also diesen 325 Volt.

Mit einem rotierenden Generator lässt sich ein solcher Sinus sehr einfach generieren, denn er ergibt sich quasi automatisch, wenn man eine Spule in einem Magnetfeld rotieren lässt. Mit elektronischen Schaltungen lässt sich ein Sinus nur annähern und die gröbste Annäherung ist das Rechteck (es lässt sich mathematisch nachweisen, dass jedes zyklische Signal aus einer sinusförmigen Grundschwingung und den zugehörigen sinusförmigen Oberschwingungen zusammengesetzt werden kann; der reine Sinus mit 50 Hertz ist also die Grundschwingung und bei einem Rechteck haben wir sehr viele und starke Oberwellen im Signal). Manchen elektrischen Verbrauchern ist das ziemlich egal, andere wiederum (etwa Musikanlagen) können das gar nicht so gut vertragen (Moped mit aufgebohrtem Auspuff in der Opernarie).

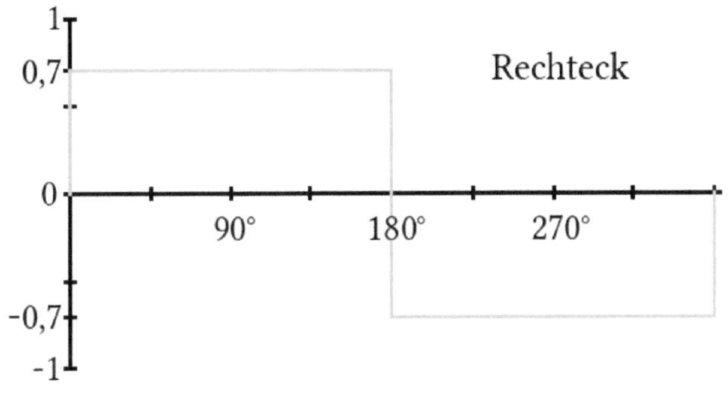

Abbildung 13: Symmetrisches Rechtecksignal

Für ein solches symmetrisches Rechtecksignal hat man in der elektronischen Schaltung eine positive und eine negative Spannung und zwei Transistoren, die im Gegentakt leitend geschaltet werden. Immer dann, wenn der reine Sinus einen Nulldurchgang hätte, wird der Transistor, der zuvor leitend war, in den Sperrzustand gebracht und der andere Transistor wird leitend. Damit man keinen Kurzschluss erzeugt, gibt es beim Umschalten eine kurze Zeitspanne, während der beide Transistoren sperren.

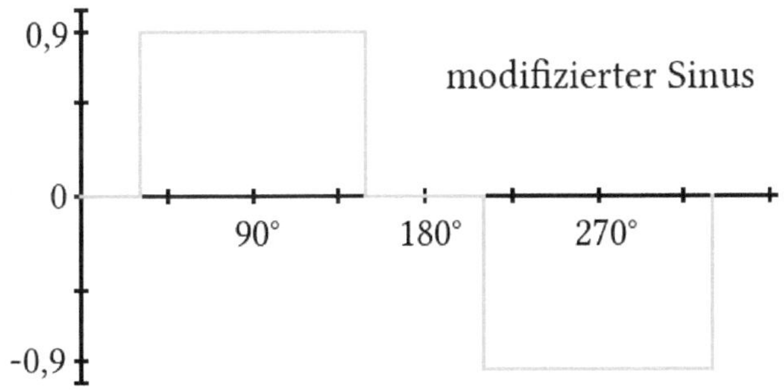

Abbildung 14: Eine modifizierte Sinus-Kurve

Dann kam jemand auf die Idee, dass man diesen Augenblick doch auch deutlich verlängern könnte, wodurch sich der Anteil der Oberwellen im Signal deutlich verkleinern lässt. Wahrscheinlich hatte dann jemand aus dem Vertrieb die Eingebung, dass man das Signal als ‚modifizierten Sinus' bezeichnen könnte (hört sich auf jeden Fall besser an als „störspannungsreduziertes Rechtecksignal").

Alle drei dargestellten Spannungen haben den gleichen Effektivwert (die Fläche zwischen

Signal und x-Achse ist bei allen drei Signalen gleich groß), was dadurch erzielt wird, dass die Spitzenspannungen unterschiedlich hoch sind.

Mit dem modifizierten Sinus können deutlich mehr Geräte arbeiten als mit dem reinen Rechteck. Allerdings gibt es viele Geräte wie Scanner, Laserdrucker oder moderne Kaffeemaschinen, die bei einer solchen Signalform entweder den Dienst verweigern oder fehlerhaft arbeiten; eine Vorhersage, wie sich welches Gerät bei einer derartigen Stromversorgung verhalten wird, ist nicht möglich (die Ausnahme sind rein ohmsche Verbraucher, die funktionieren immer). Wenn der Wechselrichter so preiswert wie irgend möglich sein soll, ist der modifizierte Sinus die beste machbare Kurvenform.

14.4 Arbeitsprinzip eines Sinus-Wechselrichters

Wie fast überall in der Technik gibt es verschiedene Wege, die zum Ziel führen, und diese unterscheiden sich meist deutlich im Hinblick auf Preis und Robustheit.

Zunächst einmal gibt es Wechselrichter mit einem Transformator und solche ohne. Der Vorteil von solchen mit einem Transformator besteht darin, dass man eine galvanische Trennung zwischen dem Gleichstrom- und dem Wechselstromkreis hat. Hierbei geht man davon aus, dass ein Transformator eigentlich nie kaputt geht und folglich auch durch einen ‚normalen' Fehler keine Wechselspannung auf den Gleichstromkreis übertragen werden kann. Wenn man also die Spannungen auf der DC-Seite unter 120 Volt hält, darf man dort alle Arbeiten durchführen, denn alles ist berührungssicher.

Es gibt Hochfrequenz- und Niederfrequenz-Wechselrichter (sowohl mit als auch ohne Transformator). Die hohe Frequenz hat den Vorteil, dass der Transformator wesentlich kleiner ausfallen kann. Der Vorteil der Niederfrequenz-Wechselrichter besteht darin, dass sie extrem robust sind (solche Exemplare finden sich daher häufig in der echten Leistungselektronik); das macht sie allerdings auch recht schwer.

Ich werde jetzt die Funktionsweise eines niederfrequenten Wechselrichters beschreiben, der über einen Transformator verfügt, um DC- und AC-Kreis galvanisch zu trennen. Weil wir möglichst geringe Verluste haben möchten, nehmen wir einen Ringkerntransformator, und wir haben eine Primärwicklung und mehrere Sekundärwicklungen (falls Ihnen das nichts sagt, nutzen Sie bitte die Suchfunktionen im Internet oder überschlagen Sie den Rest dieses Kapitels).

Normalerweise werden Transformatoren mit sinusförmiger Wechselspannung betrieben, sie können hierfür aber auch Gleichspannung nutzen. Wenn man eine feste Spannung auf die Primärwicklung gibt, verhält sie sich wie eine Spule und widersetzt sich dem Strom, indem sie ein Magnetfeld aufbaut (die Stärke des Magnetfeldes steigt linear mit der Zeit an). Durch das sich stetig ändernde Magnetfeld wird in die Sekundärwicklungen jeweils eine Gleichspannung induziert. Die Höhe der Spannung hängt von Verhältnis der Anzahl der Windungen ab. Hat man auf der Primärseite etwa 60 Windungen und in der Sekundärwicklung nur 30 Windungen, dann wird die Ausgangsspannung halb so hoch sein wie die Eingangsspannung.

Wenn wir die Spannung an der Primärwicklung bestehen lassen, geht irgendwann der Kern des Transformators in die magnetische Sättigung und die Ausgangsspannungen brechen zusammen, weil es keine Änderung mehr gibt. So weit wollen wir es nicht kommen lassen. Deshalb verwenden wir eine Schaltung, wie sie in der nächsten Abbildung dargestellt ist. Dort sehen wir vier Transistoren und L ist die Induktivität der Primärwicklung. Jetzt ist es ganz einfach so, dass T_2 und T_3 immer dann sperren, wenn T_1 und T_4 leitend sind, und umgekehrt. Das Schöne an dieser Schaltung ist, dass sich die Richtung des Stromes jedes Mal umkehrt. Wenn wir das 100 mal pro Sekunde machen, erhalten wir auf allen Sekundärwicklungen ein Rechtecksignal mit 50 Hertz und wechselndem Vorzeichen.

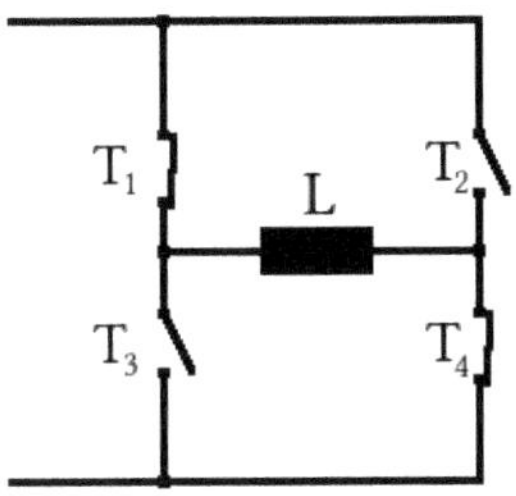

Abbildung 15: Schaltbild mit vier Transistoren

Wozu das gut ist sehen wir in der folgenden Abbildung. Hier haben wir zwei Spannungen, nämlich U_1 und U_2, wobei U_2 doppelt so hoch ist wie U1. Diese Spannungen könnte man von einem Transformator erhalten, wie er gerade beschrieben wurde. Die Ausgangsspannung erzeugen wir dadurch, dass entweder U_1 oder U2 oder beide Spannungen (in Reihe) mit dem Ausgang verbunden werden. Das Ergebnis ist noch ein wenig eckig, sieht aber schon sehr viel mehr nach einem Sinus aus, als der modifizierte Sinus.

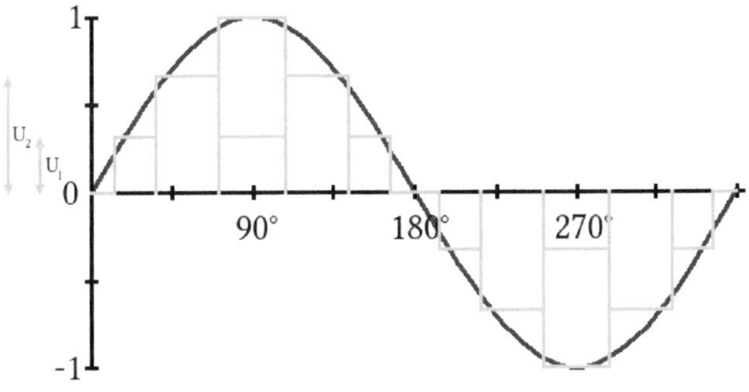

Abbildung 16: Eine schöne Sinus-Kurve

Wenn Sie ein Musikfan sind, haben Sie sicherlich schon einmal den Begriff Klirrfaktor gehört. Mit diesem beschreibt man die prozentuale Flächenabweichung zwischen einem reinen Sinus und einer Kurvenform, die diesen Sinus annähern soll. Einfache Audio-Anlagen dürfen bei Volllast einen Klirrfaktor von 10% aufweisen und Hifi-Anlagen einen solchen von 1% (DIN 45400). Man muss über ein sehr geübtes Gehör verfügen, um einen Klirrfakor von unter 0,5% wahrnehmen zu können.

Was heißt das jetzt für unseren Wechselrichter? Nun, kluge Menschen haben ausgerechnet, dass man mit einem Signal, das 8 Stufen umfasst, auf einen Klirrfaktor zwischen 1% und 4% kommen kann (je nachdem, wann man schaltet); hierzu würde man drei Additionsstufen benötigen. Wenn man 5 Additionsstufen nimmt, kann der Klirrfaktor zwischen 0,2% und 0,4% liegen, wäre also nur noch messtechnisch nachweisbar.

Wenn unser Ringkerntransformator 5 Sekundärwicklungen besitzt, die die Ausgangsspannungen 10, 20, 40, 80 und 160 Volt bereitstellen, kann man einen nahezu perfekten Sinus am Ausgang des Wechselrichters erwarten.

Ein solcher Wechselrichter wäre, wie schon gesagt, relativ schwer (bei einer Dauerbelastbarkeit mit 3 kW kämen da durchaus 25 bis 40 kg zusammen). Ein Transformator hat eine Lebensdauer von weit über 50 Jahren. Des Weiteren bräuchte man in einem solchem Wechselrichter eine kleine Elektronik, die auswertet, welche Schaltstufe aktuell Spannung liefern soll und welche nicht (eine solche Platine würde maximal im Bereich 20 Euro liegen können), und man hätte die 5 Schaltstufen. Wenn man diese modular aufbaut, könnte sogar jemand mit Nullahnung ein solches Gerät durch Komponententausch reparieren (wenn ein Schaltstufen-Testgerät vorhanden ist, sogar ziemlich schnell).

In Europa hat natürlich kein einziger Hersteller ein Interesse daran, ein entsprechendes Gerät auf den Markt zu bringen (wo bliebe da der Profit?). Aber ein solcher ‚Jeep der Wechselrichter' würde sich jahrzehntelang in der sich entwickelnden Welt und in den Schwellenländern verkaufen lassen (in einigen Teilen von Asien und Südamerika fahren immer noch Jeeps durch die Gegend, die im oder kurz nach dem 2. Weltkrieg gebaut wurden, denn sie sind nahezu unkaputtbar, und jeder Dorfschmied kann sie reparieren).

Wenn man zusätzlich dafür sorgt, dass der Wechselrichter kurzzeitig (so um die 400 Millisekunden) die zehnfache Leistung abgeben kann und auch noch bei 50°C Umgebungstemperatur funktioniert, wenn die Sonne direkt auf das Gehäuse scheint, wird man sich vor Kunden nicht retten können.

Falls sich jemand eingehender für dieses Thema interessieren sollte, würde ich die Doktorarbeit von Sérgio Daher empfehlen (Juni 2006, Kassel, Deutschland; ISBN-10: 3-89958-236-5 oder ISBN-13: 978-3-89958-236-9), die man auch im Internet als pdf-Datei finden kann. Mit einem solchen Produkt ließe sich ein Markt ohne Ende erschließen. Nur mal so als Tipp für die Industrie!

Kapitel 15 • Elektrische Motoren und Generatoren

Elektrische Maschinen lassen sich zunächst einmal in Motoren und Generatoren unterteilen. Motoren nehmen elektrische Energie auf und wandeln sie in mechanische Arbeit um. Ein Generator nimmt mechanische Arbeit auf und wandelt sie in elektrische Energie um. Jetzt ist das Praktische daran, dass man (fast) jeden Generator auch als Motor verenden kann und (fast) jeden Motor auch als Generator. Deshalb kann man, ohne großartig etwas falsch zu machen, allgemein von elektrischen Maschinen sprechen.

Die nächste Unterscheidung bezieht sich darauf, mit welcher Stromsorte die elektrische Maschine arbeitet. Es gibt also elektrische Maschinen für Gleichstrom und solche für Wechselstrom. Im Leistungsbereich von wenigen Watt finden sich praktisch nur Gleichstrommotoren (wenn man den Modellbaubereich nicht einbezieht). Im Bereich bis zu ein paar hundert Watt finden sich beide Maschinentypen, und im Bereich ab einem Kilowatt beherrschen die Wechselstrommaschinen die Szenerie.

Generell kann man behaupten, dass früher die Ansteuerung und die Regelung von Gleichstrommaschinen einfacher als die von Wechselstrommaschinen war. Da das Wissen darüber, wie sie sich technisch sauber bewerkstelligen lassen, in den letzten 30 Jahren gewaltig gewachsen ist, spielt dieser Unterschied heute keine entscheidende Rolle mehr.

Kleine elektrische Maschinen finden wir in großer Anzahl in Autos und Lastern (angefangen beim elektrischen Fensterheber bis hin zum Lüfter für die Heizung). Sie stellen in diesem Segment ein Massenprodukt dar und können dementsprechend preiswert sein (manche Hersteller vergessen gerne - insbesondere bei Ersatzteilen - dass diese Maschinen aus Eisen und Kupfer hergestellt werden, und nicht aus Kupfer und Gold).

Eine normale elektrische Maschine besteht aus einem Stator (das ist der Teil, der sich nicht dreht; meist identisch mit dem Gehäuse) und einem Rotor (demzufolge der Teil, der sich dreht). Der Rotor bildet ein magnetisches Feld aus, das sich im Verhältnis zu ihm selbst nicht verändert. Der Stator bildet ein magnetisches Feld aus, das sich im Verhältnis zu ihm dreht (dies würde auch anders herum funktionieren, das tut man aber aus praktischen Gründen nicht).

Bei einem Generator wird das magnetische Feld des Rotors versuchen, das magnetische Feld des Stators vor sich her zu treiben (der Rotor wird ja von außen mechanisch angetrieben) und bei einem Motor wird das sich drehende Magnetfeld des Stators versuchen, den Rotor anzutreiben. Wir erinnern uns aus der Schulzeit daran, dass sich gleichnamige magnetische Pole abstoßen und die nicht gleichnamigen Pole sich gegenseitig anziehen; hierin besteht, zusammen mit der Drehbewegung, die Grundlage elektrischer Maschinen. Der Unterschied zwischen Motor und Generator besteht also schlichtweg darin, wer wen antreibt. In einem Pumpspeicherkraftwerk kann man also eine Maschine dazu verwenden, Wasser ins Staubecken zu pumpen, um dann eine Weile später mit derselben Maschine elektrische Energie zu gewinnen.

Bei den Wechselstrommaschinen gibt es jetzt zwei große Gruppen, die sich ein wenig im

Funktionsprinzip unterscheiden und hinsichtlich ihres Einsatzes für verschiedene Leistungsbereiche ausgelegt sind. Dies sind die Synchronmaschinen und die Asynchronmaschinen.

Die Synchronmaschinen verhalten sich praktisch so, als wären die beiden Magnetfelder (also das feststehende vom Rotor und das Drehfeld vom Stator) wie in einem Getriebe miteinander verbunden. Bis zu der Grenze, an dem die Zähne eines Zahnrades in einem Getriebe abbrechen würden, sind die beiden Magnetfelder miteinander verkoppelt. Wenn man einen Synchrongenerator hat und ins Festnetz einspeisen möchte, muss man den Generator erst einmal auf die richtige Drehzahl bringen und verbindet den Generator erst dann mit dem Netz (wie beim Schalten in alten Autos: erst die Kupplung treten, beim Gangwechseln das Kreischen der Zähne ignorieren und wieder einkuppeln).

Asynchronmotore sind da eher wie Autos mit Automatikgetriebe. Man tritt aufs Gas (schaltet die elektrische Maschine ein) und mit voller Kraft wird das Auto beschleunigt. Es wäre an dieser Stelle etwas zu abgehoben, das Funktionsprinzip der Asynchronmaschine eingehend zu erläutern; wir belassen es daher bei dem Wissen, dass sie funktionieren, und etwas langsamer oder schneller rotieren als die Synchronmaschinen (es handelt sich hier um den sogenannte Schlupf), je nachdem, ob sie als Motor oder Generator arbeiten.

Wenn Sie ein Auto mit einer Verbrauchsanzeige besitzen, werden Sie den folgenden Effekt kennen. Normalerweise verbraucht Ihr Auto vielleicht 7 Liter auf 100 Kilometer, und wenn Sie das Gaspedal ins Bodenblech drücken, springt die Anzeige an den Anschlag und zeigt 30 bis 40 Liter an. Genau ein solches Verhalten zeigt ein Asynchronmotor, wenn er eingeschaltet wird. Bei den meisten Asynchronmotoren ist für diesem 200-Millisekunden-Sprint ungefähr die zehnfache Leistung erforderlich, aber es gibt auch Ungetüme, die sich erst mit dem Zwanzigfachen zufriedengeben.

Bei den Maschinen, die mit Wechselstrom arbeiten, gibt es noch eine weitere Unterscheidung, nämlich einphasige Maschinen und dreiphasige Maschinen. Bei der Entwicklung der Wechselstrommaschinen ging es zwar auch um die Beleuchtung von Häusern und Straßen, aber viel wichtiger war die Kraftübertragung. Irgendwo befand sich eine Dampfmaschine und einige Kilometer entfernt standen in einer Fabrik Maschinen (etwa Bohr- oder Fräsmaschinen), die angetrieben werden mussten.

Das Problem bestand also darin, aus einer Drehbewegung ‚hier' eine Drehbewegung ‚dort' zu machen. Man fand heraus, dass sich diese Aufgabe am einfachsten und billigsten in Form von drei Phasen lösen lässt. Wie kann man sich das am besten vorstellen? Beginnen wir mit den Grundlagen.

Wir haben eine Spule und vor dieser Spule dreht sich ein Stabmagnet mit geeignet geformten Polen. An die Spule schließen wir ein Messgerät an, und wir stellen fest, dass die Spannung, die von der Spule geliefert wird, sinusförmig ist. Ein Kreis hat 360° und auch die Sinusfunktion ist über 360° definiert (Einheitskreis). Jetzt ordnen wir drei Spulen um den rotierenden Stabmagneten an, die jeweils um 120 Grad zueinander versetzt sind, und jede dieser Spulen erzeugt einen sinusförmigen Strom, der natürlich auch um 120° zu den Nachbarn versetzt ist. Jetzt machen wir den großen Schritt und verbinden diese drei Spulen mit drei Spulen, die wir in einem Motor angeordnet haben. Siehe da, egal, wie wir im Generator den Rotor hin und her drehen, der Rotor im Motor folgt dieser Bewegung ohne Verzögerung.

Statt die Leistung über ein dickes Kabel zu übertragen, überträgt man sie über drei entsprechend dünnere Kabel und hat ohne weiteren Aufwand Generator und Motor miteinander verkoppelt. Genau so ist es im Ingenieurwesen üblich: Die billigste Lösung, die alle Probleme beseitigt, siegt.

Diese Lösung ist so gut, dass sie weltweit für die Übertragung elektrischer Energie eingesetzt wird. Synchrongeneratoren bis in die Größenordnung von etlichen hundert Megawatt stehen in den großen Kraftwerken. In einem Verbundnetz werden alle diese Generatoren miteinander verkoppelt. Man könnte sagen, sie ‚drehen' alle am gleichen Strang. Wenn Sie also Ihre Hausinstallation ändern und einen Kurzschluss an einer Stelle verursachen, die nicht über eine Sicherung geschützt wird, stellen Sie sich gegen diese geballte Kraft (und der Kampf endet nicht wie bei David und Goliath). Im Zweifelsfall werden sich Ihre Kabel in Metalldampf verwandeln, ohne das Verbundsystem auch nur zu beeindrucken. Auch dies ist einer der Gründe, weshalb Arbeiten an solchen Anlagen nur von hierzu ausgebildeten Fachkräften durchgeführt werden dürfen.

15.1 Photovoltaik und drei Phasen

Und jetzt stellt sich natürlich die große Frage: Was hat das mit mir und meiner Solaranlage zu tun? Zum einen ist es sicherlich recht informativ, etwas über das Umfeld zu erfahren, in das die Photovoltaik normalerweise eingebettet wird. Andererseits verfügen viele Häuser oder Firmengebäude über einen dreiphasigen Anschluss, und viele glauben, dass man folglich auch Wechselrichter benötigt, die Energie auf drei Phasen liefern können. Wir sehen uns nun genauer an, weshalb das meistens nicht stimmt.

In dem Kapitel, in dem es um das Leselicht in der Gartenhütte ging, hatte ich schon das Problem angesprochen, dass eine PVA jeden Tag das gleiche Geld kostet, egal ob man den Strom nutzt oder nicht. Jetzt ist es an der Zeit, Ihnen zu eröffnen, dass dies genauso für Wechselrichter gilt. Ein Wechselrichter wird danach ausgesucht, welche maximale Leistung man zu einem beliebigen Zeitpunkt abrufen können möchte. Wenn man diese Leistung nur während 1% der Zeit benötigt, zahlt man trotzdem die ganze Zeit dafür. Das gilt immer, egal ob einphasig oder dreiphasig.

Wir nehmen einmal an, Sie haben einen kleinen privaten Wald und holen dort im Winter das Feuerholz für spätere Zeiten. Das Zersägen von Stämmen in dicke Scheiben ist kein Problem, aber damit Sie das Holz in Ihren Ofen bekommen können, benötigen Sie einen Holzspalter. Der hat einen dreiphasigen Anschluss (sogenannter Kraftstrom), was für Sie kein Problem darstellt, denn im Hausanschluss gibt es drei Phasen (plus Neutralleiter und Erdung).

Dann rüsten Sie auf Photovoltaik um und wollen natürlich auch Ihre drei Phasen haben. In einem ‚Normhaushalt' werden 10 kWh pro Tag verbraucht, was 3,3 kWh pro Phase wären. Über 10 Stunden am Tag verteilt wäre das ein kontinuierlicher Verbrauch von 330 Watt je

Phase. Um Ihren Holzspalter mit 10 kW betreiben zu können, brauchen Sie 3.300 Watt pro Phase. Sie zahlen also das ganze Jahr über zehn mal mehr, um den Holzspalter vielleicht 7 Tage im Jahr wirklich zu nutzen. Unabhängig davon, dass Wechselrichter, die dreiphasigen Strom liefern und/oder ins Netz einspeisen können, deutlich teurer sind, lohnt sich das wegen der Nutzungsdauer nicht.

Jetzt komme ich zu dem entscheidenden Punkt. Nur für größere elektrische Maschinen ist ein dreiphasiger Anschluss erforderlich, alles andere, was Sie im Haus betreiben, benötigt einen solchen nicht. Wenn Sie Ihren Haushalt über PV betreiben, wird Ihnen eine Wechselrichterleistung zwischen 3 und 5 kW eigentlich immer völlig ausreichen (das kann ein einziger einphasiger und preiswerter WR locker), weshalb Sie eigentlich keinen dreiphasigen Anschluss benötigen würden (Ausnahme: E-Herd in der Küche!).

Die Frage ist also (insbesondere in einer Halbinsel), wie man die eigentlich unvereinbaren Ansprüche zusammenbringt. Vorweg schon mal die gute Nachricht: In einem halbwegs normalen Haushalt (auch wenn er über mehrere Etagen verteilt ist) gibt es keinen triftigen Grund, mit Drehstrom zu arbeiten. Den Drehstromanschluss hat das Haus nur, weil der Versorger die Belastung so gut wie möglich ohne großen Aufwand über die drei Phasen verteilen möchte.

Sehen wir uns an, warum das so ist. Bei einer Hochspannungsübertragung hat man auf beiden Seiten der Übertragungsstrecke einen dreiphasigen Transformator, wobei die drei Spulen jeweils am Sternpunkt und auch die Sternpunkte miteinander verbunden sind (es gibt also vier Leitungen). Wenn alle drei Phasen gleich stark belastet werden, gleichen sich die Ströme über die Phasen so aus, dass über den Neutralleiter (die Verbindung zwischen den Sternpunkten) nur minimale Ströme fließen. Also sagten sich die Stromunternehmen, dass sie sich dieses Kabel auch sparen und die Leitfähigkeit des Bodens ausnutzen und den Sternpunkt auf beiden Seiten erden könnten.

Das war jetzt weit ausgeholt, aber jetzt bin ich wieder beim Thema. Der Grund dafür, dass Sie in einem normalen Wohnhaus drei Phasen haben, besteht lediglich in einem Vorteil, der sich hieraus für den Stromversorger ergibt; Sie selber benötigen sie nicht, es sein denn, sie betreiben wirklich große Maschinen.

In diesem Sinne ist auch ein großer elektrischer Herd keine große elektrische Maschine, denn er benötigt nicht die Phasenverschiebung von 120° zwischen den Anschlüssen (den Herdplatten oder dem Ceranfeld ist diese Phasenverschiebung völlig schnuppe; einem Motor hingegen nicht).

Wenn Sie also ein Haus von Netzanschluss auf PV umrüsten, benötigen Sie im Normalfall keine drei Phasen, sondern können alles auf eine Phase legen. Der Knackpunkt ist hierbei der, dass bei manchen Verkabelungen von früher darauf vertraut wird, dass es drei Phasen mit 120° Verschiebung zueinander gibt.

Nehmen wir als Beispiel den elektrischen Herd (samt Backofen), der einen dreiphasigen Anschluss hat. Normalerweise haben die Kabel L1, L2, L3, N und PE den gleichen Querschnitt, denn die Ströme über Lx sollten sich weitgehend so kompensieren, dass über N nur ein minimaler Strom fließt. Wenn man jetzt L1 bis L3 auf die Phase des einphasigen WR legt, muss möglicherweise der dreifache Strom über N fließen; dafür ist das Kabel aber normalerweise nicht dimensioniert.

Wenn man in einer Halbinsel zwischen 3-phasigem Netz und einphasigem WR umschaltet (L1 bis L3 wird L), muss man eventuell den Kabelquerschnitt von N verdreifachen (maximal zulässiger Strom!), indem man zusätzliche Kabel verlegt. Handelt es sich um eine permanente Insel, dann ändert man die Verdrahtung, wobei einer der Ls zu N wird und zwei Adern zum Herd hin und zwei zurück führen. (Solche Umverdrahtungen müssen immer sehr gut dokumentiert werden!)

So, das habe ich jetzt nicht geschrieben, damit Sie einen entsprechenden Umbau vornehmen können, sondern damit Sie verstehen, dass beim Umbau von 3-phasig auf 1-phasig durchaus eine Brandgefahr entstehen könnte. Ich möchte nicht, dass Sie eine solche Arbeit durchführen, sondern dass Sie die betreffenden Schritte verstehen und planen könnten. Und dann fragen Sie Ihren Elektriker!

15.2 Photovoltaik und elektrische Maschinen

Praktisch alle elektrischen Maschinen, die man in einem Haushalt findet, sind Einphasen-Reihenschlussmotore; diese haben die Eigenschaft, dass sie sowohl mit Gleichstrom als auch mit Wechselstrom funktionieren. Diese Motoren haben einen relativ hohen Anlaufstrom, bereiten aber ansonsten keine Probleme. In Kühlschränken und Klimaanlagen findet man einphasige Asynchronmotoren; diese schwächeln beim Anlaufen, denn sie entwickeln erst ein starkes Drehmoment, wenn sie auf Touren gekommen sind.

Das garstige Verhalten all dieser Motoren kennen natürlich auch die Konstrukteure von elektrischen Maschinen. Aufgabe der Konstrukteure ist es, dafür sorgen, dass die Ströme nicht so groß werden, dass sie die Maschine zerstören oder die Sicherungen im Verteilerkasten auslösen könnten. Andererseits soll der Motor so billig wie nur irgend möglich sein, denn das ist Gewinn für die Herstellerfirma. Das alles wissen die Konstrukteure sehr genau und bauen die Maschine so, dass bei einem normalen Betrieb an einem Verteilernetz nichts Auffälliges passieren kann (aber das ist exakt nicht die Umgebung, die wir in einer Photovoltaik-Anlage haben; wir haben dort kein Verteilernetz mit gigantischen Kraftreserven).

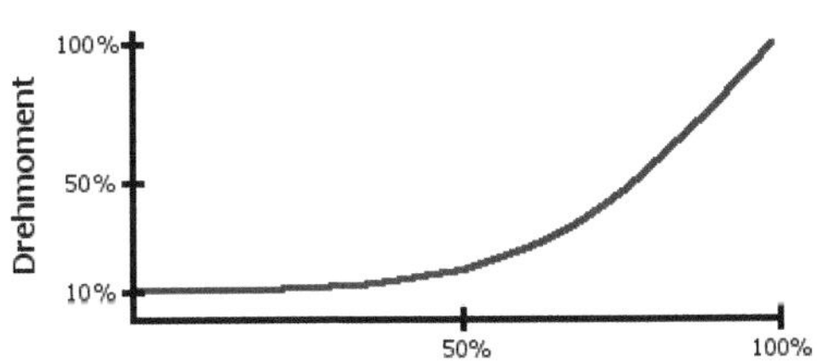

Abbildung 17: Kennlinie eines Motors

In dieser Abbildung sehen wir die typische Kennlinie eines Motors, wie er in Kühlschränke oder Klimaanlagen eingebaut wird. Wenn der Motor steht, hat er beim Einschalten des Stroms nur ungefähr 10% seiner Nenn-Drehkraft. Das wäre an sich kein Problem, aber an dem Motor hängt noch ein Kompressor. Die Entwickler haben den Motor so ausgelegt, dass er gerade eben noch mit Kompressor anläuft, obwohl er dann aktuell zehnmal mehr Leistung zieht als im Normalbetrieb (wir kommen auf dieses Problem noch zurück).

An diesem Verhalten der Motoren kann man überhaupt nichts ändern, denn die Ströme, die sie ziehen, sind eingeplant, damit der Motor zuverlässig und in allen Arbeitspunkten anläuft. Baut man etwa sogenannte Slow-Starter ein, um den Strom zu begrenzen, dann könnte es geschehen, dass der Motor nicht anläuft. In einem solchen Zustand würde er anfangen, sich aufzuheizen, bis die (hoffentlich eingebaute) Thermosicherung den Strom ausschaltet. Ohne Thermosicherung fackelt der Motor früher oder später ab. Sicherlich kein gewollter Effekt.

Jetzt kommt noch eine Gemeinheit dieser Motoren hinzu. Sie bestehen im Wesentlichen aus Drahtwicklungen um Eisenbleche herum; es handelt sich also um elektrische Spulen. Man könnte sagen, dass Spulen extrem konservativ sind, denn sie wollen immer den aktuellen Zustand bewahren. Schaltet man eine Spannung auf eine Spule, dann widersetzt sie sich dem Strom, indem sie das Magnetfeld aufbaut. Schaltet man die Spannung wieder ab, dann will sie den Strom weiter treiben und nutzt hierzu die Energie des Magnetfeldes. Wenn der Kontakt geöffnet wird, erhöht die Spule solange die Spannung, bis ein Strom fließt (die Spule hat keine andere Möglichkeit, die Energie loszuwerden), also ein Funke entsteht. Wenn die Leistungselektronik des Wechselrichters diese Spannung nicht so gut verträgt, benötigt man einen neuen Wechselrichter (oder jemanden, der ein solches Teil halbwegs preiswert reparieren kann, und diese Leute sind selten geworden).

Eine andere Möglichkeit, die Elektronik des Wechselrichters vor den Spannungsspitzen zu schützen (die meisten Wechselrichter sind nicht dafür ausgelegt, größere Motoren anzutreiben, weshalb der interne Schutz meistens, aber nicht immer, ausreicht) besteht darin einen Überspannungsschutz einzubauen. Das klingt jetzt viel bombastischer, als es tatsächlich ist. Es handelt sich um ein kleines Bauteil, das weniger als einen Euro kostet und sich TVS-Schutzdiode nennt.

Dieses Bauelement montiert man einfach direkt beim Motor zwischen die 230-Volt-Klemmen. Eine in der EU geeignete TSV-Schutzdiode ist die 1.5KE400CA; das CA steht für bidirektional (und das ist wichtig für uns, denn wir arbeiten mit Wechselstrom); die 400 in der Typbezeichnung steht für 400 Volt (das ist der Wert, auf den die Spannung quasi durch einen ‚gebremsten Kurzschluss' begrenzt wird). Nachdem die Schutzdiode die Energie des Magnetfeldes aufgenommen hat, verhält sie sich wieder so, als wäre sie nicht vorhanden (habe ich das schon mal irgendwo gehört?).

Anmerkung: Wenn man mit 230 Volt AC arbeitet, handelt es sich um die effektive Spannung. Dies bedeutet, ein Gleichstrom mit dieser Spannung hätte die gleiche Wirkung wie dieser Wechselstrom. Da die Wechselspannung sinusförmig ist, beträgt die Spitzenspannung zwischen den beiden Kabeln das 1,4-fache, also 325 Volt. Nun darf die Spannung im Netz ja auch 10% größer sein (also 357,5 Volt), daher sind 400 Volt die minimale Durchbruchspannung, die die Schutzdiode haben muss. Ist die Durchbruchspannung höher, dann schützt die Diode nicht mehr so gut (wenn sie hingegen niedriger ist, arbeitet die Diode sehr kurzzeitig wie eine Schmelzsicherung und schützt anschließend überhaupt nicht mehr).

15.3 Wieso soll das ein Problem in Solaranlagen sein?

Nehmen wir eine einfache Handbohrmaschine (ohne Elektronik) mit einer Nennleistung von 500 Watt. Wenn der Motor aktuell läuft, ohne dass gebohrt wird, verbraucht er vielleicht 50 Watt oder weniger. Wenn gebohrt wird, wird die Maschine deutlich mehr verbrauchen, und wenn sie zu stark belastet wird, verliert sie an Drehzahl. Soweit kein Problem. Je nach Fabrikat könnte die Bohrmaschine aber durchaus bis zu 10 Kilowatt aufnehmen, wenn der Motor startet. Schon bei 1.000 Watt würde ein kleiner Wechselrichter abwinken und sich aus Sicherheitsgründen abschalten (noch schlimmer wäre, wenn er es alle 2 Sekunden noch einmal versucht; ich würde keine Wetten darüber abschließen, wie lange Bohrmaschine und/oder Wechselrichter das mitmachen).

Elektrische Motoren sind also exakt das, was wir in einer Photovoltaik-Anlage überhaupt nicht haben möchten, aber sie sind in praktisch allen Geräten eingebaut, die man in einem normalen Haushalt findet. Der Grund hierfür ist absolut simpel: In einem Verbundnetz machen diese Geräte keine Probleme und der Markt, in dem man etwas anderes benötigt, ist nicht groß genug. Also hartnäckig immer wieder nach Produkten fragen, die kompatibel mit Photovoltaikanlagen sind! Irgendwann wird irgendein Manager der Meinung sein, einen Markt erkannt zu haben, und dann bekommen wir, was wir brauchen.

Yachten und Campervans haben diesen Markt nicht wirklich entwickeln können. Es gibt (fast) alles, was man haben möchte, für 12 Volt oder 24 Volt, aber die Geräte sind teuer. Dies könnte daran liegen, dass die Besitzer solcher Fahrzeuge deutlich zu viel Geld ausgeben (können), wenn es um ihre Spielzeuge geht. Das Knowhow ist also eindeutig vorhanden, es sind wirtschaftliche Gründe, weshalb es nicht auf breiter Front zum Einsatz kommt. Es muss also mehr Nachfrage geben (typisches Henne-Ei-Problem).

15.4 Prinzip der Wärmepumpe

Um zu verstehen, wie ein Kühlschrank oder eine Klimaanlage funktioniert, muss man das Prinzip der Wärmepumpe verstanden haben (die Abbildung stammt von Ilmari Karonen und ist Public Domain).

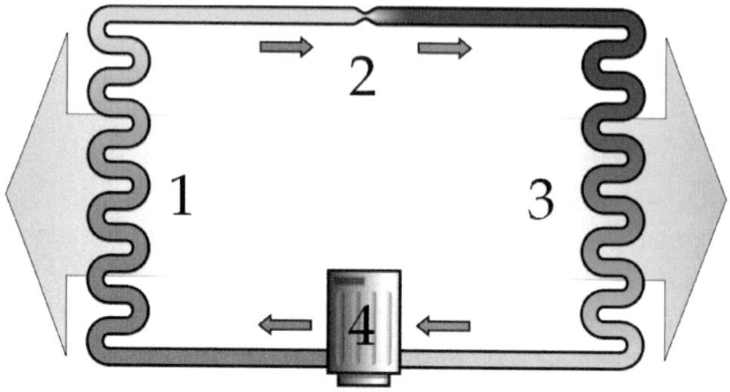

Abbildung 18: Das Prinzip einer Wärmepumpe

Wir setzen mechanische Energie in einem Kompressor (4) ein, um ein Gas zu erhitzen, indem es komprimiert wird. Es kühlt sich im Kondensator (1) ab und wird flüssig. Der gesamte rote Bereich steht unter hohem Druck. Mit Hilfe der Drossel (2) wird der Druck abgebaut, was dazu führt, dass wir eine extrem kalte Flüssigkeit erhalten. Im Verdampfer (3) nimmt das Kältemittel Wärme aus der Umgebung auf. (1) und (3) sind Wärmetauscher. In dem Kreislauf wird ein Kältemittel eingesetzt, das bei den verwendeten Temperaturen und Druckverhältnissen sowohl flüssig als auch gasförmig sein kann. Viele früher verwendete Kältemittel waren nicht ganz so umweltneutral. In Kühlschränken wird heutzutage häufig Propan eingesetzt. Dieses Gas ist zwar brennbar und im richtigen Mischungsverhältnis mit Luft auch explosiv, aber die Menge, die in einem Kühlschrank verwendet wird, passt in ein normales Feuerzeug; moderne Kühlschränke sind also nicht übermäßig gefährlich.

Jetzt kommen wir zu dem Punkt, weshalb dieses Prinzip so interessant ist. Sowohl Wärme als auch elektrische Energie werden in Watt angegeben, und mit einer solchen Wärmepumpe kann man mit einer Einheit elektrischer Energie eine wesentlich größere Menge an thermischer Energie bewegen (dies wird in eher technischen Publikationen als Coefficient Of Performance bezeichnet; er liegt bei Kühlschränken bei 3 bis 4). Aber wie kann man sich das Wirkprinzip vorstellen?

Nehmen wir an, wir haben zwei benachbarte Seen, wobei der eine See zwanzig Meter oberhalb des anderen Sees liegt. Wenn wir Wasser vom unteren See in den oberen See pumpen, benötigen wir hierfür eine bestimmte Menge an Energie. Wenn wir das Wasser über eine Turbine wieder in den unteren See laufen lassen, können wir einen großen Teil dieser Energie wieder zurückgewinnen. Jetzt nehmen wir weiter an, dass der untere See in einem geschützten Tal liegt und von der Sonne stark aufgeheizt wird, was uns aber überhaupt nicht gefällt, denn wir betreiben dort eine Fischzucht und die Fische mögen es nicht gerne so warm. Also pumpen wir das Wasser zum oberen See, wo immer eine frische Brise weht, die das Wasser dort abkühlt.

Der Verdampfer (3) entspricht also dem unteren See, in dem Wärme aufgenommen wird. Der Kompressor (4) ist in der Tat eine Pumpe. Der Kondensator (1) entspricht dem oberen See und die Drossel (2) dem Turbinengenerator. In dieser Abbildung mit den zwei Seen fehlt allerdings noch eine Kleinigkeit. Wenn das Wasser in den oberen See gepumpt wird, erwärmt es sich hierdurch (Kompression) und kommt im oberen See wärmer an, als es den unteren See verlässt. Wenn das Wasser vom oberen See in den unteren See läuft, wird es entspannt und kühlt sich um den gleichen Betrag ab, um den es beim Pumpen erwärmt wurde. Wenn es im unteren See ankommt ist es also kälter als das Wasser im oberen See. Genau dieser Effekt erzeugt den Coefficient Of Performance (CoP).

Dieses Arbeitsprinzip der Wärmepumpe erklärt auch, warum man eine Klimaanlage nicht nur zum Kühlen, sondern auch zum Heizen verwenden kann: Man hat ein Ventil, mit dessen Hilfe die Anschlüsse der Wärmetauscher 1 und 3 vertauscht werden (einem Wärmetauscher ist es egal, ob er Wärme aufnimmt oder abgibt). Das ist alles.

15.5 Kühlschränke und Solarstrom

In weiten Teilen der Welt findet man in jedem Haushalt einen Kühlschrank. Diese haben in den letzten Jahren einen starken technologischen Wandel durchlaufen, denn sie wurden von energiefressenden Löwen zu verbrauchsarmen Kätzchen (also, im Verhältnis zu früher). 1994 wurden in der EU sogenannte Energieeffizienzklassen eingeführt. Es wurden für verschiedenste Gerätetypen und Größen fiktive Vergleichsgeräte definiert, und im Verhältnis zu diesen wurden die Klassen A bis G eingeführt; A ist im Hinblick auf Energieeffizienz deutlich besser, G bedeutet einen deutlich höheren Energieverbrauch als bei einem virtuellen Standardgerät. Diese technische Entwicklung führte etwa dazu, dass es in der EU keine neuen Kühlschränke mehr gibt, die nicht zumindest die Klassifikation A+ haben, und die Skala wurde nach unten erweitert, denn es gibt sogar Geräte mit A+++.

Diese Information muss auf dem Typenschild, neben anderen wichtigen Daten, angegeben sein. Was uns hier interessiert, ist der Verbrauch, und dieser muss als Jahresverbrauch angegeben werden. Ich habe einen einfachen Kühlschrank A+ für 150 Euro als Beispiel ausgewählt, mit 92 Litern Inhalt (kein Eisfach) und einem Jahresverbrauch von 117 kWh. Das würde bedeuten, dass dieses Gerät nur 0,32 kWh pro Tag verbraucht. Wir gehen von einer wärmeren Umgebung aus und erhöhen den Wert auf 0,5 kWh pro Tag. Bei 22 Cent pro kWh (Spanien) haben wir laufende Kosten von 11 Cent pro Tag für kühles Bier und knackiges Gemüse.

Wenn man nach Kühlschränken sucht, die mit Gas arbeiten, stellt man überrascht fest, dass diese sehr teuer sind (ich vermute, dass es daran liegt, dass Campingfreunde sehr viel Geld ausgeben, wenn es um ihr Hobby geht). In der EU kann man damit rechnen, dass ein 60-Liter-Camping-Kühlschrank mit Gasbetrieb um die 500 Euro kostet (einer mit 12 Volt Antrieb ist sogar noch etwas teurer). Ein solcher Kühlschrank verbraucht 300 Gramm Butangas pro Tag. Das kostete 2012 in Spanien 1,20 Euro pro Kilogramm. Wir haben also laufende Kosten von 36 Eurocent pro Tag. Der Kühlschrank selbst kostet fast viermal so viel, wie ein normaler Kühlschrank, und die Verbrauchskosten sind mehr als dreimal so hoch.

Es wäre jetzt die Frage, wie teuer es wird, wenn man einen ganz normalen Kühlschrank kauft und diesen solar betreibt. Ich stelle die entsprechende Berechnung für eine Stand-Alone-Lösung an, es wird also nichts außer dem Kühlschrank von dieser Solaranlage versorgt, damit die Einflussfaktoren voll zum Tragen kommen. Wir wissen, dass der Durchschnittsverbrauch bei 0,5 kWh pro Tag liegt, aber wir wissen nicht, wie viel verbraucht wird, wenn der Kühlschrank aktuell läuft (also der Kompressor arbeitet). Falls dieses Thema für Sie von Interesse ist, lesen Sie bitte das Extra-Kapitel über Verbrauchsmessung.

Moderne Kühlschränke verbrauchen, wenn der Kompressor aktuell läuft, zwischen 75 und 100 Watt (das sind also keine Geräte, wie man sie in Großküchen findet). Wenn Sie noch den Kühlschrank verwenden, den Sie 1974 von Ihrer Tante Gertrude geerbt haben (da sind ja noch so viele Erinnerungen mit verbunden), wird der Wert eher bei 400 Watt liegen und der Kompressor wird sehr viel häufiger laufen. Nehmen Sie ein Verbrauchsmessgerät und entscheiden Sie anschließend, ob Ihnen diese Erinnerungen Jahr für Jahr so viel Geld wert sind. Vielleicht gibt es ja eine sehr viel günstigere Möglichkeit, immer wieder an Gertrude zu denken.

Wir gehen also nicht von Gertrudes Kühlschrank aus, sondern kaufen uns einen billigen modernen Kühlschrank. Wenn wir den solar versorgen möchten, können wir ganz grob davon ausgehen, dass wir während 10 Stunden den Kühlschrank direkt aus den Panelen versorgen können. Für die restlichen 14 Stunden benötigen wir eine Batterie zur Speicherung der Energie (im Extra-Kapitel über Batterien wird hergeleitet, dass uns jede kWh, die durch die Batterie geht, mindestens 10 Eurocent an Kosten verursacht).

Wir nehmen mal wieder die Daten von Palma de Mallorca (kWh pro Tag und kWp; Werte von PVGIS).

	Jan	**Feb**	**März**	**Apr**	**Mai**	**Juni**	**Juli**	**Aug**	**Sep**	**Okt**	**Nov**	**Dez**
kWh	3,09	3,62	4,69	4,72	4,99	5,14	5,2	4,99	4,49	3,92	3,06	2,87

Der Dezember ist der Monat mit der geringsten Einstrahlungsmenge. Wir haben 2,87 kWh pro Tag mit einer Panelfläche mit einem kWp. Wir machen uns die Kalkulation jetzt relativ einfach, indem wir annehmen, dass wir am Tag, auch bei schlechtem Wetter, genug Energie sammeln können, um den Kühlschrank zu betreiben.

Vor einer Periode mit schlechtem Wetter sind die Batterien voll; dann kommt eine Nacht, ein Tag mit schlechtem Wetter, noch eine Nacht und hoffentlich wieder ein Tag mit guter Einstrahlung. Wir müssen also mit der Batterie lediglich zwei Nächte überbrücken. Zudem nehmen wir an, dass wir nur während 10 Stunden solare Energie ernten können, folglich die Nächte 14 Stunden lang sind. Außerdem vernachlässigen wir, dass es in der Nacht kühler ist.

Der Kühlschrank verbraucht 0,5 kWh am Tag, also im Durchschnitt 20,8 Watt. Für die zehn Stunden mit Tageslicht benötigen wir 200 Wh und für eine Nacht mit 14 Stunden rund 300 Wh. Da wir an einem guten Tag genug Energie für zwei Folgenächte speichern möchten, müssen wir 800 Wh pro Tag einsammeln können.

So, jetzt müssen wir rückwärts rechnen. Beim Wechselrichter gehen wir von einen Wirkungsgrad von 90% aus, dann brauchen wir für den Tag 220 Wh und für die Nacht 330 Wh.

Da die Batterie einen Wirkungsgrad von 80% aufweist, erhöht sich der Bedarf für die Nacht auf knapp unter 400 Wh. Wir möchten zwei Nächte überbrücken können, folglich muss die Batterie eine Kapazität von ungefähr 0,8 kWh haben. Eine Batterie mit 100 Ah und 12 Volt besitzt 1,2 kWh Speicherkapazität, wäre also eine passende Wahl und wir hätten noch ein wenig Reserve (was in Solaranlagen immer gut ist).

An einem Tag mit 10 gut nutzbaren Sonnenstunden müssen wir also den Tagesbedarf und den Bedarf für zwei Nächte einsammeln. Das ist bei gerundeter Berechnung 1 kWh. Der Solar-Controller hat einen Wirkungsgrad von 95%, also brauchen wir 1,05 kWh.

Da die Batterien jeden Tag voll geladen werden (normalerweise), setzen wir 10 Jahre Lebensdauer an, wir benötigen also über 20 Jahre zwei Batterien.

Kühlschrank	150 €
Panele	344 €
Solar-Controller	80 €
Wechselrichter 1,5 kW	150 €
Batterie 2 Stück	200 €
total	924 €

Wir gehen wieder von einer Rückzahlung über 20 Jahre und einem Zinssatz von 5% aus. Für einen **solar** betriebenen normalen **Kühlschrank** kommen wir auf die folgenden täglichen Kosten:

Rückzahlung pro Tag	12,6 Cent
Zinsen pro Tag	6,3 Cent
Zahlung pro Tag	18,9 Cent

Jetzt nehmen wir noch einmal die Daten für den **Gaskühlschrank**. Dieser kostet 500 Euro und verursacht 36 Cent Kosten pro Tag für das Gas:

Rückzahlung pro Tag	6,8 Cent
Zinsen pro Tag	3,4 Cent
Gas pro Tag	36,0 Cent
Zahlung pro Tag	46,2 Cent

Unsere Investition für einen solar betriebenen Kühlschrank ist fast doppelt so hoch, aber unsere täglichen Kosten sind mit 18,9 Cent 60% niedriger als die 46,2 Cent für den Gas-Kühlschrank. Das ist schon mal nicht schlecht.

Sie denken nun, ich hätte wichtige Daten ausgelassen? Stimmt, ich habe die Kabel nicht berücksichtigt und Steckverbinder und auch nicht die Montagekosten. Aber ich habe auch ausgelassen, dass man jede Woche 10 Kilometer fahren muss, um eine neue Gasflasche zu

kaufen, von der hierfür benötigten Zeit ganz zu schweigen (genau genommen ist es absolut illegal, eine Gasflasche in Spanien mit einem normalen Auto zu transportieren).
Nur der Fairness halber müssen wir auch die Kosten für einen **Kühlschrank** (kostet 150 Euro) betrachten, der am **Netz** angeschlossen wird:

Rückzahlung pro Tag	2,0 Cent
Zinsen pro Tag	1,0 Cent
Stromkosten pro Tag	11,0 Cent

Zahlung pro Tag	14,0 Cent

Um unsere Übersicht zu komplettieren, berechnen wir auch noch die Kosten für einen **Campingkühlschrank**, der über **12 Volt** betrieben wird:

Kühlschrank	500 €
Panele	344 €
Solar-Controller	80 €
Batterie 2 Stück	200 €
---	
total	1.124 €

Rückzahlung pro Tag	15,4 Cent
Zinsen pro Tag	7,7 Cent

Zahlung pro Tag	23,1 Cent

Ich gebe noch nicht auf! Wir versuchen es mit einem Kühlschrank, den wir **tagsüber solar** betreiben und **nachts auf das öffentliche Netz** umschalten. Wenn der Kompressor aktuell arbeitet, verbraucht der Kühlschrank 75 Watt. Der Wechselrichter hat einen Wirkungsgrad von 90%, wir müssen also auf der Gleichstromseite 83 Watt anliefern. Der Solar-Controller verfügt über einen Wirkungsgrad von 95%, also müssen von den Panelen 87 Watt kommen.

Ein Panel mit 100 Wp wäre zu klein, denn man hat nicht den ganzen Tag die maximale Einstrahlung; also wählen wir eines mit 150 Watt Spitzenleistung. Das kostet in Deutschland (2016) rund 160 Euro inklusive Versand.

Wenn der Kompressor des Kühlschranks aktuell nicht läuft, brauchen wir auch keine Energie. Die Solarpanele verbringen ihre Zeit dann mit Däumchendrehen.

Kühlschrank	150 €
Panele	160 €
Solar-Controller	80 €
Wechselrichter 1,5 kW	150 €
Batterie 2 Stück	100 €
autom. Umschalter	40 €
---	
total	680 €

Wir nehmen jetzt eine deutlich kleinere Batterien, denn sie soll nur noch Wolkenfelder ausgleichen, und wir haben einen automatischen Netz-Umschalter (wenn die Batteriespannung unter einen einstellbaren Wert fällt, wird auf das Netz umgeschaltet und der Wechselrichter ausgeschaltet).

Rückzahlung pro Tag	9,3 Cent
Zinsen pro Tag	4,7 Cent
Strom pro Nacht	6,4 Cent

Zahlung pro Tag	20,4 Cent

Es ist zu vermuten, dass dieser hohe Preis damit zusammenhängt, dass die Panele die ganze Zeit über Geld kosten, aber die meiste Zeit gar nicht gebraucht werden. Wir hatten ja ausgerechnet, dass die Panele tagsüber 87 Watt liefern müssen. Das sind in 10 Stunden 870 Wh, aber der Kühlschrank benötigt während der Tagesstunden nur (0,5 kWh / 24) * 10 = 208,3 Wh. Eigentlich sind die Panele um den Faktor 4 zu groß, damit sie jederzeit den Kühlschrank antreiben können.

Wir versuchen es mit einer **Pufferbatterie** und vernachlässigen zur Vereinfachung die Verluste bei der Elektronik. Der Faktor 4 kam dadurch zustande, dass der Kompressor im Durchschnitt nur 25% der Zeit läuft. Die Idee ist jetzt folgende: Wenn der Kompressor läuft, kommen 25% der Energie direkt vom Panel und 75% der Energie aus der Batterie. In der restlichen Zeit wird die Batterie wieder aufgefüllt.

In den 10 Stunden am Tag wird der Kühlschrank 200 Wh verbrauchen. 50 Wh kommen direkt vom Panel und 150 Wh haben den Umweg über die Batterie gemacht, die einen Wirkungsgrad von 80% aufweist. Also müssen in die Batterie 180 Wh hineingehen. Daher müssen 230 Wh innerhalb von 10 Stunden erzeugt werden, das Panel muss also 23 Watt abgeben. Um uns die Arbeit einfach zu machen, rufen wir PCGIS auf und spielen mit der Panelgröße. Ein 100 Wp Panel sollte im Dezember 0,28 kWh am Tag erzeugen, was 280 Wh entspricht. Ein 100 Watt Modul kostet rund 85 Euro.

1) http://re.jrc.ec.europa.eu/pvgis/apps4/pvest.php

Jetzt brauchen wir noch die Lebensdauer der Batterie, denn die wird ja ständig beansprucht. Wir nehmen wieder die Batterie mit 100 Ah, die 1.000 Zyklen mitmacht. Das heißt, in ihrer Lebensdauer können 1.200 kWh durch sie hindurchfließen. Am Tag bräuchte der

Kühlschrank 200 Wh. 75% hiervon müssen durch die Batterie geleitet werden, also 150Wh. 1.200 kWh / 150 Wh = 8.000 Tage oder 21,9 Jahre. Die Batterie sollte also die gesamte Lebensdauer der Anlage durchstehen können (in der Praxis hätte ich Zweifel).

Kühlschrank	150 €
Panel	85 €
Solar-Controller	80 €
Wechselrichter 1,5 kW	150 €
Batterie	100 €
autom. Umschalter	40 €
total	605 €

Wir haben also folgende Kalkulation:

Rückzahlung pro Tag	8,3 Cent
Zinsen pro Tag	4,1 Cent
Strom pro Nacht	6,4 Cent
Zahlung pro Tag	18,8 Cent

Es ergibt sich folgende Rangfolge:

Rang		Kosten pro Tag
1.	Normaler Kühlschrank mit Netzanschluss	14,0 Cent
2.	Normaler Kühlschrank, solar + Pufferbatterie	18,8 Cent
3.	Normaler Kühlschrank, solar + Wechselrichter	18,9 Cent
4.	Normaler Kühlschrank, solar + Netz	20,4 Cent
5.	Camping-Kühlschrank, solar mit 12 Volt	23,1 Cent
6.	Camping-Kühlschrank, Gas	46,2 Cent

Wir sehen: Solar kann sich lohnen, muss es aber nicht! Es ist zugegebenermaßen etwas unfair, nur mit den Einstrahlungsdaten vom Dezember zu arbeiten. Wenn Sie den Kühlschrank nur im Sommer nutzen, sehen die Zahlen natürlich deutlich freundlicher aus. Sie wissen ja jetzt, wie man die Berechnung durchführt; vielleicht nutzen Sie ein Tabellenkalkulations-Programm für die korrekte Berechnung.

15.6 Klimaanlagen und Solarstrom

Wenn Sie sich eine Weltkarte ansehen, in der (etwa farblich) die durchschnittliche Einstrahlung dargestellt wird, sehen Sie eigentlich eine Karte, wo in der Welt Klimaanlagen keinen Luxus darstellen, sondern eine unerlässliche Hilfe sind, um tagsüber überhaupt arbeiten und sich in der Nacht erholen zu können. Es geht hierbei nicht nur darum, die Temperatur auf einem erträglichen Niveau zu halten, sondern es soll auch oft die Luftfeuchtigkeit abgesenkt werden. Jede Klimaanlage tut beides und ermöglicht so ein angenehmeres Leben und ein erträglicheres Arbeiten.

Ein solcher Komfort und die gesteigerte Effektivität bei der Arbeit haben natürlich ihren Preis. Damit meine ich nicht nur der Preis für den Kauf einer solchen Anlage, der bei 2,5 kW-Einheiten so um die 350 Euro liegen mag, sondern auch die Kosten, um sie elektrisch zu betreiben (wenn eine derartige Anlage Tag und Nacht läuft, kommen bei 22 Cent pro kWh glatt 770 Euro pro Jahr zusammen). Diese Anlagen verbrauchen so viel Strom, dass es zu Problemen kommt, wenn nicht nur jeder in der selben Straße, sondern alle Einwohner der ganzen Stadt eine Klimaanlage betreiben. Mit dieser Last kommen viele Kraftwerke nicht mehr immer klar. Die Stromversorgung könnte völlig zusammenbrechen oder es sackt zumindest die Spannung ab. Solche Effekte kennen viele Einwohner, die in heißen und feuchten Städten zivilisierter Länder wohnen. Während immer mehr Menschen diesen Komfort genießen, stellt sich aber langsam die Frage, ob die wahren Kosten für diese Erde nicht langsam zu hoch werden. Könnte Sonnenenergie vielleicht etwas an dieser Situation ändern?

Bevor wir tiefer in die Materie einsteigen, müssen wir die Zusammenhänge erläutern. Wie hart die Klimaanlage arbeiten muss, hängt davon ab, wie heiß (und feucht) es draußen ist und wie kühl (und trocken) man es innen haben möchte. Je größer diese Differenzen sind, umso mehr Leistung muss die Klimaanlage aufbringen. Das klingt soweit einleuchtend, und es gibt etliche komplizierte Formeln, die Sie (oder eine Fachkraft für Heizungs- und Klimatechnik) verwenden könnten, um zu ermitteln, wie viel Energie eine bestimmte Klimaanlage aufwenden muss und wie viel das kosten wird. Aber eines ist absolut klar: Hoher Komfort und möglichst geringe Zahlungen sind sich widersprechende Ziele.

Der zweite Faktor besteht darin, wie gut Ihr Haus isoliert ist. Falls Sie in einem Land wie Norwegen, Deutschland oder Holland leben, wird Ihr Haus ziemlich gut isoliert sein. Es ist gut isoliert, damit im Winter die Kälte nicht so leicht ins Haus kommt (oder technisch richtiger: damit die Wärme aus dem Haus nicht so schnell entweichen kann). Isolierung verhindert aber auch, dass Wärme von Außen nach Innen gelangen kann.

Ein Haus mit Hohlwänden, die mit Isolierstoff gefüllt sind, wird viel leichter zu kühlen sein, als ein solches, das Wände hat, die aus einfachen Hohlsteinen ohne Füllung gemauert wurden. Ein solider Betonboden, der auf einer 10 Zentimeter dicken Schicht aus Styropor aufliegt, lässt weniger Wärme hindurch als ein Boden aus Tonhohlziegeln, auf denen eine dünne Estrichtschicht aufgebracht wurde (spanischer Baustil). Fenster mit Doppelverglasung und einer funktionierenden Dichtung außen herum, vernünftige Markisen an der Außenwand, die Schatten für die Fenster spenden, ein kleiner Flur zwischen der Eingangstür und den gekühlten Bereichen, ein Dach, bei dem sich unter den Dachschindeln eine 20 Zentimeter dicke Isolierschicht befindet, all das könnte enorm helfen.

Die Baustandards in anderen Teilen von Europa oder auch in vielen anderen Ländern der Welt werden in Bezug auf die Isolierung deutlich weniger streng sein (in Deutschland werden sogar Null-Energie-Häuser gebaut, also Häuser, die nicht einmal im Winter eine echte Heizung benötigen). Es gibt aber auch andere Fälle.
Viele Ausländer haben sich an den spanischen Costas nette, weiße Chalets gekauft, mit

den schicken spanischen Dächern und Fenstern mit Kuppelbögen. Das Problem bei solchen Häusern besteht sehr oft darin, dass sie recht ‚einfach' gebaut wurden, was man aber von außen nicht sehen kann. Praktisch hat keines dieser Häuser gut isolierende Wände (nach norwegischem Standard), eine Bodenisolation oder gut dichtende Fenster und Türen, und überall leckt es durch, wenn es regnet. Im Winter friert man und im Sommer erstickt man. Wenn er es sich leisten kann, wird sich der Besitzer eine Klimaanlage kaufen, um das Haus im Winter ein wenig zu beheizen, aber hauptsächlich, um es im Sommer zu kühlen. Daran ist nichts dran auszusetzen. Warum sollte man leiden, wenn man es verhindern kann. Klimaanlage einschalten und sich wohl fühlen. Die Situation lässt sich auch so beschreiben: Viele werden sich eine Klimaanlage leisten können, aber kaum jemand kann es sich leisten, das Haus neu und vernünftig bauen zu lassen.

Auf den ersten Blick macht es sehr viel Sinn, eine Klimaanlage solar zu betreiben, denn das Angebot an Energie und der Bedarf fallen fast exakt zusammen. Allerdings haben wir am Morgen ein paar Stunden, in denen die Sonne schon scheint, aber die Klimaanlage noch nicht gebraucht wird, und am Abend gibt es nach Sonnenuntergang ein paar Stunden, in denen eine funktionierende Klimaanlage noch recht angenehm wäre, denn alles ist noch aufgeheizt.

Es stehen grundsätzlich zwei Möglichkeiten zur Verfügung, wie man eine solche Anlage aufbauen kann, nämlich mit Hilfe eines lokalen Stromanbieters und ohne. In diesem Kapitel werden wir uns auf die Variante mit einem zusätzlichen Stromanschluss konzentrieren.

Wir kaufen uns also eine 2,5-kW-Klimaanlage; dies scheint eine Größe zu sein, die weltweit erhältlich ist. Diese Anlage besteht aus zwei Komponenten, nämlich einem nicht besonders hübschen Blechkasten, der draußen untergebracht wird, und eine formschöne Komponente (meistens in weiß) die in den Innenraum gehört. Damit wir die beiden Einheiten miteinander verbinden können, müssen wir zunächst ein Loch in die Wand schlagen. Jetzt müssen wir zwei Rohre und ein Kabel verlegen. Die Rohre kann man recht gut biegen, indem man eine Weinflasche oder etwas Ähnliches verwendet. Wenn man die Rohre aus Versehen knickt, muss man den Klimatechniker rufen. Wenn die Rohre die richtige Form haben, tut man etwas, das man eigentlich nicht tun sollte: Man schraubt die Verschlussstopfen ab und schraubt die Rohre fest. Wenn hierfür pro Rohr nicht mehr als eine Minute benötigt wird, ist alles in Ordnung, anderenfalls muss der Klimatechniker gerufen werden. Dann verbindet man die Klimaanlage mit 230 Volt Wechselstrom, drückt auf die Fernbedienung und ... der Kompressor brummt und der Lüfter erzeugt ein leichtes Säuseln. Kurze Zeit später kommt kalte Luft aus der Inneneinheit. Welch ein Segen!

Auf dem Karton der Verpackung stand etwas von 2,5 kW, und die meisten Leute denken jetzt, dass die Anlage tatsächlich so viel elektrische Energie verbraucht - so wie eine 60 Watt Glühbirne auch 60 Watt verbraucht. In Spanien würde das bedeuten, dass wir jeden Tag 5,50 Euro für den Strom bezahlen müssten oder knapp 1.000 Euro für die Saison (10 Std. am Tag während 180 Tagen).

Nun, die Dinge stehen nicht ganz so schlecht. Erinnern Sie sich noch an den Coefficient Of Performance (COP)? Auf der Verpackung stand 2.5 kW und sehr wahrscheinlich haben Sie auch noch Angaben in BTU gefunden (das ist die Abkürzung für British Thermal Unit, und ich glaube, es ist wirklich an der Zeit, dass diese Maßeinheit endlich verschwindet, 40 Jahre nachdem die Briten aufgehört haben, ein Pound in 20 Shilling umzurechnen, die jeweils 12 Pence wert waren). Also, wegen diesem COP wird die Klimaanlage nur 400 Watt verbrauchen, denn jede elektrische Energieeinheit wird ungefähr 6 thermische Energieeinheiten bewegen (wegen der geringeren Temperaturdifferenz ist der COP besser als bei Kühl- und Gefrierschränken).

Es könnte sein, dass Sie jetzt denken, dass vier Solarpanele plus einem kleinen Wechselrichter genügen müssten. Nun, das wird leider nicht funktionieren.

Der erste Grund ist der, dass die 400 Watt nur einen Durchschnittswert darstellen. Wenn der Kompressor aktuell arbeitet, dann verbraucht die Klimaanlage 800 Watt (die meisten Klimaanlagen haben ein Taktverhältnis von 50:50, wenn sie volle Leistung bringen; ich vermute, dass dies daran liegt, dass der Motor vos Kompressors zwischendurch eine Pause benötigt, um sich wieder abzukühlen). Man könnte vielleicht eine Batterie verwenden, um den wechselnden Energiehunger auszugleichen. Wir sehen uns das mal an.

Wie können wir ein realistisches Bild der Situation erhalten? Wir müssen konkreter werden. Wir gehen im Internet auf PVGIS und suchen unseren Ort, der mal wieder Palma de Mallorca sein soll, die Hauptstadt der Balearen. Wir finden heraus, dass wir von Anfang Mai bis Ende August mit über 5 kWh pro kWp und Tag rechnen können; das würde auf rund 8 Stunden umgelegt eine Leistungsabgabe von 625 Watt ergeben. Die Klimaanlage fordert im Durchschnitt 400 Watt. Eine Anlage mit 0,64 kWp wäre exakt das, was wir brauchen. Um überschlägig die Verluste mit abzudecken, gehen wir von 4 Panelen mit je 200 Watt aus, die wir für 71 Cent pro Wp kaufen können.

Dann erinnern wir uns daran, dass elektrische Maschinen sehr viel mehr Energie benötigen, wenn sie anfangen zu rotieren, und wir suchen uns einen 5-kW-Wechselrichter aus, in der Hoffnung, dass er stark genug sein wird (vielleicht können wir einen Deal mit dem Verkäufer machen, dass wir ihn einen Tag lang ausprobieren dürfen). Das Teil kostet noch einmal 500 Euro.

Jetzt kommen wir zur Batterie. Wenn der Kompressor arbeitet, braucht er 800 Watt, und der Verbrauch ist fast Null, wenn der Kompressor nicht arbeitet (der kleine Ventilator zählt hier nicht). Die Panele liefern einen stetigen Energiefluss von mindestens 400 Watt. Wenn der Kompressor arbeitet, kommen 400 Watt von den Panelen und 400 Watt aus der Batterie. Wenn er nicht arbeitet, wird die Batterie mit 400 Watt aufgeladen und ist somit wieder voll, wenn es erforderlich ist. Wir suchen uns eine 100-Ah-Batterie aus und stellen folgende Berechnung an:

Solarpanele	570 €
Wechselrichter	500 €
Batterie	100 €
Arbeit + Kleinteile	200 €

Total	1.370 €

Der Kredit läuft wieder über 20 Jahre bei einem Zinssatz von 5%:

Rückzahlung pro Tag	18,7 Cent
Zinsen pro Tag	9,4 Cent

Zahlung pro Tag	28,1 Cent

Die Klimaanlage arbeitet jeden Tag 8 Stunden lang mit 400 Watt, das macht pro Tag 3,2 kWh Verbrauch. In Spanien kostet die kWh um die 22 Cent. Mit unserer Gerätschaft kommen wir auf ein Äquivalent von 8,8 Cent. Stromkosten um 60% gesenkt. Großartig!

Leider nicht, denn ich habe betrogen. Wir haben die Abnutzung der Batterie ausgelassen. Nehmen wir an, wir kaufen eine Batterie, die 1.000 Zyklen durchhält. Die Batterie hat 100 Ah bei 12 Volt und kann daher 1,2 kWh speichern. Wenn sie 1.000 Zyklen mit 1,2 kWh durchhält, hat sie einen Energiedurchsatz über ihre Lebenszeit von 1.200 kWh. Wir verbrauchen pro Tag 3,2 kWh. Die Hälfte hiervon geht in die Batterie und wieder aus ihr raus (wir vernachlässigen wieder die Verluste). 1.200 kWh / 1,6 kWh = 750 [Tage]; das heißt, die Batterie ist nach 2 Jahren fertig. Über eine Laufzeit von 20 Jahren brauchen wir also 9 Batterien mehr:

Solarpanele	570 €
Wechselrichter	500 €
10 Batterien	1.000 €
Arbeit + Kleinteile	200 €

Total	2.270 €

Wieder läuft der Kredit über 20 Jahre bei 5% Zinsen:

Rückzahlung pro Tag	31,1 Cent
Zinsen pro Tag	15,5 Cent

Zahlung pro Tag	46,6 Cent

3,2 kWh für 46,6 Cent ergeben einen Preis von 14,6 Cent pro kWh. Wir können also unsere Stromrechnung nur noch um 34% kürzen. Es wäre doch nicht schlecht, wenn man ohne die Batterien auskommen könnte. Gibt es da einen Weg? Ja, zum Teil.

Wir hatten die Batterie verwendet, um die Verbrauchsschwankungen des Kompressors auszugleichen. Wir könnten natürlich auch doppelt so viele Solarpanele installieren; während der Kompressor nicht arbeitet, liefern sie schlicht keine elektrische Energie (oder irgendjemand erfindet eine schlaue Schaltung, die den Kompressor beobachtet und die Energie woanders hinleitet, wenn der Kompressor sie nicht braucht, etwa um das Badewasser zu erwärmen). Aber wir benörigen zusätzlich noch eine kleine Batterie, um den hohen Strombedarf des Kompressors beim Anlaufen befriedigen zu können. Das sind Zeiten um die 200 Millisekunden, und den Rest der Zeit wird die Batterie im Idealzustand gehalten, also könnte sie 20 Jahre halten.

Solarpanele	1.140 €
Wechselrichter	500 €
Batterie	50 €
Arbeit + Kleinteile	200 €
--	
Total	1.890 €

Wieder läuft der Kredit über 20 Jahre bei 5% Zinsen:

Rückzahlung pro Tag	25,9 Cent
Zinsen pro Tag	12,9 Cent
--	
Zahlung pro Tag	38,8 Cent

3,2 kWh für 38,8 Cent bedeuten einen Preis von 12,1 Cent pro kWh. Auf diese Art können wir unsere Klimaanlage zur Hälfte des Preises betreiben, den unser Nachbar zahlt. Super!

Ich könnte jetzt ein richtiger Spielverderber sein, denn wir nutzen die Klimaanlage ja nur ein halbes Jahr lang. Im Rest des Jahres kostet die Anlage nur Geld und macht gar nichts (das sieht natürlich an einem Ort, der näher am Äquator liegt, deutlich günstiger aus!). Das hieße doppelter Preis und überhaupt kein Preisvorteil mehr. Aber ganz so schlimm mache ich es nicht, denn wir können unsere Klimaanlage ja auch nutzen, um zu heizen. Im Winter werden wir vielleicht keine Heizleistung von 2,5 kW erreichen, aber glauben Sie mir, auch 1,5 kW Heizleistung sind im Winter bei den Bewohnern eines Hauses in Spanien sehr willkommen (das entspricht in etwa einem kleinen Heizlüfter mit lautem Ventilator). Auch wenn man die Klimaanlage nicht nutzt, für ein paar Kilowatt am Tag, die es auch noch zum halben Preis gibt, findet sich immer eine Verwendung.

Es bleibt aber immer noch ein Teilbereich der anfänglichen Frage unbeantwortet. Morgens benötigt man die Klimaanlage noch nicht, denn es ist noch nicht heiß, und am frühen Abend ist es immer noch heiß, aber die Sonne scheint nicht mehr. Wenn wir morgens die solare Energie nicht sinnvoll nutzen können, ist sie schlicht verloren. Und abends bräuchten wir einen Netzumschalter.

Was soll ein solcher Schalter bewirken? Er trennt ganz einfach unsere Klimaanlage vom Wechselrichter ab und verbindet sie am Abend mit dem normalen Stromnetz. Am Morgen werden diese Schritte in entgegengesetzter Reihenfolge durchgeführt (falls Sie die Klimaanlage die ganze Nacht über laufen ließen); dann wird die Verbindung zur normalen Stromversorgung unterbrochen und die Solarpanele übernehmen wieder. Solche Schalter sind entweder ziemlich teuer (ca. 500 Euro) oder sie sind nicht so richtig legal. Aber das größte Problem besteht darin, dass es keinen solchen Schalter auf dem Markt gibt, der die richtigen Zeitpunkte zum jeweiligen Umschalten bestimmen kann (falls Sie es besser wissen, bitte informieren Sie mich; dass man da was basteln könnte, weiß ich auch). Ach ja, und legal sind sie aktuell in Spanien auch nicht.

Eine technische Option haben wir noch nicht betrachtet. Bei unserem letzten Versuch hatten wir so viele Panele installiert, dass die energetischen Bedürfnisse der Klimaanlage befriedigt werden konnten, solange die Sonne scheint. Dann hatten wir einfach auf das Netz umgeschaltet. Stattdessen könnten wir auch eine Batterie einsetzen, um die Anlage abends ein paar Stunden weiter betreiben zu können. Eine Batterie und ein Wechselrichter sind schon vorhanden, wir müssen lediglich die Batteriekapazität erhöhen. Die Panele hatten die Hälfte der Zeit nur Däumchen gedreht, es ist also mehr als hinreichend Energie vorhanden, um diese größere Batterie tagsüber aufzuladen.

Normalerweise wird man die Klimaanlage noch 3 bis 4 Stunden am späten Nachmittag oder frühen Abend nutzen wollen. Während dieser vier Stunden wird sie 1,6 kWh verbrauchen. Wenn wir zwei 100-Ah-Batterien nehmen, haben diese zusammen eine Kapazität von 2,4 kWh, von denen man maximal 1,92 kWh nutzen sollte. Wir haben also ungefähr 20% Reserve, was immer gut ist.

Wenn die Batterie 1.000 tiefe Zyklen mit 1,92 kWh durchhält, beträgt ihr Energiedurchsatz über die Lebensdauer 1.200 kWh. Da wir jeden Tag 1,6 kWh durch die Batterien schleusen, werden die Batterien 750 Tage überleben, also nach zwei Jahren platt sein. Da wir die Batterien nur im Sommer während 180 Tagen einsetzen, werden sie also 4 Jahre halten. Wir benötigen demzufolge 5 Batteriesätze in 20 Jahren:

Solarpanele	1.140 €
Wechselrichter	500 €
Batterien	1.000 €
Arbeit + Kleinteile	200 €

Total	2.840 €

Wieder läuft der Kredit über 20 Jahre bei 5% Zinsen:

Rückzahlung pro Tag	38,9 Cent
Zinsen pro Tag	19,4 Cent
--	
Zahlung pro Tag	58,3 Cent

3.2 kWh + 1.6 kWh = 4.8 kWh für 58.3 Cent bedeutet, dass wir auf 12,1 Cent pro kWh kommen würden; das ist der gleiche Preis wie der eben berechnete. Der Luxus kühler Abende kostet uns also nicht mehr. Damit kann man leben!

Was wäre nötig, damit solare Klimaanlagen wirklich preiswert arbeiten könnten? Die Antwort ist die, dass die Hersteller von Klimaanlagen verstehen müssten, dass es einen gigantischen Bedarf an solarverträglichen Klimaanlagen gibt. Im Augenblick produzieren sie ihre Anlagen so, dass sie die Möglichkeiten des Netzanschlusses (sehr hoher Anlaufstrom) voll ausnutzen.

Wir sehen uns einmal eine Klimaanlage an, die für die solare Versorgung ausgelegt ist. Wir schmeißen den 230-Volt-AC-Kompressor raus und ersetzen ihn durch einen Kompressor, der über Gleichstrom angetrieben wird. Der Motor dieses Kompressors muss kontinuierlich laufen können und die 400 Watt verbrauchen, falls sie verfügbar sind (sonst läuft der Motor eben langsamer). 400 Watt bei 12 Volt würden 33 Ampere bedeuten, was ein wenig viel ist. Um unsere 400 Watt zu erreichen, würden wir vier Panele einsetzen müssen. Wenn wir diese in Reihe schalten, haben wir eine Spannung von 48 Volt und einen Strom von 8,3 Ampere. Das hört sich viel besser an (höhere Ströme verursachen in einer elektronischen Schaltung meist deutlich mehr Probleme als höhere Spannungen)!

Unsere Kalkulation sieht jetzt ein wenig anders aus. Wir leisten uns jetzt einen MPPT-Regler, an den wir direkt den Gleichstrommotor des Kompressors anschließen (das Panel kostet 0,71€ pro Wp):

4 Solarpanele á 120 Watt	340 €
MPPT-Regler	120 €
Batterie	50 €
Arbeit + Kleinteile	200 €
Mehrpreis Kompressor	50 €
Total	760 €

Wieder läuft der Kredit über 20 Jahre bei 5% Zinsen:

Rückzahlung pro Tag	10,4 Cent
Zinsen pro Tag	5,2 Cent
Zahlung pro Tag	15,6 Cent

Bei einem täglichen Verbrauch von 3,2 kWh kommen wir jetzt auf einen Preis von 4,88 Cent pro kWh. In Spanien würde dies bedeuten, dass wir über 75% der Stromrechnung (im Vergleich mit der Klimaanlage am normalen Netz) einsparen könnten.

Meine Nachricht an die Hersteller von Klimaanlagen ist völlig simpel: Wenn Sie die Bewohner des 37°-Gürtels darüber informieren, was Sie verkaufen möchten, können Sie ihre Produktionsanlagen auf einen Dreischichtbetrieb umstellen und hätten immer noch damit zu kämpfen, dass Sie die Nachfrage nicht befriedigen können! Mindestens eine Milliarde möglicher Kunden, die auf ein solches Produkt warten! Was brauchen Sie noch, um in die Puschen zu kommen? Sogar wenn Sie den Preis (bei gleicher Leistung) verdoppeln, werden Sie sich vor Kunden nicht retten können, denn in fast allen betroffenen Ländern ist das Stromnetz derart marode, dass die Kunden den Aufpreis akzeptieren werden.

Kapitel 16 • Von Sicherungsautomaten und fehlerhaften Strömen

Wir hatten uns zuvor schon mit Schmelzsicherungen beschäftigt. Es gibt aber auch andere Sicherungen, nämlich solche, die man nicht in den Müll werfen muss, nachdem sie ihre Arbeit getan haben. Die Gesamtheit aller dieser Sicherungen nennt man Schutzschalter. Es gibt derart viele verschiedene Schutzschalter, dass man alleine über dieses Thema ein ganzes Buch schreiben könnte. Wir müssen uns mal wieder auf das Wesentliche beschränken. In jedem Schutzschalter gibt es einen Auslöser und eine Schaltmechanik. Wir hatten schon bei den Schmelzsicherungen gesehen, dass es schnell auslösende Sicherungen gibt und solche mit Verzögerung. Eine solche Verzögerung wird bei den Schutzschaltern häufig mit Hilfe einer kleinen Hydraulik realisiert (wie das genau funktioniert, ist hier nicht von Interesse, man muss nur wissen, dass es so etwas gibt).

Die Grundform des Schutzschalters ist der Leitungsschutzschalter. Wie der Name schon sagt, soll dieser Schalter die Leitung schützen und nicht die angeschlossenen Geräte (diese sollten über eigene Gerätesicherungen verfügen). Kommt eine Gerätesicherung ihrer Aufgabe nicht nach (oder es gibt keine), ist eventuell die Leitung in Gefahr, und dann übernimmt der Leitungsschutzschalter.

Der Auslösestrom eines Leitungsschutzschalters muss dem Querschnitt des Kabels entsprechen, man kann aber einen Leitungsschutzschalter mit einem geringeren Auslösestrom verwenden. In einem solchen Fall würde der Leitungsschutzschalter tatsächlich als Gerätesicherung fungieren. Es sollte immer eine Dokumentation der kompletten Installation vorhanden sein, in der Kabelquerschnitte und zulässige Ströme eingetragen sind (anderenfalls kann bzw. darf man eine solche Reduzierung nie wieder zurücknehmen).

Oftmals liegt eine Staffelung von Schutzschaltern vor. Man hat beispielsweise einen Hauptschalter und dahinter gibt es eine Reihe von Schutzschaltern mit geringeren Auslöseströmen (man hat etwa verschiedene Steckdosenkreise und mehrere Lichtkreise). In einem solchen Fall muss natürlich der Hauptschalter deutlich träger reagieren als die nachgeordneten Sicherungen (nur, weil es in einem Lichtkreis einen Kurzschluss gab, muss ja nicht der Fernseher ausgehen oder anders herum). Der Schutzschalter mit dem zu hohen Strom sollte also eine Chance bekommen, schneller zu sein.

Uns interessiert ein Schutzschalter ganz besonders, und das ist der FI-Schalter (das F steht für Fehler und das ‚I' ist das Formelzeichen für Strom, weshalb er auch als Fehlerstromschalter bezeichnet wird). International wird dieser Schalter RCD genannt, was die Abkürzung für **R**esidual **C**urrent protection **D**evice ist und auf Deutsch Reststrom-Schutzschalter heißen würde (und so rein intuitiv machen weder fehlerhafter Strom noch ein Reststrom irgendeinen Sinn).

Was zum Teufel kann ein Fehlerstrom oder ein Reststrom sein? Zurück zur technischen Basis (ich muss mal wieder etwas weiter ausholen). Nehmen wir an, wir haben eine kleine Inselanlage und die gesamte Verdrahtung zweiadrig und ohne Potentialausgleich oder Erdung durchgeführt (was das ist, sehen wir gleich). Ohne Potentialausgleich oder Erdung ist der gesamte elektrische Kreis potentialfrei schwebend, man kann also jeden Punkt einzeln und gefahrlos anfassen. Wenn wir allerdings zwei verschiedene Punkte gleichzeitig berühren, sieht die Sache ganz anders aus – der Fall könnte tödlich enden. Ich muss noch einmal kurz auf das potentialfreie Schweben zurückkommen. Nehmen wir an, wir haben außerhalb des Hauses die drei Spannungen 100, 500 und 1.000 Volt. Dann messen wir die Spannung zwischen 100 Volt und der elektrischen Installation im Hause und lesen Null Volt ab. Anschließend messen wir die Spannung zwischen 500 Volt und der elektrischen Installation im Hause und lesen Null Volt ab, und das gleiche Ergebnis haben wir auch bei 1.000 Volt. Das Potential der Installation im Hause passt sich also sofort jeder Referenz an (ist also frei schwebend).

Das bedeutet, dass man das blanke Metall an jedem beliebigen Punkt in der elektrischen Installation ohne das geringste Risiko berühren darf. In einer solchen Zweidraht-Installation hätte man allerdings keine Sicherheit im Hinblick auf Fehler. Nehmen wir an, in Ihrer Waschmaschine berührt das Metall eines Kabels das Gehäuse (das sollte es nicht, aber es gibt ja auch Waschmaschinen, die an einem Montag hergestellt wurden). Dann berühren Sie das blanke Metall eines Kabels (Sie vertrauen meinen Worten, dass das völlig ungefährlich ist) während Sie sich auf der Waschmaschine abstützen. Das ist ein Fall von „Tschüs mein Freund, ich sagte doch, dass du nur einen Punkt berühren darfst!" Es scheint also eine gute Idee zu sein, für ein wenig mehr Sicherheit bei der Installation zu sorgen, und ich werde nun erläutern, wie das funktioniert.

Nur um die Kabel unterscheiden zu können nenne ich sie mal L1 und L2 (es handelt sich aber nicht um Drehstrom!). Bei einer Installation nach Stand der Technik darf es nicht möglich sein, L1 oder L2 zu berühren, es sei denn unter Benutzung von Werkzeugen (man nimmt etwa einen Schraubendreher, um das Gehäuse vom Sicherungskasten zu öffnen), aber dann hat man selber Schuld, wenn etwas passiert. Ich nehme an, dass bis hierher alles klar sein sollte.

Jetzt muss ich noch eine Erläuterung einschieben, damit auch die Leser aus anderen Ländern meinen Ausführungen folgen können. Rund um den Globus gibt es 18 Arten (sagt das deutsche Wikipedia) von Stecker-Steckdosen-Kombinationen. Und bei 10 dieser Kombinationen gibt es zwei Möglichkeiten, den Stecker in die Steckdose zu schieben (beide funktionieren gleich gut, und Sie werden gleich sehen, dass die Systeme, bei denen es nur eine Möglichkeit gibt, keinen praktischen Vorteil bieten). Für die jetzt folgende Erläuterung gehe ich von dem System aus, das in Deutschland gebräuchlich ist, bei dem man also zwei Möglichkeiten hat, den Stecker in die Steckdose zu bekommen.

Nun bringen wir einige Geräte ins Haus. Da haben wir etwa den alten Toaster, den wir von Tante Carola geerbt haben; sehr formschön und leicht zu pflegen, denn die Außenseite besteht weitgehend aus rostfreiem Stahl. Im Laufe der Jahre ist die Isolierung der Kabel an dem Toaster brüchig und porös geworden (das kann man von Außen nicht sehen), und als der Toaster irgendwann mal herunterfiel, kam L1 mit dem Gehäuse in Kontakt (1. Fehler). Von Tante Carola haben wir auch noch eine wunderschöne Stehlampe mit einem stabilen Messingfuß geerbt, die Onkel Rudi leider nicht fachgerecht repariert hat. Er hat die Erdung abgeschnitten und eines der anderen Kabel an das Gehäuse angeschlossen (2. Fehler). Zufällig wurde der Stecker der Lampe immer so eingesteckt, dass der Fehler keine

Auswirkungen hatte. Wir haben zwei Fehler im System, aber noch gibt es im Hause keine Gefahren durch die elektrische Installation. Noch nicht!

Eines Tages ist der Toaster beim Backen im Weg und wird zur Seite gestellt. Als der Kuchen fertig ist, kommt der Toaster wieder auf seinen Platz, aber der Stecker wird anders herum eingesteckt. Jetzt haben wir eine tödliche Gefahr im Haus, denn zwischen Stehlampe und Toaster liegen 230 Volt Wechselspannung an. Das kann jahrelang oder auch nur wenige Sekunden gut gehen. Es hängt nur davon ab, ob wir, aus welchem Grund auch immer, Toaster und Lampe gleichzeitig anfassen (und die müssten noch nicht einmal eingeschaltet sein!).

Damit eine solche Situation nicht auftreten kann, ist zwingend vorgeschrieben, dass es einen Potentialausgleich (wird jetzt erläutert) geben muss. Dieser Potentialausgleich wird an alle metallischen Gehäuse von elektrischen Geräten und an alles Metallische, das fest eingebaut wurde und Kontakt zu einem elektrischen Betriebsmittel hat, angeschlossen. Dazu gehört auch die Badewanne, wenn man eine elektrische Pumpe verwendet; die Rohre und Heizkörper der Heizung (Pumpe!) und die metallische Unterkonstruktion der PV-Anlage; also alles, was bauartbedingt mit einem Kabel Kontakt haben könnte. Ganz wichtig: Die Schutzkontakte von sämtlichen Steckdosen (also die hoffentlich verlegten grün-gelben Kabel; meistens werden 2,5-mm^2-Kabel hinreichend sein) werden auch an den Potentialausgleich angeschlossen. Bei Rohren, wie wir sie etwa bei der Zentralheizung finden, genügt es, einen einzelnen Punkt mit dem Potentialausgleich zu verbinden. Dieses gesamte Verbindungsnetz ist der Potentialausgleich, das heißt, alle diese Metallteile haben das gleiche Potential (welches elektrische Potential das ist, ist zunächst völlig gleichgültig).

Wir werfen jetzt noch einmal einen Blick auf den Toaster. Das Metallgehäuse ist mit dem Potentialausgleich verbunden und, je nachdem wie der Stecker eingesteckt wurde, ist entweder L1 oder L2 in Kontakt mit dem Gehäuse. Das stellt kein Problem dar, denn das Potential des Kabels ist genauso frei schwebend wie das vom Potentialausgleich. Durch den (eigentlich ungewollten) Kontakt zwischen den beiden wird lediglich bewirkt, dass beide das gleiche Potential haben. Man könnte sagen, dass es sich um eine Generalisierung des Prinzips „Du kannst jeden einzelnen Punkt gefahrlos berühren!" handelt.

Jetzt verbinden wir L1 mit dem Potentialausgleich. Die gesamte Installation im Haus hat immer noch ein frei schwebendes Potential im Vergleich mit allem außerhalb des Hauses, aber L2 ist nicht mehr frei schwebend in Bezug auf das Haus. Wenn ich jetzt den Stecker vom Toaster nehme und ihn so in die Steckdose einstöpsel, dass der Leiter, der Kontakt mit dem Gehäuse hat, mit L1 in Verbindung kommt, wird nichts passieren, denn das Gehäuse hatte sowieso das gleiche Potential. Wenn man den Stecker aber anders herum einsteckt, hat man einen Kurzschluss zwischen L2 und über den Potentialausgleich mit L1. Die Sicherung wird sofort auslösen und die mögliche Gefahr beseitigen. Der Fehler im Toaster stellt also keine Gefahr mehr dar.

Mit der Stehlampe ist die Situation etwas anders, denn das grün-gelbe Kabel wurde nicht mit dem metallischen Standfuß verbunden, sondern eines der anderen Kabel. Je nachdem, wie der Stecker in die Steckdose gesteckt wird, ist es also entweder ungefährlich oder es kommt zu einem potentiell tödlichen Effekt. Pfusch dieser Art sind die Begründung, warum viele Elektriker meinen, dass es Laien generell verboten sein sollte, elektrische Geräte zu verändern oder zu reparieren (sie haben mich nicht bestochen und sie haben weitgehend recht; wenn man andererseits unterstellt, dass sie ihre Pfründe sichern wollen, hat der Gedanke, dass diese Forderung nicht ganz uneigennützig ist, sicherlich auch seine Berechtigung; es bleibt aber die Feststellung, dass Sie sich keine Vorstellung davon machen, wie viele Rudis es in der Welt gibt).

Durch die Einführung des Potenzialausgleichs haben wir dafür gesorgt, dass es in der gesamten Anlage zwar Fehler geben darf, aber nur harmlose, es sei denn, man hat einen Onkel Rudi. Nur so nebenher: Es ist ziemlich einfach, die Geräte im Haus zu prüfen, um festzustellen, ob sich ein Rudi an ihnen zu schaffen gemacht hat; nehmen Sie ein Multimeter und messen Sie den Widerstand zwischen Gehäuse und dem Schutzkontakt; ist dieser Widerstand gleich Null, dann ist alles in Ordnung und es gibt keine versteckten und möglicherweise tödlichen Fehler; wenn Sie irgendeinen anderen Wert messen, geben Sie das Gerät an den Elektriker Ihres Vertrauens)

Ganz generell kann man sagen, dass fast kein Mensch den Begriff Potentialausgleich kennt, und falls doch, wird er mit der Erdung verwechselt. Dies liegt daran, dass es bei einer normalen Hausinstallation mit einer Verbindung zum Stromnetz keinen Unterschied zwischen den beiden gibt, denn sie sind identisch. Wir reden hier aber über Solaranlagen (eventuell auch Inselanlagen), weshalb wir Potentialausgleich und Erdung unterscheiden müssen. In dem Augenblick, in dem man den Potentialausgleich mit Erdpotential verbindet (entweder mit Hilfe des Erdankers im Fundament oder durch Verwendung der GND-Leitung des Netzes), bekommen die Kabel im Hause sofort andere Namen. Der Potentialausgleich mit dem grün-gelben Kabel ist jetzt GND oder Schutzerde; das Kabel, das gleich beim Hausanschluss mit der Schutzerde verbunden wird, nennt sich jetzt N (für neutral) und das übrige Kabel nennt sich L (früher war es P für Phase). Wenn man einen Netzanschluss im Haus hat, ist die Erdung des Potentialausgleiches zwingend vorgeschrieben. Wenn man hingegen eine Inselanlage hat (wir kommen im nächsten Kapitel darauf zurück), ist die Erdung eine Option. Ob man erdet oder nicht, ändert nichts an der Sicherheit der Installation!

Um diesen Aspekt abschließen zu können (schließlich geht es hier ja um Sicherungsautomaten), muss ich noch erläutern, warum die Erdung bei einem Hausanschluss zwingend erforderlich ist. Bei der Energieverteilung werden praktisch immer drei Kabel verwendet, obwohl eigentlich vier erforderlich wären (wenn die Last auf den drei Phasen nicht identisch ist, fließt ein Ausgleichsstrom über den - nicht vorhandenen - Neutralleiter). Da dieser Strom generell recht klein ist, verzichtet man auf das Kabel und nimmt die Erde als Ersatz (das geht tatsächlich!). Am Endpunkt der Leitung verbindet man den Erdanker mit N und GND und tut beim Hausanschluss so, als wären diese verschieden. Wenn man im Haus sofort N mit dem eigenen Erdanker verbindet, ist alles völlig korrekt.

So, das war jetzt wieder eine sehr lange Einleitung, bevor ich zum Hauptpunkt des Kapitels kommen kann, den FI-Schalter. Wir haben ja gerade gesehen, dass wir mit unserer Schaltungstechnik dafür sorgen können, dass die Sicherung sofort fliegt, wenn eine potentiell gefährliche Situation entsteht. Aber wir haben hierdurch eine andere Gefährdung in die Installation eingebaut. Jetzt nehmen wir an, wir hätten einen 16 Ampere-Sicherungsautomaten, an dem alle Geräte in der Küche angeschlossen sind. Der Anschluss des Wasserhahns in der Küche ist etwas undicht. Wassertropfen für Wassertropfen fällt auf ein Kabel, das von der Steckdose zum Kühlschrank führt. Die Tropfen wandern das Kabel entlang und gelangen so in die Steckdose. Das Wasser stellt den Kontakt zu L_2 her, läuft die Wand herab auf die Fliesen und macht den Mörtel zwischen den Fliesen leitfähig.

In der folgenden Beschreibung nenne ich die Kabel L_1 und L_2, denn in einer PV-Anlage kann man jedes der beiden Kabel vom Wechselrichter zu P oder N machen, so man einen Potentialausgleich hat.

Es ist ein schöner Morgen, Sie freuen sich schon auf das Frühstück und gehen barfuß in die Küche, um schon mal das Teewasser aufzusetzen. Ihre Füße stehen (zumindest teilweise) auf den feuchten Fugen und Sie greifen zum Wasserhahn (ein teures Modell und aus massivem Metall). Wir haben jetzt einen Strom, der von L_2 in der Steckdose über den Fußboden durch ihren Körper hindurch zum Wasserhahn fließt und über den Potentialausgleich nach L_1. Dieser Strom bewirkt, dass sich Ihre Muskeln verkrampfen (Sie können den Wasserhahn nicht mehr loslassen) und auch Ihre Atmung stockt. Und der Sicherungsautomat lächelt und sagt: „50 Milliampere sind voll in Ordnung, alles im grünen Bereich!" Der menschliche Körper hat einen Widerstand von ungefähr 5 kΩ; 230 Volt / 5 kΩ = 46 mA. Sie sollten wissen, dass ab 10 Milliampere Muskelkrämpfe einsetzen (können) und dass bei Strömen zwischen 30 und 50 Milliampere die Atmung versagen kann; normale Sicherungsautomaten (oder Sicherungen) haben keinerlei Möglichkeit, einen solchen Strom zu erkennen.

Ein FI-Schalter ‚zählt' die Elektronen, die über L_2 hereinfließen und über L_1 wieder hinausfließen (oder anders herum, wenn der Wechselstrom seine Richtung umkehrt). Solange diese Anzahl in beiden Kabeln identisch ist, bleibt der Schalter eingeschaltet und ein Strom fließt durch den elektrischen Verbraucher R_L.

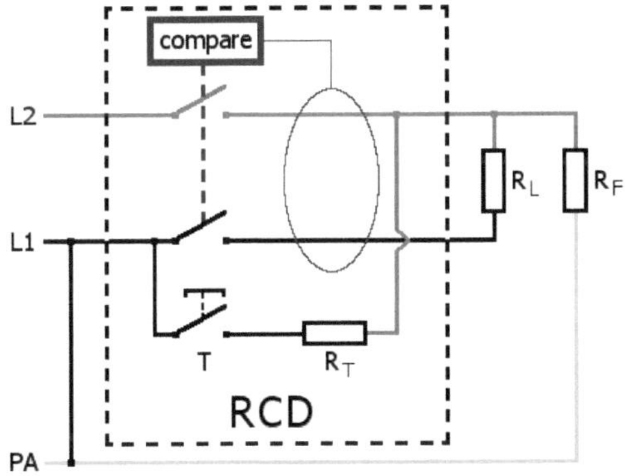

Abbildung 19: Schaltbild für einen FI-Schalter

Fließt jetzt also ein Strom von L2 durch unsere Füße und Körper (R_F) zum Wasserhahn und von dort (unter Umgehung des Elektronenzählers) auf dem Potentialausgleich zurück zu L1, dann ergibt sich beim Zählen der Elektronen eine Differenz. Wenn wir eine Differenz beim Zählen haben, fließt irgendwo ein Strom auf einem Weg, der nicht eingeplant war.

Also haben wir einen Fehler. Der FI-Schalter (RCD) löst aus und schaltet den Strom ab. Das geschieht derart schnell, dass keine bleibenden Schäden im menschlichen Körper entstehen können.

In der Abbildung gibt es noch einen Druckknopf (T für Test) und einen Widerstand R_T; dieser Widerstand hat den gleichen Wert wie ein typischer menschlicher Körper. Wenn der Schalter gedrückt wird, sieht es für den FI-Schalter (RCD) so aus, als wenn sich jemand in tödlicher Gefahr befände, und der Strom wird sofort allpolig abgeschaltet (auch der RCD unterscheidet nicht zwischen N und L). Wenn Sie unangenehme Erfahrungen mit elektrischem Strom vermeiden möchten, drücken Sie zwei- oder dreimal im Jahr auf diesen Knopf, um sicherzugehen, dass der FI-Schalter noch Wache steht.

Damit haben wir jetzt auch die Erklärung für die Namen. Es ist ein Fehlerstromschalter, weil er schaltet, wenn durch einen Fehler ein Strom ermöglicht wird, der nicht sein sollte. Auch der Name Reststromschalter lässt sich nun herleiten, denn wenn man die Ströme auf L1 und L2 voneinander subtrahiert, bleibt ein Rest übrig, und wenn der Rest hinreichend groß ist, wird abgeschaltet.

Normale Schutzschalter treten also in Aktion, wenn zu große Ströme fließen, und das geschieht, wenn ein Kurzschluss entsteht oder wenn zu viele Verbraucher gleichzeitig eingeschaltet sind. Einen sogenannten Kriechstrom können diese Schutzschalter nicht bemerken.

Ein FI-Schalter hingegen kann nur einen solchen Strom bemerken. Natürlich befinden sich hierin keine Elektronenzähler (der Weihnachtsmann existiert ja auch nicht). Man nutzt den Effekt aus, dass Ströme durch einen Leiter ein Magnetfeld erzeugen. Durch die räumliche Anordnung sorgt man dafür, dass sich die beiden Magnetfelder normalerweise gegenseitig exakt aufheben. Wenn wir einen Kriechstrom haben, ist eines der beiden Magnetfelder etwas schwächer, und ‚von außen' ist ein Magnetfeld nachweisbar, das die Schaltmechanik auslöst. Man kann extrem empfindliche FI-Schalter bauen.

Wir kommen mal wieder zu dem Häuschen in den andalusischen Bergen. Jan de Witt hatte beschlossen, dass er einen Großteil der Arbeiten für seine PV-Anlage selbst durchführen wollte. Die meisten Stecker und Steckdosen waren überhaupt nicht dort, wo er sie gerne gehabt hätte, und er traute sich durchaus zu, Schlitze in die Wand zu fräsen, Kabel darin zu verlegen und die Wand wieder zu verputzen. Zunächst machte er einen Plan, wo er Steckdosen, Schalter und Lampen haben wollte, legte fest, wo die Batterie untergebracht werden sollte (in einem kleinen Anbau auf der Nordseite des Hauses). Die ganze Elektronik und der Sicherungskasten sollten bleiben, wo sie waren. Er plante mehrere Stromkreise, die alle einzeln abgesichert sein sollten, und einen FI-Schalter, von dem aus die einzelnen Schutzschalter ihren Strom beziehen sollten.

Dann bestellte er alle Komponenten und machte sich an die Arbeit, wozu er sich einen kleinen Generator und verschiedene Werkzeuge bei einem professionellen Verleiher borgte. Dann kamen die Kabel in die Schlitze in den Wänden und Decken (er hatte einen spanischen Trick gesehen; man nehme schnell abbindenden Gips, halte die Kabel dort fest, wo sie hin sollen und drückt alle 20-30 cm eine Hand voll Gips drauf; am nächsten Tag kann man den Schlitz normal verputzen, ohne dass die Kabel dauernd herausfallen).

Anfang März trafen alle Komponenten der PV-Anlage so langsam ein und er baute die Anlage zusammen. Nach einem regnerischen Wochenende (das gibt es auch in Andalusien) war alles fertig und er hatte seinen Wechselrichter auch schon mal mit einer Glühlampe getestet. Dann kam der große Moment: Er aktivierte den FI-Schalter und beim Reindrücken des ersten Schutzschalter gab es ein vernehmliches Klack-Geräusch. Der FI-Schalter hatte ausgelöst! Er probierte alle möglichen Kombinationen aus, aber jedes Mal verweigerte der FI-Schalter den Dienst.

Jan de Witt erinnerte sich daran, dass man solche Fehler nur nach dem Motto „Teile und Herrsche" finden kann. Also zog er alle Stecker wieder heraus (in seiner Vorfreude hatte er sogar schon seine alte Stereoanlage angeschlossen). Er drückte nochmal den FI-Schalter rein und hörte sofort wieder ein Klack! Er probierte hin und her, aber er hatte keinen einzigen Stromkreis ohne Fehlfunktion. Er war den Tränen nah und machte sich zu Fuß auf ins Tal zu Pacos Bar.

Am nächsten Tag, die Frühlingssonne brannte schon richtig kräftig, sah er seine PV-Anlage (und insbesondere den Sicherungskasten) an, als wären sie Verräter. Am späten Nachmittag überwand sich Jan und machte sich wieder an die Arbeit; er kontrollierte jedes einzelne Kabel, jede Verbindung, einfach alles. Und alles war so, wie er meinte, dass es auch sein soll. Kurz bevor es dunkel wurde, verlegte er ein paar normale Verlängerungskabel und schloss ein paar Lampen direkt am Wechselrichter an. Das funktionierte, also am Wechselrichter konnte es eigentlich nicht liegen.

Abends stand er mit einem Glas Rotwein in der Hand vor dem Sicherungskasten, und starrte ihn an, als ob er Kraft seiner Gedanken den Fehler beheben könnte. Nur um zu zeigen, dass er noch lange nicht aufgegeben hatte, betätigte er die verschiedenen Schalter und stutzte plötzlich beim dritten Stromkreis: Es hatte nicht „Klack" gemacht! Ein Fehler, der sich selbst repariert? Das kann es nicht geben, aber trotzdem war es so!

Weil Sie meiner kleinen Erzählung so nett gefolgt sind, kommt jetzt auch die Auflösung des Rätsels. Beim Wort ‚Isolierung' denkt man automatisch, dass da nichts durchkommt. Aber diese Ansicht ist falsch. Es kommt nur so wenig durch, dass es in technischen Systemen normalerweise nicht relevant ist. Jan hatte die Kabel direkt in der Wand verlegt, und durch den Regen war die Wand leicht feucht geworden (Sie glauben doch wohl nicht, dass ein spanischer Bauunternehmer wasserfeste Farbe benutzt, wenn es nicht extra bezahlt wird!). Er hatte also einen Stromfluss von L2 (also der Phase) durch die Isolation der Kabel hindurch in die Wand hinein und von dort hinunter zum Erdboden und weiter zu seinem Hauserder und von dort zu L1. Da der Kontaktpunkt zwischen Erdung und L1 vor dem FI-Schalter liegt, der Fehlerstrom hinter dem FI-Schalter abgeht und ein Strom dieser Stärke gefährlich hätte sein können, war die Entscheidung des FI-Schalters absolut richtig und klar. Abschalten!

Jan de Witt war nun ein wenig schlauer, denn er wusste jetzt, warum Plastikrohre in die Wände kommen und warum die Kabel dann in diesen Rohren verlegt werden. Jan brauchte ein paar Tage, um die Wände noch einmal aufzustemmen und alle Kabel noch einmal neu zu verlegen (noch schnell ein Tipp: das Plastik-Wellrohr immer so verlegen, dass keine Feuchtigkeit eindringen kann bzw. diese gegebenenfalls eine Möglichkeit hat, wieder abzufließen; das heißt insbesondere: keine Wellrohre im Boden!).

Als alles wie geplant funktionierte, rief er den Elektriker wegen der technischen Abnahme an (die brauchte er eigentlich nicht, denn das Haus war sowieso nicht versichert, aber er wollte sichergehen, dass er nichts falsch gemacht hatte). An dem Tag, als der Elektriker kommen sollte, entfernte er morgens das Kabel zwischen Wechselrichter und Sicherungskasten. An den Wechselrichter schloss er provisorisch einen Mehrfachstecker an, um den Kühlschrank zu versorgen.

Am Nachmittag kam der Elektriker, warf einen Blick auf die Dokumentation und begann mit seiner Inspektion (Jan hatte alle Verteilerdosen offen gelassen, weil es schnell gehen sollte). Dann ging der Elektriker zum Sicherungskasten und verfolgte mit dem Finger die einzelnen Kabel (Jan hatte sich viel Mühe gegeben, keine Drahtknäule zu produzieren; alle Kabel waren gerade so lang, dass man sie noch leicht beiseite drücken konnte, aber direkt zu den Klemmen führten). Nach wenigen Minuten holte der Elektriker schon das Abnahmeformular heraus und füllte es aus, unterschrieb und stempelte es.

Während der Elektriker davon fuhr, ging Jan zum Kühlschrank und holte eine perfekt temperierte Flasche Cava (das spanische Äquivalent für Champagner) der 50-Euro-Klasse heraus. Er nahm die Flasche und ein Glas mit auf seine kleine Terrasse und setzte sich in die frühe Abendsonne. Er füllte das Glas und prostete dem Strommast im Tal zu. Jan glühte vor Stolz! Es war wirklich nicht einfach gewesen, aber der Beweis war erbracht: Auch ein Volkswirtschaftler kann eine Solaranlage planen und bauen!

Nur um einen Sachverhalt noch einmal klar zu stellen: Dieses Kapitel soll nicht dazu dienen, Ihnen zu beschreiben, wie man eine 230-Volt-Installation fachgerecht realisiert. Sein Zweck besteht darin, Ihnen zu erläutern, warum bestimmte Dinge auf eine festgelegte Art und Weise erledigt werden (müssen). Viele ‚Amateure' verzichten auf FI-Schalter in ihrer Installation und es gibt weder einen Potentialausgleich noch eine Erdung. Ich hoffe, Sie haben verstanden, dass dies keine gute Idee ist und dass man auf diese Weise einiges bei einer solchen Installation falsch machen kann.

Wenn Sie mit einer 12-Volt-Batterie eine Schaltung aufbauen, geht von ihr keine Gefahr aus (zumindest nicht wegen der Spannung; und wenn es eine Sicherung direkt am Pluspol gibt, auch ansonsten nicht). Wenn Sie aber Verkabelungen vornehmen, auf denen später 230 Volt liegen sollen, könnte eine Anklage wegen fahrlässiger Tötung im Bereich des Möglichen liegen (machen Sie also nicht den Onkel Rudi!).

Vor einiger Zeit ging folgende Geschichte durch die deutsche Presse. Jemand hatte eine Lampe nahe der Eingangstür seines Hauses. Eines Tages wurde diese Lampe beschädigt und der Besitzer des Hauses kaufte sich eine neue Lampe, war aber mit der Anbringung überfordert. Also bat er seinen Nachbarn um Hilfe. Dieser kam mit Leiter und Bohrmaschine und brachte die neue Lampe an. Jahre später sollte die Fassade isoliert werden; beim

Aufstellen des Baugerüstes fasste einer der Arbeiter die Lampe an, fiel vom Baugerüst und verletzte sich schwer. Ursache war, dass eine Befestigungsschraube das Kabel durchbohrt hatte und Phase auf dem Gehäuse lag. Der hilfreiche Nachbar wurde verurteilt, sämtliche Schäden zu bezahlen.

Also noch einmal: Ihre Finger haben dort, wo eine Verbindung zu Spannungen über 50 Volt AC oder über 120 Volt DC hergestellt wird, nichts zu suchen! Sie können alle Kabel verlegen und auch alle Verbindungen herstellen, solange Sie keine hohe Spannung führen. Der letzte Schritt, nämlich die Verbindung mit der hohen Spannung, ist die Aufgabe eines qualifizierten Elektrikers (nachdem er die gesamte Anlage inspiziert hat). Ja, das kostet Geld, aber Sie geben es zu Ihrer eigenen Sicherheit aus.

Kapitel 17 • Blitzschutz

Dies ist ein sehr komplexes Thema. Ich beschränke mich deshalb darauf, einige Sachverhalte zu erläutern. Keine dieser Erläuterungen darf als Grundlage für eine tatsächliche Anlagenplanung verwendet werden (und wenn, dann voll auf eigenes Risiko; noch besser ist es, einen echten Fachmann zu Rate zu ziehen, also jemanden, der Blitzschutzanlagen auch technisch abnehmen darf).

Gewitter und sogar plötzliche Blitze ohne Gewitter sind (fast) überall und jederzeit möglich. Es gibt Gebiete, in denen die Gefahr von Blitzschlägen sehr hoch ist, und es gibt Stellen, an denen die Einschlagwahrscheinlichkeit für einen Blitz nahe Null liegt, etwa Ihr Haus, wenn es direkt neben einem Hochspannungsmast steht (der Blitz schlägt dann dort ein; aber absolut sicher ist das auch nicht).

Zunächst müssen wir uns ansehen, was bei einem Blitzschlag überhaupt geschieht. Wir haben einerseits statisch aufgeladene Luftschichten und als Gegenpol die Erde mit ihrem Potential. Durch Zusammenstöße (vermutlich mit kosmischer Strahlung) ionisieren immer wieder ein paar Atome oder Moleküle, und durch die Spannung zwischen Luftschicht und Erde wandern das Elektron und das Ion auseinander; meistens finden die Teilchen schnell wieder einen neuen Partner und es passiert nichts weiter. Ist die Spannung aber so groß, dass die Teilchen, bevor sie wieder einen Partner finden können, so stark beschleunigen, dass sie andere Moleküle ionisieren können, dann haben wir die Keimzelle eines Blitzes.

Rasend schnell verlängert sich ein leitfähige ‚Faden' (nach aktueller Expertenmeinung ist er nur fingerdick) in der Luft und verbindet die aufgeladene Luftschicht mit der Erde. Je mehr elektrische Energie durch diesen ‚Faden' fließt, desto heißer und breiter wird er (seine Leitfähigkeit nimmt also sehr schnell zu). Da zwischen der Erde und der aufgeladenen Luftschicht Spannungen von über einer Millionen Volt liegen können, werden jetzt gigantische Energiemengen im Bruchteil einer Sekunde in Wärme umgesetzt. In diesem Plasmakanal fließen durchaus Ströme bis zu 100.000 Ampere und die Luft explodiert (das bewirkt den Donner, den wir hören)!

Nun gehen wir kurz der Frage nach, wo der Blitz denn gerne einschlägt. Es gibt im Physikunterricht ein paar nette Versuche, bei denen man zunächst zwischen einer Platte und einer mittelgroßen Kugel eine Hochspannung erzeugt und die Spannung so lange erhöht, bis ein Blitz entsteht. Dann wiederholt man den Versuch mit immer kleineren Kugeln, bis man einen spitzen Dorn hat. Das Ergebnis ist, dass die Entladung um so früher erfolgt, je kleiner der Radius der Kugel ist. Das heißt auf das Gewitter angewendet, dass der Blitz gerne in die Gegenstände einschlägt, die ‚spitz' sind, leitfähig und sich dem Himmel entgegen recken (wenn man bei Gewitter schwimmen geht, dann kann das Stückchen Kopf, das aus dem Wasser ragt, einen deutlichen Unterschied machen; also bitte unterlassen). Auch Bäume und Gebäude bieten sich als Ziele für Blitze an.

So, zurück zur Photovoltaik-Anlage. Wir haben also einige Panele auf dem Dach, und von dort geht das Kabel runter zum Solar-Controller und dann in die Batterie. Sie haben irgendwann einmal gelesen, dass der Minuspol mit der Erde zu verbinden ist und das auch eines der beiden Kabel auf der Wechelspannungsseite eine Verbindung mit Erde aufweisen soll. Nun zieht ein Gewitter auf und die Spannung zwischen Erde und Wolke steigt rapide an. Jetzt können wir feststellen, dass wir uns eine Blitzlockanlage gebaut haben. Der Leitblitz (also dieser dünne ionisierte Luftfaden) rast in Richtung Erde und versucht, überall den Weg des aktuell geringsten Widerstandes zu gehen (deshalb sehen Blitze auch zickzackförmig aus). Dann kommt der Leitblitz in die Nähe unseres Hauses und er spürt, dass er sich durch die Photovoltaikanlage hindurch ein paar schwierige Meter sparen kann (jemand hat da freundlicherweise ein paar gut leitende Kabel verlegt). Nach 1.000 Metern durch die Luft ist ein Millimeter Glas oder Plastikisolierung ja nun wirklich kein Hindernis.

Jetzt wollen 100.000 Ampere durch unsere Photovoltaikanlage krachen. Sie können damit rechnen, dass Kabel und Steckdosen aus der Wand geschossen kommen und dass alle elektrischen Verbraucher, die zufällig gerade eingeschaltet waren (also auch der teure Sinuswechselrichter), anschließend nur noch Schrott sind. Es ist kein Schauermärchen, dass Blitze auf ihrem Weg auch brennbares Material entzünden, was die Katastrophe deutlich vergrößern könnte. Blitze möchte man definitiv nicht im Haus haben!

Somit kommen wir zur zweiten Frage. Wie kann ich verhindern, dass das Gewitter meine Solaranlage vernascht? Ganz einfach: Wir bieten ihm etwas aus seiner Sicht Besseres an, was uns aber sehr viel weniger kostet, als einen Wechselrichter.

An dieser Stelle muss ich noch einmal betonen, dass man bei unsachgemäßer Umsetzung vielleicht einen Schaden überhaupt erst möglich macht (ohne unser Lockangebot in Form einer Blitzschutzanlage hätte der Blitz keine Motivation gehabt, uns überhaupt zu besuchen). Fragen Sie also einen Fachmann auf dem Gebiet, oder Sie tragen das komplette Risiko. Nehmen wir an, Sie bauen die Anlage selbst und es kommt zu einem Blitzschaden. Sie rufen Ihre Versicherung an, die schickt einen Sachverständigen, und der findet garantiert etwas, was nicht normgerecht war. Im Ergebnis sehen Sie dann keine einzige Eurone von der Versicherung - entweder nimmt also ein Fachmann die Blitzschutzanlage ab oder Sie können sich auch gleich die Versicherungsprämie sparen.

Wenn Sie sich eine Blitzschutzanlage auf einem normalen Dach anschauen, sehen Sie oben auf dem First eine durchgehende Stange (vom Blitz aus gesehen schon mal ein angenehm kleiner Radius) und in jeweils einigen Metern Abstand ragt eine kurze Stange gen Himmel, vom Blitz aus gesehen richtig lecker (fachlich korrekt nennen sich diese Stangen Fangstangen und das ganze Gestänge ist meistens aus Aluminium, denn Aluminium schützt sich selbst gegen Korrosion). Diese Stangen sind alle miteinander verbunden, und außen (!!!) am Haus wird eine genauso dicke Stange an der Wand entlang abwärts nach unten geführt und ist dort mit der Gebäudeerdung oder einem Ringerder verbunden (bei größeren Dächern führen auch mehrere Ableitungen vom Dach zum Boden). Das ist die perfekte Verlockung für jeden Blitz.

Jetzt sehen wir uns an, was im Verlaufe eines Blitzlebens weiter geschieht. Der Leitblitz kommt aus der Wolke geschossen und entdeckt eine elektrisch leitende Stange, die in den Himmel zeigt und aus der heraus ihm Elektronen entgegen kommen (in der Seefahrt nennt sich das Elmsfeuer; kurz vor oder während eines Gewitters erscheinen bläulich schimmernde Lichter an und über elektrisch leitfähigen Gegenständen; Elektronen schießen aus dem Metall und ionisieren die Luft; eine willkommene Abkürzung für den Blitz).

Jetzt kommen wir nochmal auf das Thema Sicherungen zurück. Dort hatte ich erläutert, dass normale Schmelzsicherungen für sehr kurze Zeiten sehr hohe Ströme vertragen; erst wenn es zu lange dauert, schmilzt die Sicherung. Nichts anderes ist eine solche Blitzschutzanlage. Man kennt die Energie, die ein Blitz normalerweise haben könnte, und macht die Verbindungen so dick, dass sie die Energie eines Blitzes sicher in den Erdboden ableiten können (bevor sie schmelzen). Was mit einer Blitzschutzanlage bewirkt wird, ist also schlicht Folgendes: In Metern gemessen ist der Weg um das Haus herum zwar länger, aber elektrisch betrachtet ist er sehr viel kürzer, weshalb der Blitz den Weg um das Haus herum nimmt. Genau das ist das Ziel der gesamten Übung!

Wir haben den Blitz jetzt erfolgreich um das Haus herum geleitet; wie geht es jetzt weiter? Auf jeden Fall stößt der Blitz jetzt auf echte Schwierigkeiten, denn das Erdreich ist bei Weitem nicht so leitfähig wie unser Blitzableiter oder ionisierte Luft. Obwohl das fachlich nicht wirklich korrekt ist, gehen wir einmal davon aus, dass wir einen einzelnen Erdnagel verwenden, um den Blitz in den Boden zu bekommen. Die Energie kommt in dem Erdnagel an und sucht jetzt nach dem einfachsten Weg, um weiterzukommen. Die Energie breitet sich daher kegelförmig vom Erdnagel her im Boden aus.

Wir hatten ja schon gesehen, dass ein Strom, der durch einen Widerstand fließt, eine Spannung über den Widerstand erzeugt. Folglich schießt die Spannung gemessen am Erdnagel gegenüber dem Erdpotential in der Ferne in die Höhe, denn der Erdboden hat einen hohen Widerstand und der Strom ist groß. Dann beginnt der Blitz zusammenzubrechen, der Strom wird wieder kleiner und alles ist überstanden.

An diesem Ablauf ist eigentlich nur noch störend, dass das Potential an unserem Erdnagel in die Höhe schoss. Wenn wir mehrere Erdnägel nehmen und diese elektrisch miteinander verbinden, bildet sich an jedem Erdnagel ein ‚Stromkegel' aus und der Widerstand des Erdbodens für die Blitzenergie ist deutlich kleiner, folglich ist der Sprung der Spannung kleiner.

Häufig arbeitet man aber nicht mit Erdnägeln, sondern nutzt gleich das gesamte Fundament eines Gebäudes als Erdanker (die Moniereisen im Beton sind miteinander verbunden; Beton leitet zwar nicht besonders gut, aber das macht der Boden auch nicht). Da die Moniereisen sowieso erforderlich sind, bekommt man seinen riesengroßen Erdanker praktisch geschenkt. Wenn es sich aber nun um ein altes Gebäude handelt, muss man auf einer hinreichend großen Fläche korrosionsbeständige Erdnägel einbringen und quasi ein Fundament simulieren. Wegen der Abstände zwischen den Erdnägeln und ihrer Anzahl fragen Sie einen zugelassenen Fachmann. Der kann Ihnen auch beantworten, ob Sie einen Ringanker brauchen.

Hin und wieder findet man den Vorschlag, man könne doch eine alte Motorhaube vom Auto vergraben und als Erdanker mit dem Blitzschutz verbinden. Dies ist aus zwei Gründen nicht besonders sinnvoll. Erstens macht es elektrisch praktisch keinen Unterschied, ob man einen Erdanker mit drei Zentimeter Durchmesser hat oder einen mit einem Meter. Wichtig ist es, dafür zu sorgen, dass der Ausbreitungskegel deutlich vergrößert wird. Der zweite Grund ist Korrosion. Was glauben Sie, wie lange eine alte Motorhaube im Boden überlebt? Anfangs haben Sie vielleicht eine minimal bessere Ableitfähigkeit, aber nach 10 Jahren ist die ganze Motorhaube nur noch Rost und Sie haben überhaupt keine Ableitfähigkeit mehr. Anders ausgedrückt: Ihre Blitzschutzanlage hat sich in eine Blitzlockanlage verwandelt, und Sie wissen das nicht einmal!

Ich habe mir nicht umsonst so viel Mühe mit diesen Ausführungen gegeben, denn jetzt kommt etwas, das Sie ohne diese Erklärungen nicht verstehen könnten. Wir nehmen einmal an, dass Sie eine ganz normale Hausinstallation haben, und diese Installation muss geerdet sein. Wo wird sie geerdet? Genau, im Fundament! Wenn der Blitz sich also über unseren Blitzschutz entlädt, kann die Spannung unserer Erdung durchaus auf einige tausend Volt ansteigen im Vergleich zur sogenannten Fernerde. Da das ganze Haus diesen Spannungssprung mitmacht, kann den Einwohnern übrigens nichts passieren.

Das Problem besteht aber darin, dass die Erdung für einige Momente eine deutlich höhere Spannung aufweist als die Wechselspannung, die von außen über das Kabel kommt. Wenn wir hiergegen nichts unternehmen, würden wir uns den Blitz über die Erdung selbst ins Haus holen. Aber man kann es auch positiv sehen: Das Haus ist gerettet und der größte Teil der zerstörerischen Energie ist schon mal weg. Jetzt kommen wir zu der Frage, wie wir auch mit dem Rest fertig werden.

Der Blitzschutz wird generell dreistufig ausgelegt (Grob-, Mittel- und Feinschutz). Auf der ersten Stufe (die hatten wir gerade) haben wir den Blitz mit seiner riesigen Energie um das Haus herum und dann in den Boden hineingeleitet. Damit sich diese Energie nicht doch noch einen anderen Weg sucht, sollte zwischen dieser Ableitung und anderen elektrisch leitenden Teilen (die man für schützenswert hält) ein Mindestabstand von 50 Zentimetern eingehalten werden. Hierdurch wäre der Grobschutz gegeben, der (in Deutschland) als Typ-1-Schutz bezeichnet wird.

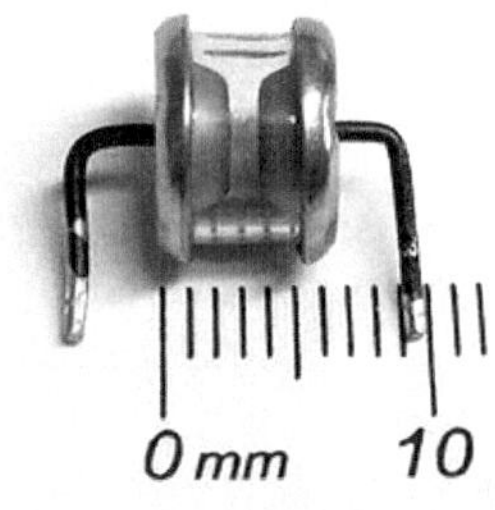

Abbildung 20: Ein Überspannungsableiter

Ohne einen weiteren Schutz würde die Restenergie durch sämtliche Kabel im Haus wandern. Hier greift der Mittelschutz ein, der idealerweise überall dort installiert ist, wo Kabel ins Haus kommen (dieser Schutz nennt sich entsprechend Typ 2 und es handelt sich um Überspannungsableiter; sie schützen komplette Schaltanlagen/ Hausinstallationen). In der

Abbildung sehen wir ein solches Bauteil (Quelle: Wikipedia; Ulfbastel; public domain). Sie bieten folgende Vorteile: Sie sind robust, preiswert (3-5 Euro pro Stück), zuverlässig und haben eine sehr hohe Ableitfähigkeit. Der einzige gravierende Nachteil besteht darin, dass die Entladung auch bei kleineren Spannungen (also 230 Volt) erhalten bleiben kann.

Um den Innenraum zu schützen, wird die Erde mit dem stromführenden Kabel über einen Überspannungsableiter verbunden. Die Überspannung wird abgeleitet und die Impulsenergie in Wärme umgewandelt – die Polung spielt dabei keine Rolle. Kommt eine zu hohe Spannung über das Netz von Außen (das kann auch über ein Telefonkabel sein), dann wird diese Energie gegen Erde abgeleitet. Wenn der Blitz ins eigene Haus eingeschlagen ist, wird nur die Restenergie ins Netz abgeleitet. Mit Hilfe der Überspannungsableiter haben wir die schädliche Energie wiederum um eine Größenordnung reduziert. Mit der verbleibenden Energie müssen sowohl die Geräte im Haus klarkommen als auch die Installationen, die im Netz vorhanden sind.

Auf der nächsten Ebene haben wir, das hätte man sich nun sicherlich auch schon denken können, den Typ-3-Schutz; dieser dient dem Schutz einzelner Geräte (in Europa lässt das CE-Zeichen darauf schließen, dass dieser Schutz gegeben ist; wie gut er allerdings ist, steht auf einem anderen Blatt). Hier kommen beispielsweise Schutzdioden zum Einsatz (diese hatte ich schon im Zusammenhang mit elektrischen Maschinen und den von ihnen erzeugten Überspannungen erwähnt).

Es dürfte hoffentlich offensichtlich sein, dass ein Geräteschutz bei einem Blitzeinschlag praktisch überhaupt nichts nutzt, wenn die Schutzschichten 1 und 2 nicht vorhanden sind.

Es sollte klar geworden sein, dass der Blitzschutz ein ziemlich komplexes Thema ist. Wenn Sie meinen, dass Ihr Haus gefährdet sein könnte, müssen Sie Maßnahmen auf allen drei Ebenen ergreifen. Maßnahmen auf Stufe eins sorgen dafür, dass Ihnen die Kabel nicht aus den Wänden fliegen und alle Geräte Schrott sind. Mit zusätzlichen Maßnahmen auf Stufe 2 erreichen Sie, dass ein weiterer Anteil der Blitzenergie in Wärme umgewandelt wird. Aber erst, wenn zusätzlich auf Stufe drei geschützt wird, hat man gute Chancen, dass der Haushalt einen Blitzschlag unbeschadet überlebt.

Jetzt schauen wir uns an, was geschieht, wenn ein Blitz in der Nähe einschlägt (ob wir eine Typ-1-Absicherung haben oder nicht, spielt hierbei keine Rolle).

Die möglicherweise 100.000 Ampere erzeugen nun ein sehr starkes Magnetfeld, dass dann wiederum in jeder Leitung in der Umgebung eine Spannung induziert (und die muss nicht unbedingt klein sein). Wir haben eine Solaranlage auf dem Dach und das Kabel führt auf der Außenseite des Hauses abwärts. Dieses Kabel wirkt jetzt wie eine Antenne und erzeugt eine Spannungsspitze. Diese Spannungsspitze rast dann, wie eine Welle, hin und her durch die Kabel im Haus, immer auf der Suche nach schwachen Gegnern. Da wir Kupferkabel im Haus haben, kann es ziemlich lange (durchaus Sekunden) dauern, bevor der Widerstand der Kabel diese Energie in Wärme umgesetzt hat.

Wir brauchen also zwei Überspannungsableiter auf der DC-Seite, und zwar vor dem Solar-Controller. Auch die AC-Zuleitung zum Haus wirkt wie eine Antenne, folglich benötigen wir auch dort zwei Überspannungsableiter. Und was macht dieser Überspannungsableiter? Ganz einfach, ab einer bestimmten Spannung wird er leitend (kein Kurzschluss), und die elektrische Energie der Spannungsspitze wird in Wärmeenergie umgesetzt. Bei einem Überspannungsableiter wie in der vorherigen Abbildung würde man das sogar als Gasentladung sehen können.

Jetzt gibt es Leute, die schwören auf Abschirmung. Das heißt, alle Kabel werden in Metallrohren verlegt, die alle geerdet sind. Das kann man machen, es ist aber ein Overkill, der sich nur rentiert, wenn man sein Haus gegen den EMP (electro magnetic pulse) einer Atombombe schützen möchte. Ein vernünftig dimensionierter Überspannungsableiter an jeder einzelnen Leitung, die in das Haus hinein führt, sollte normalerweise hinreichend sein.

So, das waren jetzt fünf Seiten mit Grundlagenwissen über den Blitzschutz, und erst jetzt können wir eine Photovoltaik-Anlage mit ins Spiel bringen (ohne den vorher betriebenen gewaltigen Aufwand könnten Sie die jetzt folgenden Erklärungen nicht verstehen).

Wir betrachten zunächst den Fall, dass es schon einen kompletten Blitzschutz für das Haus gibt. Aber jetzt bringen wir zusammen mit den Panelen eine leitfähige Unterkonstruktion aufs Dach und verlegen zusätzliche leitfähige Kabel. Es gibt Berechnungsmöglichkeiten (muss ein Fachmann machen), um den Schutzbereich einer Blitzschutzanlage zu berechnen (es wird beispielsweise eine gedachte Kugel mit einem Durchmesser von 45 Metern auf die Fangstangen gelegt, und wenn diese Kugel die Solaranlage weder berührt noch durchdringt, liegt sie im geschützten Bereich). Liegt die gesamte Photovoltaik-Anlage innerhalb dieses Schutzbereiches, dann muss man sich keine Sorgen machen, die Anlage ist für einen Blitz praktisch nicht sichtbar.

Wenn der Schutzbereich nicht hinreichend ist und es eine Verbindung zur allgemeinen Stromversorgung gibt, muss man entweder die geplante Photovoltaik-Anlage an den vorhandenen Blitzschutz anpassen oder aber den Blitzschutz modifizieren. Was hierbei möglich ist und was weniger Kosten verursacht, kann nur jemand mit spezieller Ausbildung beurteilen. Sorry, ist so!

Wenn es **keine** Blitzschutzanlage gibt, muss man zwei Fälle unterscheiden.

A) Sie haben eine Inselanlage und kein Teil der Installation wurde geerdet.

B) Sie haben zumindest den Schutzleiter geerdet (ob Sie eine Netzanbindung haben oder nicht, ist dabei unerheblich).

Zu A) Ihre gesamte PV-Anlage ist für den Leitblitz völlig unsichtbar, denn Ihre Anlage bringt ihn elektrisch nicht einen Zentimeter dichter an das Erdpotential heran. Das hindert ihn aber nicht daran, irgendwo ganz in der Nähe einzuschlagen. Sie brauchen also an geeigneten Stellen Ableiter. Für den Betrieb einer PV-Anlage ist keine Erdung erforderlich. Allerdings verbinden wir alle elektrisch leitfähigen Teile, die man berühren könnte, mit dem berühmten gelb-grünen Kabel (das nennt sich Potentialausgleich, und dieser muss sein, um

Personen zuverlässig schützen zu können; siehe vorheriges Kapitel).

Aus dem Wechselrichter kommen auf der AC-Seite zwei Kabel heraus, zwischen denen wir eine Spannung von 230 Volt messen können. Das Kupfer eines der Kabel kann man gefahrlos anfassen, denn der gesamte AC-Kreis ist potentialmäßig schwebend. Man könnte jetzt irgendeinen beliebigen Punkt im AC-Kreis aussuchen und erden, das muss man aber nicht.

Erforderlich ist es hingegen, alle metallischen Teile, die man berühren könnte, elektrisch miteinander zu verbinden, und diesen Potentialausgleich (dies ist keine Erdung; eine Erdung liegt erst vor, wenn der Potentialausgleich mit Erdpotential verbunden wird) müssen wir jetzt mit einem der beiden AC-Kabel verbinden. Da die metallische Unterkonstruktion (zumindest in Deutschland) Teil eines elektrischen Betriebsmittels ist, muss auch die Unterkonstruktion in den Potentialausgleich einbezogen werden (was dem Blitz völlig egal ist, denn er kann sie sowieso nicht wahrnehmen).

Zu B) Wenn Sie den Minuspol Ihrer Batteriebank geerdet haben, sehen alle Panele auf dem Dach und die Hälfte der Kabel dort oben wie leckere Beute für den Leitblitz aus. Ich kann mir keinen einleuchtenden Grund vorstellen, weshalb man den Minuspol erden müsste, aber falls es sein muss, sind Sie jetzt in der Pflicht, dem Leitblitz eine bessere Beute anzubieten: Sie müssen eine Blitzschutzanlage bauen (lassen).

Gut, nächster Fall. Die Batterie ist nicht geerdet, aber Ihre 230-Volt-Installation ist es. Wenn Ihr Wechselrichter keinen Transformator besitzt (also Eingang und Ausgang galvanisch miteinander verbunden sind), ist das genauso schlimm, wie wenn Sie die Batterie erden. Folglich müssen Sie sich eine Blitzschutzanlage bauen (lassen).

Ein weiterer Fall: Im Wechselrichter befindet sich ein Transformator, wir haben also eine Isolation zwischen unserem Gleichstromkreis und dem Wechselstromkreis. Die schlechte Nachricht ist die, dass die Durchschlagfestigkeit eines solchen Trafos ein paar tausend Volt beträgt, der Blitz aber mit einem Sonderangebot von bis zu einer Million Volt lockt. Schon der kleinste Kriechstrom wird als Einladung interpretiert und sofort wahrgenommen. Sie brauchen also eine Blitzschutzanlage!

Wenn Sie Netzstrom im Haus haben, ist der Potentialausgleich eine Erdung und die Unterkonstruktion der PV-Anlage wird gegebenenfalls zur Blitzlockanlage. Ob sie es wird, hängt von den örtlichen Gegebenheiten ab. Hat Ihr Haus etwa ein hohes, schräges Dach und die PV-Anlage ist unten am Dachrand angebracht, dann ist die Gefährdung recht gering. Wenn Sie ein Flachdach haben und die PV-Anlage en höchsten Punkt des Hauses bildet, könnte die Gefährdung erheblich sein. Wenn Sie nicht sicher sind, fragen Sie einen Sachverständigen (zur Not auch jemanden, der Blitzschutzanlagen installiert und verkauft).

Fazit: Wenn Sie keinen einzigen Punkt in Ihrer PV-Anlage erden, interessiert sich der Blitz weder für Ihre Kabel noch für Ihre Panele.

Wenn Sie, aus welchem Grund auch immer, eine direkte oder auch indirekte Erdung im System haben, sollten Sie eine Risikoanalyse durchführen. Wie oft gibt es Gewitter, wie teuer ist Ihre Installation und wie teuer sind alle Ihre Geräte (Sie haben das letzte mal vor einem halben Jahr eine Sicherungskopie von Ihrem PC gezogen; wenn das alles weg ist, was kostet es, das wieder zu beschaffen?).

Wenn Sie das gesamte Kapitel verstanden haben und keine juristischen Kämpfe mit Versicherungen befürchten müssen, können Sie auch selbst einen Blitzschutz installieren (etwas ist besser als nichts, wenn es richtig gemacht wurde). Wie dick die Stangen oder Kabel sein müssen, können Sie einschlägigen Internetseiten entnehmen, aber noch besser ist es, einen Sachverständigen zu befragen.

Vom Material her ist eine Blitzschutzanlage recht preiswert; was sie teuer macht, sind zwei Dinge, nämlich die viele Arbeit beim Aufbau und das Know-how darüber, was wo hin gehört (das bezieht sich nicht nur auf die Erdanker).

Da es um die eigene Sicherheit und um die anderer Personen geht, sollte man eine Blitzschutzanlage IMMER von einer entsprechend ausgebildeten Fachkraft abnehmen und gegebenenfalls auch ausmessen lassen (die Qualität der Erdanker kann man nur messtechnisch bewerten).

Zum Schluss noch die schlechte Nachricht für die Leser aus Deutschland: Hier ist eine jährliche Sichtprüfung der Blitzschutzanlage und alle zwei Jahre eine umfassende Prüfung vorgeschrieben. Wenn Ihnen das zu lästig ist und es sich bei dem Gebäude um ein Privathaus handelt, dürfen Sie ohne jede Beratung oder Genehmigung die Blitzschutzanlage auch demontieren.

Kapitel 18 • Guerilla-Anlagen

Seit einigen Jahren werden immer wieder sogenannte Guerilla-Anlagen angeboten. Bei diesen handelt es sich meist um Komplettpakete, in denen ein oder mehrere Solarpanele sowie ein Wechselrichter und das notwendige Installationsmaterial, um etwa das Panel an einer Balkonbrüstung befestigen zu können, enthalten sind. Diese Anlage wird dann einfach in eine Steckdose eingestöpselt.

Wenn die Sonne scheint, erzeugt diese Kleinanlage elektrischen Strom mit 230 Volt, versorgt die Verbraucher im Haushalt oder speist sogar ins Netz ein und lässt den Zähler rückwärts laufen (sofern dieser keine Rücklaufsperre hat). Die Händler werben damit, dass diese Anlagen völlig legal seien und sich innerhalb von wenigen Jahren amortisieren könnten.

Zunächst einmal gilt das, was ich schon über einen holländischen Solateur angemerkt habe. Die Leute kennen die Preise und verkaufen diese Anlagen, die sie für einen Spottpreis in Hong Kong oder Korea einkaufen, so teuer, dass der Endkunde meint, er würde ein gutes Geschäft machen. Dabei sind sie es, die ein gutes Geschäft machen, aber das machen ja alle Händler weltweit. Meine Kritik beginnt damit, dass diese Geräte in Hamburg, Düsseldorf und München (Nennung mit ansteigender Solareinstrahlung) mit den gleichen Zahlen beworben werden. Gehen Sie also einfach davon aus, dass der Verkäufer den Ort in Deutschland mit der höchsten Sonneneinstrahlung und auch eine optimale Ausrichtung zugrunde legt. Sie werden meistens weder das eine noch das andere haben.

Sie erinnern sich hoffentlich daran, dass Wechselstrom ab einer Spannung von 50 Volt tödlich sein kann. Wir schauen uns also den Stecker des Wechselrichters an; dort sehen wir zwei blanke metallische Stifte. Kein Problem, sagt der Verkäufer, in dem Wechselrichter sei selbstverständlich eine elektronische Sicherheitsschaltung (wenn er uns beeindrucken will, behautet er auch noch, diese würde von einem Mikroprozessor der neusten Generation gesteuert werden). Wenn diese das Netz nicht mit der richtigen Frequenz und der richtigen Spannung wahrnehmen könne, dann würde der Wechselrichter auch keine Energie abgeben. Völlig sicher!

Sie kaufen die Anlage, installieren sie und freuen sich, dass Sie an Ihren Stromversorger viel weniger Geld überweisen müssen. Ein paar Tage später spielen Ihre beiden Kinder im Wohnzimmer und Ihr Sohn Max, der immer ziemlich neugierig ist („Wenn ich das nicht anfassen soll, wozu sind dann die kleinen Dinger am Ende meiner Arme gut?"), zieht den Stecker raus, und der Wechselrichter schaltet tatsächlich ab. Dann spielt Max mit dem Stecker Autorennen auf dem Teppich aus Synthetikfasern. Anschließend drückt er seiner kleinen Schwester Nina sein ‚Rennauto' in den Nacken.

Haben Sie schon mal das Wort elektrostatische Entladung gehört? Falls nicht, fragen Sie mal Google. Eine solche Aufladung kann praktisch jede elektronische Schaltung zerstören, es sei denn, sie ist extra dagegen geschützt (was meistens nur bei militärisch genutzter Elektronik der Fall ist). Eine elektrostatische Aufladung ist so etwas wie ein Blitz in Miniaturformat. Wir haben jetzt drei mögliche Situationen. Die erste Situation ist, dass die Anlage noch so wie zuvor funktioniert. Die zweite Möglichkeit ist die, dass der Wechselrichter zerstört wurde. Die dritte Möglichkeit ist die gefährliche, denn die Sicherheitselektronik ist zerstört; in diesem Fall hätte Max seine kleine Schwester hingerichtet (ich glaube nicht, dass das Risiko sehr hoch ist, aber es ist vorhanden!).

In der Elektroinstallation gibt es etwas, das sich Einfehlersicherheit nennt. Elektrische Anlagen sind so auszulegen, dass ein einzelner Fehler nicht zu einer Gefahr für Leib und Leben werden kann. Der erste Fehler ist die statische Entladung in der Sicherheitsschaltung; diese hat den Wechselrichter möglicherweise in eine tödliche Waffe verwandelt, denn jetzt liegen 230 Volt auf blanken und leicht zugänglichen Metallteilen. Dies gilt übrigens für alle Stecker-Steckdosen-Kombinationen weltweit!

In der EU wird von jedem, der ein elektrisches Gerät in Umlauf bringt, eine Konformitätserklärung eingefordert. Mit Hilfe dieser Erklärung wird versichert, dass das Gerät sämtliche einschlägigen Normen innerhalb der EU erfüllt. Nachdem diese Erklärung erfolgte, kann sie abgeheftet werden (es erfolgt also staatlicherseits keine Prüfung durch Bürokraten oder Techniker), und das CE-Zeichen darf und muss auf dem Gerät angebracht werden. Ohne CE-Zeichen darf innerhalb der EU kein elektrisches Gerät in den Verkauf gelangen.

Da man von einem normalen Kunden nicht erwarten kann, dass er in der Lage ist zu prüfen, ob ein Gerät wirklich sicher ist, ist er aus dem Schneider, es sei denn, er hat das Gerät selbst aus dem Ausland importiert. Man wird noch nicht einmal von ihm verlangen, zu prüfen, ob ein CE-Zeichen angebracht ist, denn er darf sich darauf verlassen, dass eines da sein muss. Als Nächstes ist der Verkäufer dran. Ist auf dem Gerät kein CE-Zeichen vorhanden, dann wird er wohl gegebenenfalls noch am gleichen Tag eine Unterredung mit dem Haftrichter haben. Der Nächste in der Reihe ist eventuell der Großhandel und auf jeden Fall der Importeur. Da das CE-Zeichen ein weltweit eingetragenes Markenzeichen ist, wird der Hersteller zumindest wegen Markenrechtsverletzung dran sein (extrem teuer!).

Es gibt noch ein paar Gründe, weshalb eine solche Installation nicht in Ordnung ist. Wegen der Einfehlersicherheit müssen alle Einspeisungen VOR den absichernden Elementen erfolgen - also vor den Sicherungen und dem FI-Schalter - denn sonst könnte man sich die ja auch gleich ganz schenken. Also muss der Anschluss von einem Elektriker realisiert werden, weil Ihre Finger hinter der Abdeckung im Sicherungskasten nichts zu suchen haben. Der Elektriker wird darauf bestehen, dass der Wechselrichter seine eigene Leitung bis zum Sicherungskasten erhält und dass entweder eine spezielle Stecker-Steckdosen-Kombination verwendet wird (berührungssicher!) oder dass der Wechselrichter fest angeschlossen werden muss.

Bei dieser Maßnahme werden Sie 200 bis 300 Euros los, was die Amortisationszeit deutlich verlängern dürfte (es sei denn, Sie haben alles schon vorbereitet und der Elektriker muss nur noch anschließen; dann wird es deutlich billiger).

Ich muss hier noch schnell erläutern, warum der Elektriker auf einer eigenen Leitung für den Wechselrichter bestehen muss (zumindest in der EU). Nehmen wir an, wir haben eine Leitung, an deren einer Seite der Wechselrichter angeschlossen ist, und auf der anderen Seite ist der Sicherungskasten. Irgendwo dazwischen zweigt noch eine Stichleitung ab, an der sich ein paar Steckdosen befinden. Der gesamte Kreis ist mit 6 Ampere abgesichert (es ist eine Altbauwohnung mit Südbalkon).

Jetzt schalten Sie etliche Verbraucher ein, die in Summe nicht ganz 6 Ampere ziehen. Dann schalten Sie den Wechselrichter ein, und weil die Sonne gerade kräftig scheint, bringt Ihre Solaranlage ganze 4 Ampere. Sie haben gerade einen alten Heizlüfter auf dem Dachboden gefunden und wollen testen, ob der noch funktioniert. Sie stecken ihn ein und schalten ihn an. Es ist ein Modell mit einem kW, es werden also 4 Ampere für seinen Betrieb benötigt. Jetzt fließen 10 Ampere über eine Leitung, die aber nur für 6 Ampere ausgelegt ist. Die Leitung wird auf jeden Fall deutlich wärmer und es ist die Frage, ob es heiß genug wird, um ein kleines Lagerfeuer in der Wand zu entfachen. Eine solche Situation darf nie eintreten, daher eine direkte Leitung bis zum Sicherungskasten ohne jede Abzweigung (Sie sollten davon ausgehen, dass Ihr Elektriker keine Lust hat, wegen Ihnen in den Knast zu wandern)!

Jetzt kommt ein juristischer Knackpunkt. Der Verkäufer der Anlage hat behauptet, es gäbe kein Gesetz, das die Nutzung der Anlage verbieten würde. Ganz formal hatte er zwar recht, aber letztlich überhaupt nicht! Wie schon so oft zuvor müssen wir uns das genauer ansehen.

Es gibt in der Tat kein Gesetz, das irgendetwas in Bezug auf Elektroinstallationen regeln würde. Wenn es jedoch zu einem Prozess kommt, wird nach den einschlägigen Regeln der Technik gefragt, und das sind die gesamten Normen, und außerdem gibt es da noch die Geschäftsbedingungen der Verteilungsnetzbetreiber (für den Fall, dass sich der Zähler tatsächlich und nachweisbar rückwärts gedreht hat, liegt eine Betrugsklage im Rahmen des Möglichen; auch das Finanzamt ist dann unter Umständen hinter Ihnen her sein, denn Sie haben eingespeist, ohne die Steuern zu bezahlen).

Nehmen wir an, bei Ihnen hat es in der Küche gebrannt, weil Sie vergessen hatten, eine Platte vom Elektroherd abzuschalten und das Fett sich in einer Pfanne entzündet hat. Die Flammen griffen von dort auf den Küchenschrank über, und bevor Sie löschen konnten, war ein netter Brandschaden entstanden. Sie sind glücklich, dass Sie vor ein paar Jahren eine Hausratsversicherung abgeschlossen haben und rufen die Versicherung an. Ein Sachverständiger des Unternehmens kommt und stellt fest, dass ein elektrisches Betriebsmittel ursächlich für den Schaden war. Dann sieht er zufällig Ihre Guerilla-Photovoltaik, macht hiervon ein Foto und verabschiedet sich nett.

Die Versicherung stellt dann fest, dass die elektrische Anlage nicht den Normen entsprochen hätte, was wahrscheinlich ursächlich für das Feuer war (das nicht mehr vorhandene Fett interessiert die nicht). Rückblickend können Sie froh sein, dass Sie nicht mehr zu zahlen haben als eine Grundrenovierung und einige Möbel. Wäre der ganze Häuserblock abgebrannt oder gar Menschen zu Schaden gekommen, wären Sie möglicherweise pleite bis ans Lebensende (das ist weder Panikmache noch Übertreibung; die Chance, dass eine Guerillaanlage einen solchen Schaden verursacht, mag gering sein, ihr Nutzen ist es aber auch!).

Ich bin jetzt etwas drastisch geworden, aber anders geht es nicht. Ich habe bei einer bekannten deutschen Versandfirma gelesen, welche Normen eingehalten würden und welche zu beachten seien; in dem Paket liegt dann lose ein Schukostecker. Formaljuristisch korrekt hatte man den Käufer darauf hingewiesen, dass es illegal ist, den Stecker mit dem Wechselrichter zu verbinden! Gemein, aber (wahrscheinlich) legal.

Solche Geschäftsleute zu belangen, wird sehr schwierig sein (meiner Meinung nach sollte man es zumindest versuchen). Noch besser ist es, solchen Elektronikschrott gar nicht erst zu kaufen.

Fazit: Nach Lektüre dieses Buches wissen Sie bei weitem genug, um die Komponenten für eine Anlage selbst zusammenstellen zu können. Wahrscheinlich werden Sie noch nicht einmal lange im Internet suchen müssen, bis Sie eine solche Anlage deutlich günstiger konfigurieren können. Wenn Sie die erzeugte elektrische Energie nicht ins Netz einspeisen (Sie bauen also eine Inselanlage oder eine Halbinsel), können Sie weder mit dem Elektrizitätsversorger Ärger bekommen noch mit dem Finanzamt. Der Anschluss an 230 Volt AC muss immer von einer Elektrofachkraft (keine Ausnahme!) durchgeführt werden, die damit auch die Verantwortung übernimmt. Da die Fachkraft diesen Anschluss nicht legen wird, wenn sie die Installation für unsicher hält, halte ich es für eine sehr gute Idee, mit ihr zu sprechen, bevor Sie Anlagenteile kaufen und installieren.

Kapitel 19 • Vorschlag für eine Kleinanlage

Vorbemerkung: Die in diesem Kapitel vorgestellte Anlage wurde nie realisiert, sondern anhand der entsprechenden technischen Angaben konzipiert. Es handelt sich also nur um einen Vorschlag, der dazu dient, die einzelnen Planungsschritte realitätsnah aufzuzeigen.

Bisher hatte ich ja immer beklagt, dass es keine legalen Netzumschalter gibt, die zugleich preisgünstig sind. Aber es gibt Geräte, in denen ist ein solcher Schalter schon eingebaut. Ich rede von ‚unterbrechungsfreien Stromversorgungen' (USV). Mit diesen lässt sich etwas realisieren, das dem Yachtbereich entlehnt ist.

Auf vielen (insbesondere größeren) Yachten hat man ein 230 Volt Bordnetz, das entweder über Batterien oder auch von Generatoren gespeist wird. Wenn man in einem Hafen anlegt, wird ein Landanschluss gelegt. Weil Yachteigner gerne mit ihren technischen Spielereien protzen, schaltet die Anlage natürlich automatisch auf Landstrom um, wenn man das Kabel einstöpselt. Diese Umschaltung geschieht so schnell, dass man bestenfalls ein kurzes Flackern bei den Glühlampen wahrnehmen kann. Alle anderen Geräte und insbesondere die empfindliche Elektronik an Bord bemerkt von dem Umschaltvorgang überhaupt nichts.

Man hat also letztlich eine USV an Bord. Bei Anschluss an das Verteilernetz wird der Strom von dort bezogen. Bei einem Fehlerfall (jemand zieht das Kabel heraus) übernimmt sofort die Batterie die Stromversorgung, und eventuell werden etwas später auch die Generatoren aktiviert.

Das Schöne ist jetzt, dass man an einer solchen modernen USV ziemlich viel einstellen kann. Unter anderem kann man den Vorrang festlegen. Bei einer USV soll der Strom normalerweise vom Netz bezogen werden. Man kann aber auch vorgeben, dass der Strom bevorzugt aus den Batterien geliefert werden soll (wie sollte man sonst den Ernstfall prüfen?). Normalerweise würde man die Batterie aus dem Netz laden; diese Option lässt sich abschalten und man kann die Batterie solar laden. Zusätzlich kann man einstellen, ab welcher Batteriespannung spätestens auf das Netz umgeschaltet werden soll (falls von dort Strom bezogen werden kann; wenn das nicht er Fall ist, wird weiter von der Batterie her gespeist, bis die absolute Abschaltspannung erreicht wird).

Den Kern dieser Kleinanlage soll ein ‚WT-Combi-S integriertes Ladegerät USV' bilden (es gibt Hinweise darauf, dass der Ruhestrom dieser Geräte nicht unerheblich ist; also steht diese Bezeichnung nur stellvertretend für diese Art von Geräten). Dieses Gerät liefert 3 kW reinen Sinus, was für einen Haushalt normalerweise hinreichend ist. Mit 769 Euro ist diese USV nicht gerade extrem preiswert, aber das kommt ja vielleicht später mit steigenden Stückzahlen (ich habe Informationen gefunden, dass man solche Geräte in Indien für rund 450 Euro bekommt).

Wir kaufen 12 Stück Long Energy Modul 185 Wp á 111 Euro für insgesamt 1.332 Euro. Diese Panele haben eine Spannung von 44 Volt bei offenen Kontakten, sie sind monokristallin und besitzen einen Wirkungsgrad von 14,4%. Jedes Panel hat eine Nennleistung von 185 Wp, also kommen wir insgesamt auf 2,2 kWp.

Die Anlage stellen wir in Düsseldorf auf. Dort gelten laut PVGIS folgenden Einstrahlungsdaten für 2,2 kWp:

	Jan	Feb	März	Apr	Mai	Juni	Juli	Aug	Sep	Okt	Nov	Dez
kW	1,99	3,31	6,06	8,25	8,36	8,53	8,18	7,58	6,28	4,49	2,38	1,74

Laut PVGIS kann mit einer jährlichen Ernte von 2050 kWh gerechnet werden, was einer täglichen Energiemenge von 5,6 kWh entspricht. Eine Familie mit vier Personen wird zwischen 8 und 10 kWh pro Tag verbrauchen. Über das Jahr betrachtet reichen die 5,6 kWh nicht aus. Wir schauen uns die Situation im Juni an. Da man in Deutschland im Sommer tendenziell etwas weniger Strom verbraucht als im Winter, wird man (trotz Verlusten in Batterie und Wechselrichter) ziemlich dicht an der Vollversorgung liegen.

Jetzt müssen wir noch die Größe der Batterie bestimmen. Hierzu gehe ich vereinfachend von der Annahme aus, dass tagsüber ungefähr genauso viel Energie benötigt wird wie über Nacht (die Werte, die für Sie zutreffend sind, müssen Sie experimentell ermitteln). Im Sommer gehen tendenziell 4 kWh zunächst in die Batterie und die anderen 4 kWh werden direkt verbraucht.

In eine 100-Ah-Batterie mit 12 Volt passen 1,2 kWh. Wenn die Batterie nicht so weit entladen werden soll, dass sie überproportional Schaden nimmt, wird man sich auf 0,8 kWh beschränken. Um die 4 kWh speichern zu können, benötigen wir also 5 Batterien. Da wir eine 24-Volt-Batteriebank haben möchten (warum sehen wir gleich), nehmen wir 6 Batterien. Eine größere Autonomiezeit brauchen wir nicht einplanen, denn wir haben ja einen Netzanschluss.

Wir haben also Solarpanele auf dem Dach mit einer Spitzenleistung von 2,2 kW. Die einzelnen Panele haben eine Ausgangsspannung von rund 40 Volt. Würden wir die elektrische Energie bei dieser Spannung vom Dach zum Laderegler übertragen wollen, hätten wir maximal einen Strom von 55 Ampere, was ziemlich viel ist. Folglich schalten wir jeweils zwei Panele in Reihe (wir müssen unter 120 Volt bleiben, damit dieser Teil der Anlage berührungssicher ist) und kommen auf 80 Volt. Das Ergebnis ist ein Strom von 27,5 Ampere, was immer noch unangenehm hoch ist.

Folglich nehmen wir den nächsten Trick zu Hilfe und teilen die Panele in drei Gruppen auf (zwei Panele in Reihe in einem String und zwei Strings in parallel). Da man beliebig viele Laderegler parallel schalten darf, nehmen wir drei Laderegler, die parallel die Batterie laden. Auf jeden dieser Laderegler entfallen jetzt 733 Watt, was bei 80 Volt einem Strom von 9,2 Ampere entspricht. Fein, das ist eine handliche Größe. Zusätzlich haben wir den Vorteil, dass sich diese drei Gruppen von Panelen unterschiedlich installieren lassen; wir könnten etwa eine Ost-West-Anlage bauen, die über den Tag verteilt eine ziemlich gleichmäßige Ausbeute verspricht.

Jetzt kommen wir zu dem Grund, weshalb wir eine Batteriebank mit 24 Volt haben möchten. Wenn man 733 Watt bei 12 Volt überträgt, hat man einen Strom von 61 Ampere. Das schafft kaum ein Laderegler (zumindest kein preiswerter). Wenn wir die Spannung verdoppeln (also 24 Volt nehmen), reduziert sich der Strom auf 30,5 Ampere. Da MPPT-Regler aus dem Optimum herausgehen, wenn der Strom zu hoch ist, schadet die Überbelegung nicht. Für 30 Ampere bei 24 Volt gibt es preisgünstige Laderegler. Wir haben also das nächste Problem gelöst.

Wir prüfen noch schnell quer, ob die Batterien auch mit dieser Leistung zurechtkommen. Eine 100Ah-Batterie darf mit einem Strom von 10 Ampere geladen werden. Wir haben also drei Laderegler, die jeweils 30 Ampere bringen können; es stehen somit 90 Ampere bei 24 Volt zur Verfügung. Jetzt müssen wir zwei Fälle unterscheiden, nämlich zum einen den Normalfall, bei dem die Hälfte dieses Stromes im Haus verbraucht wird und nicht in die Batterie eingespeist werden muss, und zum anderen den Ausnahmefall, dass im Haus gerade überhaupt kein Strom verbraucht wird.

Dient die Hälfte der Energie dem direkten Verbrauch, dann müssen wir 45 Ampere auf drei Reihenschaltungen verteilen, es wird also ein Strom von 15 Ampere durch jede Batterie fließen. Wenn kein Strom im Haus verbraucht wird, haben wir 30 Ampere, die in die Batterie sollen. Das ist grenzwertig. Da wir wissen, dass die Lebensdauer einer Batterie überwiegend vom Energiedurchsatz abhängt, nehmen wir die etwas höheren Zinskosten in Kauf, verdoppeln die Anzahl der Batterien und haben nun eine Gesamtkapazität von 12 * 1,2 kWh = 14,4 kWh.

Jetzt fehlt uns noch die Abschätzung der voraussichtlichen Lebensdauer unserer Batterien. Da wir die guten und preiswerten PzS Batterien nehmen, können wir mit 1.500 Zyklen á 80% rechnen, was einem Durchsatz von 1.800 kWh pro Batterie in der Lebenszeit entspricht. Da wir 12 Batterien in unserer Batteriebank haben, kommen wir auf einen Gesamtdurchsatz von 21.600 kWh. Wir gehen vereinfacht davon aus, dass wir jeden Tag den durchschnittlichen Ertrag von 5 kWh haben, von dem jedoch nur die Hälfte durch die Batterie geht. Wir kommen also auf 21.600 kWh / 2,5 kWh = 8.640 Zyklen, was 23,6 Jahren entspricht. Die Batterien werden also voraussichtlich die geforderten 20 Jahre halten. Man sollte darüber nachdenken, die Batteriebank etwas kleiner zu gestalten, denn Batterien sterben auch an Altersschwäche und nicht nur an Überarbeitung.

Alle angegebenen Komponenten wurden im Januar 2014 genau so im Internet angeboten. Es handelt sich also um reale Preise.

12 Stk. Long Energy Modul 185 Wp á 111 Euro	1.332 €
Transport der Module	100 €
3 Stk. MPPT 30A Solarregler 24V/780W á 150 Euro	450 €
WT-Combi-S integriertes Ladegerät USV	769 €
12 Stk. 12V, 100Ah-Batterie, OpzS á 100 Euro	1.200 €
Arbeit + Kleinteile	150 €
techn. Abnahme AC-Seite	200 €
--	
Total	4.201 €

Wir gehen wieder von 20 Jahren Laufzeit für den Kredit und einem Zinssatz von 5% aus.

Rückzahlung pro Tag	57,5 Cent
Zinsen pro Tag	28,7 Cent
--	
Zahlung pro Tag	86,2 Cent

Die Anlage kostet uns also jeden Tag 86,2 Cent und liefert dafür 5 kWh Strom. Jede selbst erzeugte kWh kostet uns also **17,25 Cent**. Wir sind 10 Cent günstiger, als die Konkurrenz. Wir sparen also jedes Jahr 182,5 Euro oder in der gesamten Laufzeit 3.650 Euro (obwohl die Investition verzinst und abbezahlt wird). Die nächste Anlage können wir ohne Kredit finanzieren, und dann würde die kWh nur noch **11,5 Cent** kosten.

Bei der Berechnung hatte ich den Wirkungsgrad der Batterie nicht berücksichtigt. Wenn der Ladestrom angenehm klein ist, wird die Batterie nicht gasen und der Wirkungsgrad wird bei über 90% liegen. Da nur 2,5 kWh durch die Batterie gehen, haben wir einen täglichen Verlust von 0,25 kWh, der uns 4,3 Cents kostet. Die Auswirkung auf den Wirkungsgrad ist also so gering, dass sie vernachlässigt werden durfte.

Ich möchte noch kurz auf eine technische Besonderheit dieser Anlage eingehen, die dafür sorgt, dass die Batterien tatsächlich so lange durchhalten werden. Dies hängt damit zusammen, dass wir eine USV einsetzen. Der Trick besteht darin, dass die USV mit einer Hysterese arbeitet. Unsere Batteriebank hat eine Kapazität von 14,4 kWh und wir stellen jetzt die Abschaltspannung so ein, dass noch etwa 8 kWh in der Batterie verbleiben, wenn auf das Netz umgeschaltet wird. Im Falle eines Stromausfalles hätte man 1 bis 2 Tage Autonomie ohne großen Verzicht.

Die Schaltschwelle, bei der sich die Anlage wieder vom Netz trennt, stellt man so ein, dass die Batterie deutlich über 90% voll ist. Im Sommer wird der Ladezustand meistens so sein, dass die untere Schaltschwelle nicht erreicht wird. Abends und über Nacht werden 4 kWh aus der Batterie entnommen, und tagsüber wird die Batterie wieder komplett aufgeladen.

Der interessante Teil passiert im Winter. Nehmen wir an, die Batterie ist aktuell voll. Im Winter (insbesondere in Dezember und Januar) können wir nur mit einem Ertrag von 2 kWh aus den Panelen rechnen. Da im Haushalt 8 kWh pro Tag verbraucht werden, muss die Batterie die fehlenden 6 kWh liefern. Innerhalb von 24 Stunden wird die untere Schaltschwelle erreicht und der Verbrauch wird wieder vom Netz gedeckt. Bis die obere Schaltschwelle erreicht ist, kann es jetzt durchaus drei Tage oder länger dauern, aber die Batterie ist erst einmal weitgehend voll, bevor sie wieder belastet wird.

Egal ob Sommer oder Winter, die Batterie wird nach einer Entladung auf 55% SOC auf jeden Fall geladen, bis sie wieder voll ist. Keine Chancen für dicke Sulfatkristalle. Zudem erfolgt die Ladung relativ verträglich für die Batterie, und es ist mit wenig Gasung zu rechnen. Aus diesem Grund ist die Korrosion gering und der Wirkungsgrad der Bleibatterie liegt über 90% (näheres im Extrakapitel über Batterien).

Falls Sie lediglich eine USV haben möchten, müssen Sie um die 2.200 Euro dafür zahlen, und die Anlage würde (außer im Notfall) nichts tun, außer Geld kosten. Wenn man noch 2.000 Euro drauf legt, wird die Anlage Geld verdienen! Halt, nein, falsch! Nein, sie wird kein Geld verdienen! Sie wird Geld sparen, und das ist ein großer Unterschied. Wenn Sie Geld verdienen (also in irgendeiner Form einen Profit machen), müssen Sie zumindest Einkommensteuer zahlen. Wenn Sie jedoch Geld sparen (Sie geben es einfach nicht aus), sind hierfür keine Steuern fällig! Es fühlt sich an wie eine Gehaltserhöhung, ist aber kein Einkommen. Klasse!

ABER: Prüfen Sie die AGBs Ihres Anbieters, bevor Sie eine solche Anlage projektieren. Wechseln Sie gegebenenfalls den Anbieter!

Kapitel 20 • Foren und Hilfe

Im Internet gibt es zu fast allen Themen auch Foren und das gilt natürlich auch für die Photovoltaik. Wenn man sich erst seit kurzer Zeit mit einem Thema beschäftigt hat, kennt man die ganzen Fachbegriffe nicht, und noch weniger die Abkürzungen. Leider gibt es keine Abkürzung bei diesen Problemen.

Manchmal findet man auch mehrere Foren zum gleichen Thema, die sich auf unterschiedlichen Niveaus bewegen. Das Problem ist nur Folgendes: Wenn das Niveau niedrig ist, meint man zwar, alles zu verstehen, allerdings wird dann auch sehr vieles dort stehen, was technisch schlicht falsch ist. Wenn das Niveau relativ hoch ist, ist vielleicht alles technisch korrekt, aber was nützt es einem, wenn man es nicht versteht? Bleiben Sie trotzdem bei dem Forum mit dem höheren Niveau, denn im technischen Bereich ist es wesentlich besser (oft auch billiger), wenn man etwas nicht verstanden hat als wenn man es falsch verstanden hat.

Wenn mehrere Foren zur Auswahl stehen, sollte man sich zu verschiedenen Themen ein paar Threads (das sind die Beiträge zu einem Thema) durchlesen und den Umgangston beachten. Bei den meisten Foren wird für die einzelnen Teilnehmer angezeigt, wie viele Beiträge sie schon verfasst haben. Wenn der Umgangston in vielen Beiträgen ruppig bis beleidigend ist (also nicht manchmal, sondern oft), werden die Leute auch nicht viele Einträge schreiben, denn wer lässt sich schon gerne beleidigen. Ein schlechter Ort für Anfänger!

In vielen Foren reagieren die Teilnehmer sehr empfindlich darauf, wenn jemand nur die Arbeitskraft anderer ausnutzen will. Da Sie sich schon durch dieses Buch gequält haben, haben Sie schon einmal Einsatz gezeigt. Aber dadurch, dass Sie dieses Buch gelesen haben, sind Sie noch nicht zu einem Experten geworden. Folglich werden Sie Zweifel haben, ob die Anlage, die Sie geplant haben, auch Sinn macht und richtig funktionieren wird.

Jetzt müssen Sie sich noch einmal Mühe geben und die geplante Anlage beschreiben. Dazu gehört, wo die Anlage hin soll (also der Wohnort, Dachausrichtung, Dachneigung), welche Solarpanele Sie verwenden möchten (Hersteller, Größe, Wirkungsgrad, Leistungsabgabe, Kurzschlussstrom und Leerlaufspannung), welchen Solar-Controller Sie nutzen möchten (Hersteller, Typ, Leistungsdaten) sowie welche Batterien und welcher Wechselrichter (hierzu natürlich auch die technischen Daten) zum Einsatz kommen sollen. Außerdem wäre es von Vorteil, zu den gesamten Komponenten auch noch noch deren Preise in Erfahrung bringen zu können (ein alter Fuchs kennt den Bau besser, also wird so manches Mitglied im Forum sehr günstige Bezugsmöglichkeiten kennen).

Jetzt könnten Sie natürlich (nicht völlig unberechtigt) sagen, dass das ja eine Menge Arbeit macht. Meine Antwort hierzu ist, dass sich sogar ein Profi diese Arbeit macht (es sei denn, es handelt sich um ‚seine Standardanlage'). Sie müssen das Ganze ja nicht an einem Tag erledigen; Sie können auch immer mal wieder an dem Text arbeiten.

Falls Sie sich noch nicht im Forum angemeldet haben (wenn man nur liest, braucht man das meistens nicht), holen Sie das jetzt nach und starten Sie einen neuen Thread, indem

Sie die gesammelten Daten in einen Beitrag kopieren (die Vorstellung ‚Ihrer' Anlage sollte in einem eigenen Thread erfolgen, damit nicht zu viel durcheinandergerät). Eventuell geben Sie auch noch eine Begründung an, weshalb Sie bestimmte Komponenten verwenden möchten (etwa weil Sie die Solarpanele geschenkt bekommen haben oder extrem günstig kaufen können). Und dann heißt es warten.

Wenn das Forum halbwegs was taugt, wird man Sie zunächst freundlich begrüßen und dann kommt mehr oder weniger sachliche Kritik (behalten Sie immer im Hinterkopf, dass derjenige, der da eine weniger nette Antwort schreibt, Sie ja persönlich überhaupt nicht kennt; folglich kann er Sie auch gar nicht beleidigen; wenn Sie im entsprechenden Ton antworten, gibt das ein langes Gezänk und davon haben Sie überhaupt nichts; also freundlich bleiben, auch wenn es manchmal schwer fällt).

Bei den Antworten muss man unterscheiden, welche Motive da vorliegen. Phantastisch ist natürlich, wenn jemand antwortet, der lediglich helfen will und fachlich Ahnung hat. Der wird möglicherweise Ihre Pläne auch heftig kritisieren, aber etwas Besseres kann Ihnen eigentlich nicht passieren! Bei der nächsten Gruppe handelt es sich um Handwerker und Händler. Wenn die schreiben, dieses und jenes könne oder dürfe man nicht tun, kann das technisch berechtigt sein, möglicherweise wollen sie Ihnen aber auch nur etwas verkaufen (den eigentlichen Beweggrund herauszufinden, dürfte manchmal schwierig sein => höflich nachfragen!).

Am schlimmsten sind die chronischen Meckerer und die Ideologen. Wenn Sie meinen, jemanden in dieser Ecke verorten zu können, gilt nur eine Regel: Trolle füttert man nicht! Wenn also jemand schreibt, Sie seien ein Idiot, weil man die Panele des angegebenen Typs niemals mit einem Controller des vorgesehenen Typs verbinden darf, fragen Sie ihn höflich, warum das so sei. Kommt keine technisch befriedigende Antwort, dann haben Sie einen Troll gefunden, den man nur durch Aushungern wieder los wird; also anschließend weder höflich noch unhöflich auf seine Beiträge eingehen.

Falls Sie kein passendes Forum finden konnten, sollten Sie versuchen, eine kleine Selbsthilfegruppe zu gründen. Dies hat den Grund, dass man oft anfängt, Dinge zu begreifen, wenn man sie anderen erklären soll oder möchte.

Wenn Sie aus dem deutschsprachigen Raum kommen, könnte diese Adresse ein guter Einstiegspunkt sein:

http://www.photovoltaikforum.com/

Dieses Forum ist sehr aktiv und es herrscht im Vergleich zu vielen anderen Foren ein sehr angenehmer Umgangston, der allerdings auch sehr direkt wird, wenn man auch nach der dritten Erklärung immer noch kW, kWp und kWh durcheinanderbringt.

Kapitel 21 • Ausrichtung der Solarpanele

Vor einigen Jahren wäre dieses Kapitel eines der wichtigsten des ganzen Buches gewesen, ich habe es nun aber an das Ende des Buches verbannt. Dies hängt ganz einfach mit den Preisen der Panele zusammen und damit, dass sowohl PVGIS als auch PVWatts mit beliebigen Ausrichtungen und Anstellwinkeln arbeiten können und man auch direkt die kWp vorgeben kann (meistens hat man das Dach ja schon; falls nicht, findet man innerhalb von Minuten durch herumspielen heraus, welche Ausrichtung gut wäre.

Vor drei Jahrzehnten waren Solarpanele Einzelanfertigungen. Vor zwei Jahrzehnten begann dann die Serienfertigung und vor einem Jahrzehnt fing die Massenfertigung an. Damit begannen die Preise deutlich zu purzeln. Jetzt ist es so weit, dass fast überall auf der Welt Strom mit Hilfe von Photovoltaik günstiger erzeugt werden kann, als es mit irgendeiner anderen Technologie möglich wäre, und der preisliche Anteil der Panele an den Gesamtkosten sinkt immer noch Jahr für Jahr.

Folglich ist heutzutage eine wirklich optimale Ausrichtung der Panele nicht mehr erforderlich. Zudem gibt es wirklich einfach zu bedienende Solarrechner im Internet . Hier die beiden wichtigsten:

PVGIS: http://re.jrc.ec.europa.eu/pvgis/apps4/pvest.php

PVWatts: http://pvwatts.nrel.gov/

In diesem Kapitel gibt es ein paar ‚Hintergrundinformationen', damit Sie nicht nur blind die Zahlen glauben müssen, sondern auch ein Gefühl dafür entwickeln, wie Sie zustande kommen.

Fangen wir mit dem einfachsten Fall an. Sie leben in der Nähe des Äquators. In dem Kapitel über Tracking-Systeme hatte ich ja schon beschrieben, dass hier der optimale Anstellwinkel der Panele 0° beträgt, sie also ganz einfach flach auf dem Boden liegen. Dort wird man sie allerdings aus praktischen Gründen selten haben wollen, also kommen sie auf das Dach. Das hat gerade soviel Gefälle, dass der Regen ablaufen kann. Wie stark wirkt sich das aus?

Ausschlaggebend für die Auswirkung ist die Sinusfunktion. Wenn wir ein flach auf dem Boden liegendes Panel haben, liefert diese Sinusfunktion die Einstrahlungswerte (1 bedeutet Maximum; ich hätte statt dessen auch 100% schreiben können). 0° liegt beim Horizont im Osten und 180° steht für den Horizont im Westen. Und bei 90° steht die Sonne genau über uns. Dieses Bild gibt also unsere Energieausbeute bei klarem Himmel wieder.

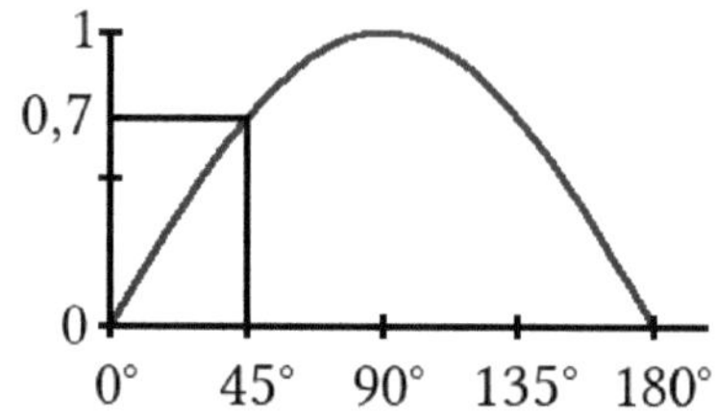

Abbildung 21: Energieausbeute bei klarem Himmel

Aber diese Sinusfunktion können wir auch andersherum verwenden. Wenn wir ein Solarpanel haben, das genau zur Sonne ausgerichtet ist (wir sind dann bei 90°), gibt diese Kurve an, um wie viel weniger Einstrahlung wir haben, wenn wir mit der Ausrichtung nach links oder rechts abweichen (natürlich auch nach oben und unten; dann müsste man die beiden Sinuswerte miteinander multiplizieren).

Wenn wir also am Äquator sind und unser Dach (eigentlich egal wohin) um 20° geneigt ist, erhalten wir noch 94% der maximal möglichen Einstrahlung (Sinus von 70°). Sogar wenn wir eine Dachschräge von 45° hätten, bekämen wir noch 70% der Einstrahlung. Jetzt kommt noch hinzu, dass die Sonne (von der Erde aus betrachtet) zwischen 23° Süd und 23° Nord pendelt. Dort würde sich also ein Nord-Süd-Dach mit jeweils 20° Neigung anbieten (während die eine Dachhälfte volle Leistung bringt, kommen von der anderen Seite immerhin noch fast 70%).

Dicht am Äquator ist die Ausrichtung der Panele also überhaupt kein Problem.

Wir hatten ja schon im Kapitel über die Jahreszeiten gesehen, dass die Schwankungen über das Jahr um so größer werden, je weiter man vom Äquator entfernt ist. Dies liegt letztlich an der Ekliptik, also der Neigung der Erdachse gegenüber der Umlaufbahn.

An den Tagen, an denen der Tag genauso lang ist wie die Nacht, steht die Sonne mittags senkrecht über dem Äquator. Wenn wir an diesen Tagen in Hamburg (53° Nord; 10° Ost) sind, dann würde ein Solarpanel, dass nach Süden ausgerichtet ist und einen Winkel von 53° zum Boden aufweist, mittags exakt zur Sonne ausgerichtet sein.

Da die Sonne von der Erde aus gesehen zwischen den beiden Wendekreisen hin- und herwandert (23° Süd und 23° Nord), zielen wir mit dem Panel am Tag der Wintersonnenwende mittags um 23° zu hoch und am Tag der Sommersonnenwende um 23° zu niedrig. Jetzt gilt Sinus(90° - 23°) = 0,92 = Sinus(90° + 23°). Wir haben also schlimmstenfalls eine Einbuße von 8% gegenüber einem für die jeweilige Jahreszeit optimal ausgerichteten Solarpanel. Das kann man als Pragmatiker vernachlässigen.

Wenn man im Winter gerne etwas mehr Energie ernten möchte, wird man den Anstellwinkel etwas vergrößern (also etwas zu tief zielen). Wenn man mehr elektrische Energie im Sommer haben will, wird man umgekehrt etwas zu hoch zielen. Will man also in Hamburg im Winter die maximale Ausbeute haben, dann wird als Anstellwinkel 53° + 23° = 76° gewählt.

1. Extrakapitel: Vergleich NASA, PVWatts und PVGIS

In der folgenden Aufstellung ist die sogenannte Horizontalstrahlung angegeben, also die Strahlung, die auf einen Quadratmeter Boden fällt. Es soll hiermit nur aufgezeigt werden, dass man, je nach Herkunft der Daten, mit erheblichen Unterschieden rechnen muss. Bei den Städten außerhalb Europas habe ich die prozentualen Unterschiede angegeben. Da wir nicht wissen können, welche Daten denn wirklich (weitgehend) korrekt sind, bedingen schon unsere Eingabedaten mögliche Fehler von 20% in unserer Anlagenplanung. Kalkulationen von PV-Anlagen, in denen es auch noch Stellen hinter dem Komma gibt, sind daher eigentlich nur albern.

Jan	Feb	Mar	Apr	May	Jun	Jul	Aug	Sep	Oct	Nov	Dec	Avr	
Stockholm 60n 18e													
0.33	1.00	2.38	4.20	5.86	6.22	5.90	4.55	2.88	1.29	0.49	0.19	2.94	(NASA)
0.26	0.77	1.78	3.75	5.29	5.36	5.06	3.81	2.32	1.17	0.44	0.20	2.53	(PV Watts)
0.29	0.90	1.98	3.59	5.30	5.38	5.22	3.88	2.47	1.16	0.44	0.17	2.58	(PVGIS)
Hamburg 53n 10e													
0.68	1.32	2.34	3.62	4.74	4.77	4.66	4.06	2.73	1.55	0.80	0.53	2.65	(NASA)
0.49	1.12	2.25	3.80	4.96	4.93	4.60	3.98	2.62	1.51	0.72	0.36	2.62	(PV Watts)
0.56	1.20	2.50	4.28	5.20	5.42	5.11	4.24	3.01	1.69	0.71	0.52	2.88	(PVGIS)
Paris 49n 2e													
0.95	1.62	2.64	3.87	4.93	5.19	5.21	4.58	3.18	1.91	1.11	0.73	2.99	(NASA)
0.78	1.39	2.29	3.63	4.61	5.31	5.35	4.85	3.11	2.02	1.04	0.61	2.93	(PV Watts)
0.95	1.61	2.95	4.62	5.30	5.83	5.55	4.75	3.64	2.09	1.12	0.78	3.27	(PVGIS)
London 51n 0e													
0.82	1.46	2.45	3.72	4.71	4.97	4.98	4.34	2.93	1.79	0.99	0.62	2.81	(NASA)
0.71	1.20	2.12	3.64	4.92	4.91	5.01	4.35	2.97	1.74	0.97	0.55	2.77	(PV Watts)
0.77	1.40	2.59	4.17	5.08	5.51	5.22	4.27	3.20	1.87	0.99	0.62	2.98	(PVGIS)
Bombay 19n 73e													
4.97	5.66	6.40	6.72	6.56	4.62	3.57	3.51	4.35	5.18	4.93	4.58	5.09	(NASA)
4.53	5.32	6.20	6.86	6.56	4.84	3.77	3.84	4.20	5.10	4.73	4.27	5.01	(PV Watts)
9	6	3	-2	0	-6	-5	-9	4	2	4	7	2	% difference
Rivas (Nicaragua) 11n 86w													
5.45	6.02	6.78	6.73	5.83	5.40	5.32	5.41	5.17	5.13	5.04	5.13	5.62	(NASA)
5.11	5.81	6.10	6.04	5.33	4.52	4.74	4.55	4.49	4.30	4.33	4.54	4.98	(PV Watts)
6	4	11	11	9	19	12	19	15	19	16	12	13	% difference
Mombasa 4s 40e													
6.24	6.57	6.51	5.60	4.80	4.75	4.91	5.63	6.30	6.40	6.27	6.15	5.84	(NASA)
5.78	6.05	6.03	5.31	4.51	4.66	4.62	5.14	5.71	5.88	5.83	5.50	5.41	(PV Watts)
8	8	8	5	6	2	6	9	10	9	7	12	8	% difference

2. Extrakapitel: Verbrauchsmessung von Geräten

Aus dem Kapitel über Physik wissen wir, dass sich die Leistung aus der Formel P = U * I ergibt. Wenn wir etwa wissen möchten, wie viel Leistung unser Kühlschrank verbraucht, wenn der Kompressor aktuell läuft, dann müssen wir lediglich ein Amperemeter in den Stromkreis einfügen (also das Kabel im Kühlschrank an geeigneter Stelle auftrennen, die Prüfspitzen beispielsweise mit Lüsterklemmen befestigen, den Feuerlöscher bereitstellen und den Stecker wieder in die Steckdose einstecken).

Eine solche Lösung ist vielleicht von einem Elektriker machbar, aber nicht für Sie; also vergessen Sie diesen Vorschlag bitte sofort wieder und zwar vollständig. Aber wie bekommt man nun heraus, wie hoch der aktuelle Verbrauch ist?

Dazu gibt es Verbrauchsmessgeräte. Diese sehen aus wie die kleinen Zeitschaltuhren, die man in die Steckdose stecken kann. Wir können dieses Messgerät also ganz normal in eine Steckdose einstecken und dann einen Verbraucher, also etwa einen Kühlschrank, hieran anschließen. Das Gerät hat eine kleine Anzeige und ein paar Knöpfe. Da es sehr viele Variationen gibt, kann ich nur das Prinzip erläutern und für Sie hoffen, dass die Bedienungsanleitung auch nur halbwegs verständlich ist (falls nicht, kann ich Ihnen einige Ideen liefern, was zu finden sein müsste). Eines kann allerdings schon einmal festgestellt werden: Ein solches Teil kann jeder benutzen, ohne Angst um sein Leben haben zu müssen.

Messgeräte kann man bisweilen als Sonderangebot bei Discountern (zumindest in Deutschland und Spanien) erhalten, anderenfalls muss man im Internet suchen. Die Preise beginnen bei ungefähr 9 Euro, die meisten Geräte liegen bei 12-15 Euro, aber man findet auch Angebote über 40 Euro. Nehmen Sie eines aus dem Bereich 12-15 Euro, es wird mit Sicherheit alles können, was Sie brauchen.

Wenn das Messgerät neu gestartet wurde, beginnt ein Messzyklus. Man kann sich anzeigen lassen, wie hoch die Netzspannung aktuell ist, wie groß der Strom ist, der aktuell fließt, und wie viele Watt gerade verbraucht werden. Zusätzlich kann man Informationen dazu abrufen, seit wie vielen Stunden der aktuelle Zyklus läuft und wie viel Energie in kWh seither verbraucht wurde (einige können auch den Durchschnittsverbrauch pro Stunde anzeigen).

Manche Geräte überraschen einen mit weiteren Werten, aber letztlich benötigen wir die alle nicht, und ein Leistungsmessgerät mit Internetanschluss (das ist dann aber deutlich teurer als 15 Euro) brauchen wir ganz sicher nicht. Schließlich wollen wir doch nur wissen, wie viele Watt der alte Kühlschrank von Tante Gertrude zieht, wenn der Kompressor aktuell arbeitet, oder was unser alter PC verbraucht (und das samt einer wunderbaren Tabelle inklusive Diagramm benötigen wir nicht im Minutentakt).

Die meisten dieser Geräte sind genau genug, um auch den Standby-Verbrauch des Fernsehers oder unseres Computers zu messen. Wenn man auf solare Energieversorgung umsteigen möchte, sind dies wichtige Kennziffern. Sie werden kaum irgendwo im Internet Informationen dazu finden, wie teuer es ist, mit Ihrer Fritteuse eine Portion Pommes Frites goldbraun zu garen. Mit einem solchen Messgerät wissen Sie es exakt und zwar in dem

Moment, in dem Sie anfangen zu essen.

Tipp: Diese Messgeräte haben zwar nur einen geringen Stromverbrauch, aber auch keinen Schalter, um sie auszuschalten. Also muss man sich behelfen, indem man nach den Messungen die Batterie samt Halterung herausnimmt und neben dem Messgerät ablegt. Anderenfalls machen Sie die Erfahrung, dass die Batterie leer ist, wenn Sie das nächste mal einen Verbrauch messen möchten, und dass diese kleinen Batterien nicht gerade billig sind.

3. Extrakapitel: Multimeter

Wie bei fast allen handwerklichen Tätigkeiten braucht man auch bei der Photovoltaik ein paar Werkzeuge. Das wichtigste Werkzeug hierbei ist das Multimeter. Wir benötigen nur ein ganz einfaches, wie man es in fast allen Trödelmärkten (Ein-Euro-Laden, Todo-Cien, Chinese Basar oder wie sie auch immer heißen mögen) oder natürlich auch im Internet finden kann. Natürlich gibt es auch viele verschiedene Hersteller, weshalb meine Beschreibung nicht unbedingt auf alle Multimeter in dieser Form zutrifft, aber die wesentlichen Funktionen werden Sie wiederfinden.

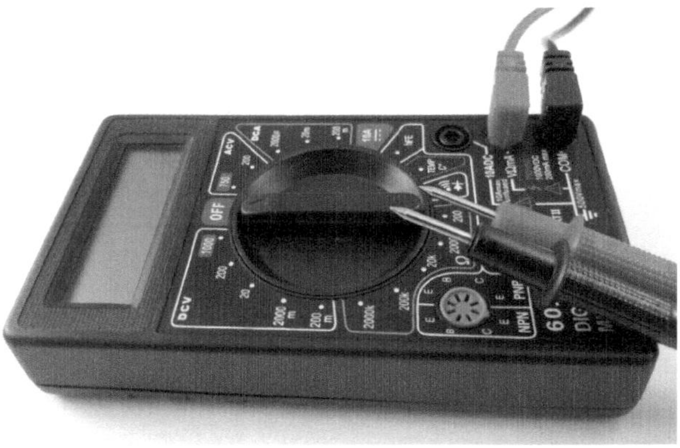

Abbildung 22: Beispiel für ein Multimeter

Ein solches Multimeter ist knapp größer als eine Zigarettenschachtel und kostet ab zehn Euro. Oben haben wir ein Display und darunter ein Feld mit einem großen Drehschalter in der Mitte und vielen Bezeichnungen drumherum, die uns vielleicht jetzt noch nichts sagen. Meistens unten (oft rechts) sehen wir zwei oder drei Buchsen; diese sind für die Kabel mit den Prüfspitzen gedacht. Zusätzlich sind zwei Kabel vorhanden, ein schwarzes und ein rotes. Es hat sich in Jahrzehnten eingebürgert, das schwarze Kabel für Minus zu verwenden und das rote Kabel für Plus (Sie sollten sich auch an diese Konvention halten, weil Sie sich dann beim Arbeiten einen Denkvorgang ersparen; die Situation ist schließlich meistens schon schwierig genug).

Solange die Prüfspitzen einfach so auf dem Tisch liegen, kann man den Drehknopf beliebig hin- und herdrehen; es wird dabei nichts geschehen können, das irgendwie gefährlich wäre. Wenn Sie die Einstellung während der Arbeit verändern möchten, sollten Sie zumindest eine der Prüfspitzen aus dem Schaltkreis herausnehmen. Während der Arbeit mit einem Multimeter wird man immer wieder feststellen, dass man mindestens eine Hand zu wenig hat (mit der einen Hand hält man die eine Prüfspitze, mit der anderen Hand die andere Prüfspitze und mit der dritten Hand hält man das Multimeter, während man mit der vierten Hand den Strom einschaltet).

Eine sehr praktische Funktion, über die die meisten Multimeter verfügen, ist der Durchgangstester. Mit diesem lässt sich feststellen, ob zwischen zwei Punkten eine direkte elektrische Verbindung besteht. Bei der Nutzung dieser Funktion gilt unbedingt: Anlage ausschalten UND Stecker ziehen! Sie suchen jetzt um den Drehknopf herum nach einem Symbol, das aus einem Punkt und ein paar konzentrischen Kreissegmenten besteht; drehen Sie den Drehschalter auf diese Position. Wenn Sie jetzt die Prüfspitzen aneinanderhalten, gibt es einen Piepton. Kein Piepton, keine elektrischen Verbindung. Diese Funktion ersetzt mir eine Hand und ich muss auch nicht auf das Display schauen (einer meiner Freunde tauchte tief in seine Bastelkiste ein und holte zwei alte Multimeter hervor; bei dem einen sah das Symbol aus wie ein Pfeil, der auf ein Pluszeichen zeigt, und das andere piepte nicht, sondern zeigte bei Kontakt eine ‚0.01' im Display; nicht übermäßig praktisch).

Jetzt machen wir den ersten sinnvollen Versuch, und zwar messen wir die Spannung einer Batterie: Drehschalter in das DCV-Feld (das steht für Gleichstrom ‚DC' und Spannungsmessung ‚V') und dort auf die ‚20'; jetzt die schwarze Prüfspitze an den Minuspol halten und die rote Prüfspitze an den Pluspol. Je nach Batterietyp können Sie nun unterschiedliche Batteriespannungen ablesen. Wenn Sie jetzt die Positionen der Prüfspitzen vertauschen, können sie die gleiche Spannung ablesen, nur befindet sich ein Minuszeichen vor der Zahl. Wir können auf diese Weise also nicht nur die Spannung messen, sondern auch die Batteriepole eindeutig unterscheiden.

Gleichspannungen über 120 Volt und Wechselspannungen über 50 Volt sind nicht nur potentiell gefährlich. Nutzen Sie also alle anderen Einstellungen nur, wenn Sie wirklich wissen, was Sie gerade tun möchten. Schalten Sie das Multimeter nach Gebrauch immer aus, sonst ist die Batterie leer, wenn Sie das Messgerät am dringendsten brauchen!

Tipp: Es gibt Miniatur-Abgreifklemmen (z.B. Krokodilklemmen), die man auf die Prüfspitzen aufsetzen kann. Dann hat man zwei Hände frei!

4. Extrakapitel: Batterien in einer Photovoltaikanlage

Für das Verständnis dieses Kapitels sind keine Vorkenntnisse erforderlich und Formeln gibt es weiter hinten, wenn es um die Messung der Kapazität einer Batterie geht! Es geht um einfache Zusammenhänge und es ist sehr wahrscheinlich, dass Ihnen Batterien noch nie auf diese Art erklärt wurden.

Wenn Sie eine PV-Anlage planen, die Elektrizität ins Netz einspeisen soll, müssen Sie sich keine Gedanken über Batterien zu machen. Dies gilt auch, wenn Sie nicht einspeisen möchten, aber über einen Anschluss an die öffentliche Stromversorgung verfügen. Alle anderen müssen sich Gedanken über Batterien machen, denn sonst wird es nachts dunkel im Haus.

Allgemeines über Blei-Batterien

Es gibt sehr viele Batterietypen jeweils in vielen verschiedenen Größen, und die Anzahl möglicher Einsatzgebiete geht gegen unendlich. Dieses Kapitel beschränkt sich auf den Einsatz von normalen Blei-Säure-Batterien in Photovoltaikanlagen, denn diese Batterien sind die preisgünstigste Möglichkeit, elektrische Energie für mittlere Zeitspannen zu speichern, und sie erfordern nur einen ziemlich geringen Wartungsaufwand. Falls Sie (woher auch immer) den Ratschlag erhalten haben oder auf die Idee gekommen sind, dass Sie VRLA- oder Gel-Batterien in Ihrer PV-Anlage einsetzen sollten (sogenannte Solarbatterien), dann ist die Lektüre dieses Kapitels dringend angeraten. Vielleicht ändern Sie Ihre Meinung ja noch.

Eine wesentliche Informationsquelle für dieses Kapitel war die Dissertation von (mittlerweile Professor) Dirk Uwe Sauer (2003, Ulm / Deutschland). In dieser Dissertation wurde ein mathematisches Modell entwickelt, um Batterien nicht nur zu simulieren, sondern auch das Batterie-Management für einen Einsatz in PV-Anlagen zu optimieren. Diese wissenschaftliche Arbeit bildet die Grundlage dieses Kapitels und wurde um einige Informationen erweitert. Viele Graphiken in diesem Kapitel stammen aus dieser Arbeit und werden mit der freundlichen Genehmigung von Herrn Prof. Sauer verwendet.

Auf den ersten Blick scheint es sich bei einer Blei-Säure-Batterie um ein recht einfaches System zu handeln, doch dieser Eindruck täuscht völlig. Dieser Batterietyp wurde vor weit über 100 Jahren erfunden und in der Dissertation von Dirk Uwe Sauer wurde das erste weitgehend komplette Modell (Computerprogramm) dieses Batterietyps veröffentlicht (allerdings war die Simulation teilweise so umfangreich, dass sie auf Rechnern nur unwesentlich schneller war, als die tatsächlichen Abläufe in einer realen Batterie).

In diesem Kapitel wird (vereinfachend) beschrieben, wie eine Blei-Säure-Batterie überhaupt funktioniert, welche (Neben-)Effekte hierbei auftreten und wie diese die Lebensdauer einer Batterie beeinflussen. Wenn man beim Umgang mit Batterien irgend etwas völlig falsch macht, kann das sehr schnell ziemlich teuer werden. Mit dem Wissen aus diesem Kapitel werden Sie nicht zu einem Spezialisten für Batterien, aber Sie werden wissen, was man mit Batterien auf keinen Fall machen sollte (die übrigen Fehler werden eher preiswert sein; wenn man auch diese Fehler vermeiden möchte, sollte man sich ein gutes Lehrbuch - Niveau Technikerschule - zum Thema besorgen).

Alle Batterien sind Verschleißteile. Je nach Behandlung haben Batterien eine Lebenserwartung zwischen weniger als einem Tag und über 20 Jahre; in privaten PV-Anlagen werden meistens 7 Jahre angestrebt. Sogar wenn sie überhaupt nicht belastet werden, sterben Batterien einen langsamen Tod. Wenn sie belastet werden, sterben sie schneller. Und wenn sie falsch behandelt werden, gehen sie ganz schnell kaputt. Typischerweise verursachen Batterien in PV-Inselanlagen (Laufzeit 20 Jahre) Kosten zwischen 20 und 70% der Gesamtkosten; es macht also wirtschaftlich Sinn, sich über die Batterien ein paar Gedanken zu machen.

Je nach Einsatz unterscheiden sich die Anforderungsprofile an eine Batterie drastisch. In einer USV (unterbrechungsfreien Strom-Versorgung) wird die Batterie alle paar Monat beim Systemcheck belastet, wirklich gebraucht wird sie allerdings nur alle paar Jahre für wenige Stunden. Diese Batterien werden praktisch durchgängig unter optimalen Bedingungen gelagert und halten locker 20 Jahre (das gilt für große USVs, nicht für die, die Sie neben dem PC stehen haben, denn dort wird es für die Batterie zu warm).

Traktionsbatterien, beispielsweise für Gabelstapler, werden stark belastet, jedoch unter kontrollierten Bedingungen. Sie sind so dimensioniert, dass sie zuverlässig eine Schicht durchhalten (z.B. 8 Stunden). Anschließend werden die Batterien komplett aufgeladen (z.B. 16 Stunden), und es wird alles vermieden, was diese Batterien übermäßig altern lassen könnte (das ist genau das, was man in einer PV-Anlage anstreben sollte).

Batterien in Solaranlagen (Inselbetrieb) können eigentlich nur geladen werden, wenn hinreichend viel solare Energie zur Verfügung steht. Wie stark und wann die Batterien entladen werden, ergibt sich aus den Umständen. Wann sie wieder geladen werden können und wie weit, hängt vom Wetter ab. Es gilt zunächst, den Bedarf der Nutzer zu befriedigen. Erst nachgeordnet kann die Batterie pfleglich behandelt werden. Die hierdurch entstehenden Kosten steigen überproportional mit den Ansprüchen des Nutzers!

Arbeitsprinzip der Blei-Säure-Batterie

Jede Batterie hat außen zwei Anschlüsse, nämlich den positiven und den negativen Pol. Zwischen diesen beiden Polen kann man eine Spannung messen (diese wird in Volt angegeben). Bei Autobatterien beträgt diese Spannung meistens 12 Volt und bei LKWs sind 24 Volt üblich. Schließt man an diese Pole einen Verbraucher an, etwa eine Glühlampe, dann treibt die Spannung Elektronen von einen Pol durch den Verbraucher in den anderen Pol der Batterie; damit ein Strom fließen kann, ist immer ein geschlossener Kreislauf erforderlich. Die Anzahl der Elektronen, die pro Sekunde durch diesen Kreis wandern, wird als Strom bezeichnet, und der Strom wird in Ampere angegeben.

Bei einem Auto waren früher alle Glühlampen vom selben Grundtyp. Es handelte sich dabei um evakuierte Glaskolben, in denen sich eine Glühwendel aus Wolfram befand. Manche dieser Glühbirnen waren sehr hell, etwa die Scheinwerfer, andere brannten weniger hell, wie etwa die Bremslichter, und andere gaben nur sehr wenig Licht, etwa die Kennzeichenleuchte. Die Lampen haben also verschiedene Leistungen. Die Leistung wird in Watt angegeben und bei Gleichstrom dadurch berechnet, dass man Strom und Spannung (also Ampere und Volt) miteinander multipliziert. Wenn man eine 6 Watt Glühbirne an eine 12- Volt-Batterie anschließt, fließt ein Strom von einem halben Ampere.

Schließt man einen Verbraucher an eine Batterie an, dann setzt ein chemischer Prozess Elektronen frei. Diese fließen von einem Pol durch den Verbraucher hindurch, verrichten dort Arbeit, fließen dann am anderen Pol wieder in die Batterie hinein und müssen dort von einem anderen chemischen Prozess aufgenommen werden. Im ersten chemischen Prozess werden durch die Abgabe von Elektronen Ionen gebildet. Die Elektronen fließen durch den Draht zum anderen Pol und die Ionen wandern durch das Elektrolyt (das ist bei der Blei-Säure-Batterie die verdünnte Schwefelsäure, also die Flüssigkeit in der Batterie) zum anderen Pol. Dort vereinen sich Elektron und Ion und wir haben den energetischen Ausgleich.

Jede Batterie besitzt demnach drei aktive Elemente: eine positive Elektrode, eine negative Elektrode und ein Elektrolyt, also die Batterieflüssigkeit (Elektroden sind elektrisch leitende Platten, die vom Elektrolyt umspült werden). Bei einer vollständig geladenen Blei-Säure-Batterie besteht die negative Elektrode aus reinem Blei (Pb), die positive Elektrode aus Bleidioxid (PbO_2) und das Elektrolyt besteht aus verdünnter Schwefelsäure, also (H_2SO_4) plus Wasser (H_2O).

Wird die Batterie entladen, dann entsteht sowohl an der positiven als auch an der negativen Elektrode Bleisulfat (PbSO4), wodurch die Schwefelsäure weiter verdünnt wird. Da Bleisulfat nur schwer löslich ist, sucht es sich einen Kristallisationskeim und lagert sich an. Da die chemische Umwandlung direkt auf der Oberfläche der Elektrode erfolgte (die Elektronen müssen hinkommen können), ist die Wahrscheinlichkeit sehr hoch, dass die Bleisulfat-Moleküle auch einen Kristallisationskern auf eben dieser Oberfläche finden oder in direkter Nähe.

Wird eine Batterie geladen, dann werden durch eine äußere Kraft Elektronen in die entgegengesetzte Richtung gedrückt. An beiden Elektroden wird das Bleisulfat wieder aufgelöst und es entsteht daraus wieder Schwefelsäure sowie Blei und Bleidioxid; von Verlustwärme abgesehen können die Vorgänge, die beim Entladen abliefen, also wieder umgekehrt werden. Theoretisch müsste man eine Blei-Säure-Batterie beliebig oft laden und wieder entladen können; wir werden gleich sehen, warum das in der Praxis nicht funktioniert.

Bei einen reversiblen chemischen Vorgang ist es praktisch immer so, dass bei der einen Wirkrichtung Wärme freigesetzt wird und bei der anderen Richtung Wärme zugeführt werden muss. Bei einer realen Batterie kommen noch die Verluste hinzu, die durch den Stromfluss entstehen (Elektronen, die durch ein Material fließen, stoßen gegen die Atome, wodurch Wärme erzeugt wird; diese Wärme wird an die Umgebung abgegeben und ist praktisch verloren; Wärme ist letztlich die Bewegungsenergie von Atomen und Molekülen).

Die größten Verluste in einer Blei-Säure-Batterie entstehen jedoch durch die Gasung (manche Untersuchungen zeigen, dass bis zu 95% der energetischen Verluste durch Gasung entstehen). Die Spannung zwischen den Elektroden ist sogar bei einer weitgehend entladenen Batterie immer noch so hoch, dass Wasser in Wasserstoff und Sauerstoff zerlegt werden kann (diese Zerlegung nennt sich Elektrolyse, der Prozess nennt sich Selbstentladung und findet bei Spannungen ab 1,9 Volt statt).

Die Elektrolyse verbraucht ziemlich viel Energie, und die Menge an erzeugtem Knallgas pro Zeiteinheit steigt erheblich mit der Spannung. Eine fast entladene Batterie wird nur sehr wenig Knallgas bilden, eine fast volle Batterie, die mit einer zu hohen Spannung geladen wird, hingegen sehr viel. Blei-Säure-Batterien müssen daher immer so aufbewahrt werden, dass insbesondere beim Laden eine gute Lüftung gewährleistet ist. Alternativ können auch Entlüftungsstopfen verwendet werden, deren Schlauch ins Freie führt.

Wasserstoff und Sauerstoff sind für sich genommen praktisch ungefährlich. Gemeinsam bilden sie Knallgas, und dieses ist explosionsfähig. Wenn man sich anschaut, wie viele Autos pro Jahr wegen explodierenden Batterien abbrennen, weiß man, dass diese Gefahr nicht besonders groß ist. Aber trotzdem: kein offenes Feuer oder Funkenflug in der direkten Nähe der Batterie und natürlich auch keine elektrischen Schalter (etwa Lichtschalter) oder andere Zündquellen!

Genereller Aufbau einer Blei-Säure-Batterie
Es gibt eine Vielzahl von Einsatzbereichen für Blei-Säure-Batterien. Den Einsatzbereich als Starterbatterie von Fahrzeugen wird jeder kennen; hier wird für einen kurzen Zeitraum von wenigen Sekunden sehr viel Energie benötigt, um den großen Fahrzeugmotor in Drehung zu versetzen. Notstromversorgungen sind ein anderer großer Einsatzbereich; bei diesen Installationen wird die meiste Energie abgerufen, wenn die Funktionsfähigkeit der Anlage geprüft wird, und ansonsten wird die Batterie während ihrer etwa 20 Jahre Lebensdauer nie gefordert. Die Batterien, die am stärksten gefordert werden, sind die sogenannten Traktionsbatterien, die etwa in Rollstühlen oder Gabelstaplern eingesetzt werden. Hier wird die Batterie meist täglich weitgehend entladen und nachts wieder aufgeladen. Dem jeweiligen Einsatzgebiet entsprechend ergeben sich konstruktionstechnische Unterschiede.

Der Preis einer Batterie ergibt sich letztlich aus der Menge des eingesetzten Materials und dem Aufwand, der betrieben werden muss, um das Material in die gewünschte Form zu bringen, zum Beispiel poröse Metallschäume. Aus der Anzahl an Batterien, die vom selben Typ mit gleichen Abmessungen gebaut werden, ergibt sich eine mögliche Rationalisierung. Folglich sind Starterbatterien relativ preisgünstig (zumindest im Großhandel). Auch Traktionsbatterien werden in großen Stückzahlen gefertigt. Batterien für Solaranlagen sind eine kleinere Marktnische, also sind sie teuer. Da sogenannte Solarbatterien nichts können, was eine Traktionsbatterie nicht auch kann, machen sie zudem wenig Sinn (es soll auch schon vorgekommen sein, dass normale Traktionsbatterien einen Solar-Aufkleber erhielten und 30% teurer verkauft wurden; teurer Bapper!).

Prinzipiell möchte man in Batterien möglichst viel Energie bei möglichst wenig Volumen, Gewicht und geringen Kosten speichern. Zusätzlich möchte man viel Energie in einer kurzen Zeit abrufen können. Wir stellen uns eine simple Blei-Säure-Batterie vor: Ein Gefäß voll mit Schwefelsäure, eine massive Bleiplatte als eine Elektrode und eine massive Platte aus Bleidioxid ist die andere Elektrode. Dies ist übrigens auch die Definition einer voll geladenen Batterie - eine Elektrode aus Blei, eine aus Bleidioxid und ein Elektrolyt aus verdünnter Schwefelsäure; nicht eine Spur von Bleisulfat in der Batterie. Diese Batterie würde funktionieren und auch die erwartete Spannung bringen, aber wie sieht es mit der speicherbaren Energie und der abrufbaren Leistung aus?

Wenn wir dieser Batterie Energie entziehen, bildet sich auf der Oberfläche beider Elektroden Bleisulfat. Zunächst eine hauchdünne Schicht aus separaten Kristallen, die immer weiter aufeinander zu wachsen. Schon nach kurzer Zeit sind beide Elektroden mit schlecht leitendem Bleisulfat überzogen, und die Batterie bringt kaum noch Leistung. Jede chemische Einzelreaktion liefert ein Elektron für den Stromfluss (oder nimmt es auf). Die Menge an Bleisulfat ist direkt proportional zur abgegebenen Energiemenge (P = U * I). Will man also mehr Energie speichern, dann muss man die Oberflächen der Elektroden vergrößern.

Im Laufe der Jahre wurde die Blei-Säure-Batterie immer weiter entwickelt, und der aktuelle Stand ist der, dass die Elektroden aus einem Innengerippe aus Blei bestehen, auf das eine Paste mit relativ hohem Wassergehalt aufgetragen wird. Während die Paste hart wird, verdunstet der Wasseranteil, und zurück bleibt ein sehr poröses aber leitfähiges Material. Die aus Bleidioxid bestehende positive Elektrode hat eine aktive Oberfläche von 5 m^2 pro Gramm und die aus Bleischwamm bestehende negative Elektrode kommt immerhin auf 0,5 m^2 aktive Oberfläche pro Gramm. Die Elektroden bestehen also weitgehend aus einem mit Schwefelsäure gefüllten Höhlensystem, und schon eine mittlere Starterbatterie weist zig tausend Quadratmeter chemisch aktiver Oberfläche auf.

Wird eine Batterie entladen, überziehen sich zunächst die Wände dieses Höhlensystems mit einer dünnen Schicht aus Bleisulfat (viele kleine Kristallisationskeime) und im Laufe der Zeit wird mehr und mehr aktives Material der Elektroden in Bleisulfat umgewandelt. Bleisulfat-Moleküle nehmen mehr Raum ein als reines Blei oder Bleidioxid (Volumenverhältnisse: $PbSO_4$ / PbO_2 = 1,94; $PbSO_4$ / Pb = 2,40). Das Tunnelsystem verstopft deshalb langsam mit fortschreitender Entladung; die Schwefelsäure wird chemisch zerlegt und es kann kaum weitere Schwefelsäure von außen tief in die Tunnel hinein diffundieren; die Batterie schwächelt, kann sich aber erholen.

Irgendwann tritt der Effekt ein, der für die Zerstörung von Batterien durch Tiefentladungen verantwortlich ist. Das Bleisulfat füllt das Tunnelsystem komplett aus und jedes weitere Bleisulfatmolekül bringt mechanische Spannungen auf die Wände des Tunnelsystems. Da das aktive Elektrodenmaterial nicht übermäßig elastisch ist, löst sich die Elektrode per Rissbildung langsam auf. Wäre das Material nicht in sogenannten Taschen eingelagert, dann könnten die Elektroden wortwörtlich zerbröseln und alle Brösel würden auf den Boden der Batterie absinken. Tod durch mikromechanische Zerstörung!

Schon eine einzige Tiefentladung kann eine Batterie so weit zerstören, dass sie für den praktischen Einsatz nicht mehr verwendbar ist. Je nach Bauart der Batterie (und somit der Porösität der Elektroden) ergeben sich verschiedene Robustheiten. Starterbatterien sollen bei kleinem Volumen sehr viel Leistung liefern; folglich sind ihre Elektroden extrem porös. Batterien für Gabelstapler müssen nicht so hohe Impulsleistungen bringen und sie dürfen in Verhältnis auch etwas größer sein; ihre Elektroden sind deutlich robuster.

Folglich sind Starterbatterien die denkbar schlechteste Wahl, wenn man seine PV-Anlage mit Batterien ausstatten möchte (es sei denn, man bekommt sie geschenkt und muss nur die fachgerechte Entsorgung sicherstellen), denn der Grad der mechanischen Zerstörung ist bei ihnen bei jedem Entladen und Laden sehr groß. Da man nicht vorgeben kann, wo im Höhlensystem sich die Kristalle bilden, kann man diese Zerstörung auch nicht unterbinden. Je nach Bauart ist sie nur unterschiedlich stark.

In einer PV-Anlage soll die Batterie möglichst oft geladen und wieder entladen werden. Staplerbatterien sind auf hohe Zyklenzahlen ausgelegt und werden in großen Stückzahlen gebaut. Folglich sind sie relativ preiswert (1,40 Euro pro Ah bezogen auf 12 Volt; Stand 2015). Außerdem haben die meisten Hersteller einen eigenen Lieferservice. Nur eine kurze Anmerkung nebenher: Industriebatterien sind sogar international kein Gefahrgut!

Es gibt auch noch die Möglichkeit, die Batterie trocken liefern zu lassen. Eine trockene Batterie enthält keine verdünnte Schwefelsäure, also kann sie auch nicht altern. Die Batterie wird dann vor Ort mit Säure befüllt und muss sich erst mal ‚einarbeiten'. Direkt nach dem Befüllen hat sie einen Ladezustand von 60 bis 80%. Also muss sie nach dem Befüllen möglichst bald anständig geladen werden.

Wenn man eine bereits gefüllte Batterie kaufen möchte, sollte man das Befülldatum herausfinden. Denken Sie zweimal darüber nach, ob Sie eine Batterie kaufen, die älter als 6 Monate ist. Der Grund liegt in der möglichen Tiefentladung durch Selbstentladung. Falls die Entladerate nicht ausdrücklich auf der Batterie angegeben wird, sollten Sie von 10% pro Monat ausgehen. Neun Monate nach Herstellung nimmt die Batterie spätestens unumkehrbaren Schaden.

Ein paar Definitionen

Wie so oft trifft auch bei Batterien der umgangssprachliche Gebrauch von Begriffen auf den technischen Gebrauch und es gibt einige Unterschiede und einige Verwirrungen.

Eine Batterie gilt als voll geladen, wenn kein Sulfat mehr an den Elektroden vorhanden ist. Diesen Zustand wird man nur annähernd erreichen können, und das auch nur nach vielen Tagen Ladezeit. Auf 99,99% SOC (state of charge; Höhe der Ladung) kommt man erst nach sehr langer Zeit, und deshalb ist auch die Meinung vieler Autofahrer absolut falsch, dass 20 Minuten Fahrt bei hoher Drehzahl genügen, um eine leere Batterie zu laden (was die Gebrauchsfähigkeit des Autos angeht, haben sie natürlich recht). Auf den (weitgehend) optimalen Ladevorgang gehen wir später noch genauer ein.

Die Nenn-Kapazität einer Batterie wird in Ah (Ampere-Stunden) angegeben. Eine Batterie mit 100 Ah sollte also in der Lage sein, einhundert Stunden lang einen Strom mit einem Ampere zu liefern. Sie besitzt dann noch eine gewisse Restkapazität, die man aber nicht nutzen sollte, denn dies wird mit starken Zerstörungen bestraft.

Oftmals findet man Angaben wie I_{10}. In diesem Fall ist ein Strom gemeint, der einer voll geladenen Batterie innerhalb von 10 Stunden ihre Nennkapazität entnimmt. Man findet auch die Bezeichnung C_{10}. Das ist dann die Kapazität der Batterie bei einer 10-stündigen Entladung. Diese Kennzeichnungen sind notwendig, da eine Batterie, die relativ langsam entladen wird, eine höhere tatsächliche Kapazität hat als eine Batterie, die relativ schnell entladen wird. (Wie schon gesagt: Batterien sind nicht unkompliziert! Wir kommen auf den Peukert-Effekt noch zu sprechen.)

Den Energieinhalt einer Batterie erhält man (überschlägig), indem man die Nenn-Kapazität mit der Nenn-Spannung multipliziert. Hat man eine Batterie mit 100 Ah und 12 Volt Nennspannung, dann weist die Batterie einen Energieinhalt von 1.200 Wh oder 1,2 kWh auf. Eine größere Starterbatterie beinhaltet also elektrische Energie, die aus dem Netz bezogen ungefähr 30 Eurocent kosten würde.

Eine Batterie gilt als nicht mehr einsatzfähig, wenn sie keine 80% der Nennkapazität mehr bringt (DIN 43539 / Teil 4). Bringt eine Batterie nur noch 75%, dann würde ein Techniker sie austauschen wollen. Der Besitzer einer PV-Anlage würde sich auch noch Jahre später über die versuchte Verschwendung beklagen, denn die Batterie hätte ja noch mehrere Jahre super funktioniert! Hiermit haben wir auch die Erklärung, warum die Meinungen darüber, wie man beispielsweise eine schwächelnde Batterie noch retten kann, so weit auseinandergehen.

Kristalle: Wie sie wachsen oder aufgelöst werden
Um einige Effekte, die in Batterien auftreten, erklären zu können, müssen wir uns kurz mit Kristallen und ihrem Wachstum beschäftigen. Es gibt Stoffe, die in bestimmten Flüssigkeiten löslich sind, aber auch in Form von Kristallen vorkommen, zum Beispiel Speisesalz in Wasser. Ist die Konzentration des Stoffes in der Flüssigkeit relativ hoch und sind Kristallisationskeime vorhanden, dann formt sich dieser Stoff zu einem Kristall, und während dieser wächst, sinkt die Konzentration des Stoffes in der Lösung.

Es gibt also immer einen Gleichgewichtszustand: Ist die Konzentration in der Lösung hoch, dann wachsen die Kristalle; wenn die Konzentration hingegen zu niedrig ist, werden die Kristalle wieder aufgelöst. Die Konzentration ist stark von der Temperatur abhängig. Je höher die Temperatur, desto höher die Konzentration.

Jetzt müssen wir uns kurz einen Kristall ganz aus der Nähe anschauen. Die einzelnen Bausteine eines Kristalls sind über physikalische Kräfte miteinander verbunden, sie halten sich also gegenseitig fest (Bindungskräfte). So gesehen gibt es also überhaupt keinen Grund für ein Molekül, den Kristall zu verlassen und wieder in Lösung zu gehen (es hat aufgrund der Bindung zu seinen Nachbarn ein energetisches Minimum, und man benötigt Energie, um es dort wieder herauszuholen). Hier kommt die Wärmebewegung ins Spiel, also die Geschwindigkeit, mit der sich Atome und Moleküle in der Flüssigkeit bewegen oder in einem Festkörper schwingen.

Jetzt stellen wir uns einen ganz kleinen Kristall vor, der nur aus zwei kugelförmigen Bausteinen besteht, und die Kugeln berühren sich nur an einem Punkt. Thermische Stöße, die die beiden Bausteine voneinander trennen könnten, können aus fast jeder Richtung kommen. Der Stoß muss natürlich kräftig genug sein. Nun stellen wir uns einen Kristall vor, der aus ein paar tausend Bausteinen besteht. Die Bausteine im Inneren sind vollständig davor geschützt, wieder in Lösung zu gehen. Die Bausteine an der Oberfläche sind gegen Stöße von unten und von der Seite vollständig geschützt und Stöße von oben verfestigen nur die Struktur. Ein einzelner Stoß wird normalerweise nicht hinreichend sein, um einen Baustein aus dem Kristall herauszulösen. Der Kristall muss durch viele Stöße so heftig in Schwingung versetzt werden, dass es den einen oder anderen Baustein hinaus katapultiert, was relativ selten vorkommen wird.

Befindet sich also ein kleiner Kristall neben einem großen Kristall, dann ist die Wahrscheinlichkeit, dass Moleküle aus dem kleinen Kristall in Lösung gehen, sehr viel höher, als dass Moleküle des großen Kristalls in Lösung gehen. Folglich wird, bei gleichbleibender Konzentration der Lösung, der große Kristall auf Kosten des kleinen Kristalls wachsen. Bei niedrigen Temperaturen geschieht dies nur langsam, denn die Stoßenergie muss genügend hoch sein, um ein Molekül aus seiner Bindung herauszuschlagen. Mit steigender Temperatur geschieht dies immer öfter; je wärmer es ist und je kleiner ein Kristall im Vergleich zu seinen Nachbarn ist, desto schneller verschwindet er.

Eine Kugel hat im Verhältnis zu allen anderen Körpern die geringste Oberfläche pro Rauminhalt. Da Ecken und Kanten wie kleine Kristalle wirken, versucht jeder Kristall, eine möglichst große Kugel zu bilden (es gibt aber auch andere Kristallformen, die strukturell vorgegeben sind). Da beim Laden einer Batterie die Anzahl der in Lösung gehenden Bausteine direkt proportional zur aktiven Oberfläche ist, verliert also ein kleiner Kristall prozentual viel mehr seiner Masse als ein großer Kristall. Die großen Kristalle widersetzen sich also effektiv den Versuchen, sie beim Laden der Batterie aufzulösen. Das heißt nicht, dass es nicht mehr funktioniert, aber es dauert gegebenenfalls extrem lange.

Sulfatierung
Die Bildung von Sulfatkristallen stellt die Basis dafür dar, dass die Batterie überhaupt funktionieren kann. Sie bilden sich, wenn die Batterie entladen wird, und sie lösen sich wieder auf, wenn die Batterie geladen wird, was wir uns jetzt etwas genauer anschauen wollen. In der technischen Umgangssprache bedeutet Sulfatierung einen Zustand der Batterie, in dem es viele und so große Sulfatkristalle gibt, dass sie bei einem normalen Ladevorgang nicht mehr aufgelöst werden können.

Wir nehmen einmal an, dass wir eine absolut neue Batterie haben, es also noch keine Sulfatkristalle gibt. Jetzt schließen wir einen starken Verbraucher an und messen hochauflösend die Batteriespannung. Wir erwarten eigentlich, dass sich sofort eine stabile Spannung am Verbraucher einstellt und diese Spannung langsam über die Zeit absinkt, weil die Batterie entladen wird. Tatsächlich sinkt die Spannung aber für ungefähr eineinhalb Sekunden deutlich unter den erwarteten Wert.

Dies lässt sich dadurch erklären, dass sofort nach dem Einschalten keine Kristallisationskeime vorhanden waren. Folglich steigt die Konzentration von Bleisulfat steil an und liegt deutlich über dem Gleichgewichtswert. Man geht davon aus, dass 4 bis 8 Sulfatmoleküle für den Beginn eines Kristallwachstums zusammenkommen müssen. Ein solcher Minikristall kann aber nicht frei im Elektrolyt schweben, er benötigt einen Anlagerungspunkt. Da die chemischen Prozesse direkt an der Oberfläche der Elektroden stattfinden, sind die Konzentrationen dort besonders hoch, weshalb sich diese Oberflächen für die Besiedelung mit Kristallisationskeimen anbieten. In sehr kurzer Zeit entsteht eine gigantische Anzahl an kleinen Sulfatkristallen und die Konzentration des Bleisulfats in der Flüssigkeit sinkt drastisch. Später entstehen kaum noch neue Kristalle, das heißt, ab jetzt findet nur noch Kristallwachstum (oder Verkleinerung) statt.

Die allgemeine Auffassung ist die, dass man einer Batterie nichts Schlimmeres antun kann, als sie im teilentladenen Zustand einfach stehenzulassen. Allerdings ist dies sehr stark von der Vorgeschichte abhängig, denn Batterien haben in der Tat ein Gedächtnis, und dieses hängt direkt mit der Anzahl der Kristallisationskeime zusammen.

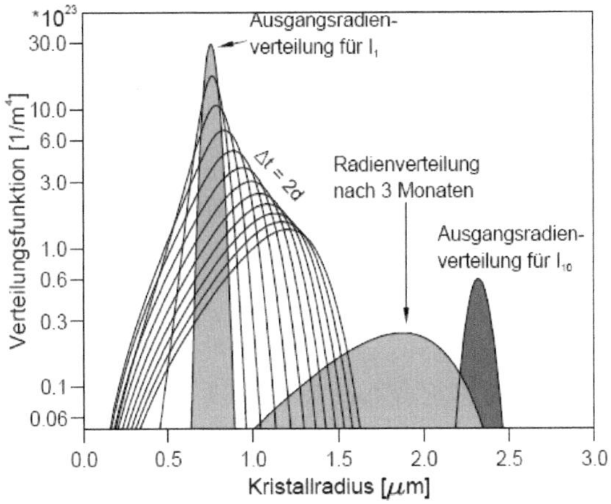

Abbildung 23: Verschiedene Kristallgrößen

In dieser Abbildung wurde simuliert, mit welchen Kristallgrößen man rechnen muss, wenn man eine Batterie innerhalb einer Stunde zur Hälfte entlädt. Zunächst hat man sehr viele kleine Kristalle (erste hellgraue Spitze). In der anschließenden Ruhephase werden viele dieser Kristalle deutlich kleiner und andere Kristalle wachsen auf ihre Kosten. Dann verschwinden die ganz kleinen Kristalle und die Verteilungskurve wird flacher und verschiebt sich weiter zu größeren Kristallen hin (die Achse für die Anzahl ist logarithmisch!). Die Linien der Kurvenschar wurden für Abstände von jeweils zwei Tagen berechnet und rechts daneben befindet sich die Verteilung (hellgrau), die sich nach drei Monaten einstellen würde. Die Umverteilung in Bezug auf die Kristallgröße wird also deutlich langsamer.

Diese Kurven können wir im Augenblick eigentlich nur zur Kenntnis nehmen, denn uns fehlt ein Maßstab zur Beurteilung. Diesen erhalten wir durch die dunkelgraue Kurve rechts. Diese Verteilungskurve wäre entstanden, wenn man eine randvolle Batterie innerhalb von 10 Stunden auf 50% entladen hätte. Schon direkt nach dieser Entladung ist die Größenverteilung der Kristalle sehr viel ungünstiger (die Kristalle sind größer) als nach der Entladung in kurzer Zeit und einer Wartezeit von einem Vierteljahr!

Aus dem Verhalten der Batterie ergeben sich also Konsequenzen für ihre Handhabung. Wenn eine Batterie wirklich voll geladen ist, gibt es hierin keine Sulfatablagerungen (Ideal). Da man die Zukunft der Batterie nicht kennt, sollte sie anschließend mit einem sehr hohen Strom wenige Sekunden lang entladen werden (es kostet nur etwa 0,3% von der kostbaren gespeicherten Energie, wenn man die Batterie 3-5 Sekunden lang mit dem maximal zulässigen Strom belastet). Hierdurch entsteht die größtmögliche Anzahl von Kristallisationskeimen, wodurch die Alterung durch Sulfatierung stark reduziert wird. Zusätzlich bedeuten viele kleine Kristalle eine sehr viel größere Kristalloberfläche; die Batterie ist also leistungsfähiger.

Wenn man eine auf diese Weise behandelte Batterie lädt, bedeutet eine sehr große Anzahl von Kristallen eine sehr große chemisch aktive Oberfläche. Hieraus ergibt sich die Möglichkeit, die Sulphatkristalle weitgehend und in sehr kurzer Zeit aufzulösen. Die Ladephase mit einem hohen konstanten Strom (Bulkphase; siehe später) kann demzufolge länger werden und die Zeit verkürzen, um die Batterie fast vollständig zu laden.

Ladevorgang und Bleisulfat

Wir betrachten jetzt lediglich die positive Elektrode. Zum Laden müssen wir Elektronen in die Batterie hineindrücken (also eine höhere Spannung an die Batterie anlegen, als sie aktuell als Leerlaufspannung hat). Die Elektrode besteht aus reinem Blei mit einem Überzug aus Bleisulfat. Bleisulfat ist ein schlechter elektrischer Leiter, es können also kaum Elektronen durch die Kristalle hindurchwandern. Aber ohne Elektronen kann das Bleisulfat nicht zu Blei und Schwefelsäure reduziert werden. Folglich kommen eigentlich nur die Sulfatmoleküle für die Umwandlung in Frage, die (fast) direkten Kontakt mit dem reinen Blei und dem Elektrolyt haben.

Damit in der Batterie überhaupt etwas geschehen kann, müssen Sulfatmoleküle in Lösung gehen, was sie wegen der Bindungsenergie zu ihren Nachbarmolekülen nur widerwillig tun. Abhängig von der Temperatur wird sich eine bestimmte Sulfatkonzentration im Elektrolyt einstellen (je höher die Temperatur, je höher ist diese Konzentration und die Diffusionsgeschwindigkeit der Bleisulfatmoleküle). Stößt ein Bleisulfatmolekül zufällig gegen das Blei der Elektrode und ist in diesem Moment auch ein Elektron frei verfügbar, dann findet die Reduktion statt (es lagert sich ein Bleiatom an der Elektrode an und ein Schwefelsäure-Molekül entsteht). Wenn kein freies Elektron vorhanden war, wandert das Sulfat-Molekül weiter.

Je länger der durchschnittliche Weg für ein Bleisulfatmolekül ist, desto langsamer wird der Ladevorgang (wobei man allerdings mit höherer Spannung etwas nachhelfen kann). Es ist also logisch, dass zuerst die Sulfatmoleküle an den Rändern der Kristalle abgebaut werden.

Sulfat in direkter Umgebung der Bleielektrode wird praktisch sofort abgebaut. Nehmen wir an, wir haben eine Bleioberfläche, die sich sehr dicht vor einer Bleisulfatfläche befindet. Die oberste Schicht des Sulfats wird sehr schnell abgebaut und der Abstand zur nächsten Schicht ist etwas größer, weil das Bleiatom nur etwa 40% der Größe des Sulfatmoleküls besitzt. Bei sehr vielen kleinen Kristallen wirkt sich dieser Effekt kaum aus. Hat man aber sehr große Kristalle, dann wird der Abstand, der ja durch Diffusion überwunden werden muss, immer größer und der Ladevorgang daher immer langsamer.

Wenn eine Batterie entladen wird, verbindet sich die Schwefelsäure mit dem Blei bzw. dem

Bleidioxid. Dadurch verringert sich das spezifische Gewicht der Säure. Bei einer neuen und voll geladenen Batterie ist das spezifische Gewicht am höchsten und es sinkt direkt proportional mit der entnommenen Energiemenge. Beim Entladen und Laden einer neuen Batterie kann man also direkt den Ladezustand über das spezifische Gewicht der Säure bestimmen.

Aufgrund des Spannungsunterschiedes zwischen den Polen der Batterie wird Wasser in Wasserstoff und Sauerstoff aufgespalten, was als Gasung bezeichnet wird. Da anschließend dieses Wasser fehlt, erhöht sich die Konzentration der Schwefelsäure. Bei einer Batterie, die wegen Gasung Wasser verloren hat, kann man aus dem spezifischen Gewicht nicht mehr auf den Ladungszustand schließen (man müsste die Batterie erst mit destilliertem Wasser auffüllen und die Durchmischung abwarten).

Ist die Batterie älter (oder wurde sie schlecht gepflegt), dann befinden sich größere Sulfatkristalle auf den Elektroden, und diese werden auch dann nicht mehr abgebaut, wenn die Batterie über einen längeren Zeitraum (einige Tage) geladen wird. Die Säurekonzentration kann also nicht mehr die Werte erreichen, die eine Neubatterie aufweist; die Dichte der Säure ist geringer. In diesem Zusammenhang taucht immer wieder die Idee auf, man könne doch einfach Schwefelsäure nachfüllen. Im Prinzip nicht falsch, wären die Mengen der Aktivmassen nicht aufeinander abgestimmt. Das Nachfüllen von Säure vermehrt nicht die Menge an Blei bzw. Bleidioxid, ist also bestenfalls minimal sinnvoll. In einer neuen Batterie stehen die Massenverhältnisse der aktiven Materialien (Blei, Bleidioxid, Schwefelsäure) in einem optimalen Verhältnis zueinander.

Weil man nicht wissen kann, wie stark eine Batterie schon gelitten hat, kann man den Ladezustand nur sehr angenähert aus der Säuredichte bestimmen. Andererseits kann man eine Batterie ein paar Tage an ein gutes Ladegerät anschließen und dann die Säuredichte messen. Durch einen Vergleich mit den Werten einer neuwertige Batterie erhält man eine ziemlich gute Vorstellung von der Restkapazität der Batterie (SOH = state of health) in Bezug auf die Nennkapazität. Wenn man es ganz genau wissen will, muss man einen Belastungstest durchführen (wird später erläutert).

Säureschichtung und ihre Auswirkung

Um für die Dissertation experimentell ermitteln zu können, welche Rolle die Säureschichtung in einer Batterie exakt spielt, hat Dirk Uwe Sauer drei normalen Batterien das ‚Innenleben' entnommen und diese so in einen hohen Trog eingebaut, dass die drei Bereiche (also unten, mittig und oben) der auf diese Weise neu entstandenen gebauten Batterie elektrisch voneinander getrennt waren. Die jeweiligen Kabel wurden erst außerhalb des Troges miteinander verbunden, wodurch es möglich wurde, die jeweiligen Ströme getrennt voneinander zu messen und den Ladezustand der drei Teilbatterien zu bestimmen.

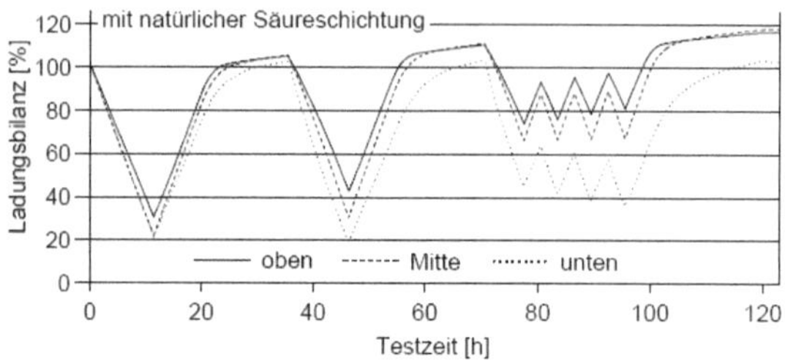

Abbildung 24: Ladungsbilanz

Im Experiment wurden nach zwei vollen Zyklen drei Teilzyklen durchlaufen, was für PV-Anlagen nicht untypisch ist, und abschließend erfolgte eine Vollladung. Es ist recht gut zu sehen, dass der Ladezustand der drei Teilbatterien jeweils beim Ladevorgang auseinanderdriftet.

Würde man eine solche Batterie nach dem dritten Teilzyklus einfach stehenlassen, dann wäre der obere Teil zu annähernd 80% geladen und der untere Teil nur zu 40%. Dort wären die besten Voraussetzungen für die Sulfatierung gegeben. Die Batterie würde schnell und von unten her sterben.

Aber es kommt noch schlimmer, und dies hat mit der jeweils verfügbaren Menge an aktivem Material zu tun. Nehmen wir einfach einmal an, wir sammeln in der oberen Hälfte einer Batterie den Großteil der Schwefelsäure ein und transportieren sie in die untere Hälfte. Wir hätten also eine extreme Schichtung.

Wenn die Batterie jetzt entladen wird, ist das bisschen Schwefelsäure in der oberen Hälfte schnell verbraucht, was bedeutet, dass dieser Teil der Batterie komplett entladen ist (von den Elektroden her ginge noch mehr, aber es fehlt an Schwefelsäure; folglich unterbleibt dort die Alterung der Batterie weitgehend). Im unteren Teil der Batterie ist reichlich Schwefelsäure vorhanden, also kann hier sehr lange entladen werden. Das poröse Elektrodenmaterial füllt sich weiter und weiter mit Bleisulfat (wir erinnern uns an die Volumenverhältnisse), und die Elektroden erleben einen mechanischen Stress wie bei einer Tiefstentladung. Von Außen gesehen sollte es dieser Batterie eigentlich gut gehen, aber der untere Teil der Batterie ist in tödlicher Gefahr.

Wird die Batterie jetzt wieder geladen, dann ist das bisschen Bleisulfat im oberen Teil der Batterie schnell wieder aufgelöst, denn die Sulfatkristalle dort sind klein. Schon nach sehr kurzer Zeit ist der obere Teil der Batterie voll geladen (per Definition, denn es gibt kein Sulfat mehr) und es arbeitet nur noch der untere Teil.

Zusammenfassend lässt sich feststellen, dass der obere Teil der Batterie nur Minimalzyklen durchläuft und daher alle Voraussetzungen für ein langes Leben hat. Sogar wenn Sie meinen, dass Sie die gesamte Batterie nur zu 60% entladen, durchläuft der untere Teil der Batterie volle Zyklen, die sogar weit in den verbotenen Bereich hinein gehen, und es entwickeln sich Brutzentren für dicke Sulfatkristalle.

Hätte man in seiner Anlage eine dreigeteilte Batterie (wie in dem Versuchsaufbau), dann könnte man einfach den untersten Teil austauschen, wenn er verbraucht ist, aber bei normalen Batterien funktioniert das nicht. Nehmen wir an, die oberen 2/3 der Batterie wären noch topfit und der unterste Teil wäre zu 60% dahingeschieden. Per Definition gilt eine Batterie als nicht mehr betriebsbereit, wenn sie weniger als 80% ihrer Nennkapazität aufweist. Die Säureschichtung kann also problemlos dafür sorgen, dass eine Batterie weniger als 10% der erwarteten Zeit hält, obwohl man meint, nichts falsch gemacht zu haben.

Wenn man jetzt zusätzlich bedenkt, dass Traktionsbatterien meistens eine recht große Bauhöhe besitzen (durchaus so hoch wie drei normale Batterien übereinander), kann man dort sehr ausgeprägte Schichtungen erwarten. Die Batterien, die vom Ansatz her am ökonomischten sind, lassen sich auch besonders leicht zerstören.

Jetzt ist zunächst zu klären, wie die Säureschichtung überhaupt entsteht. Wenn die Batterie geladen wird, werden Bleisulfat-Kristalle aufgelöst und es entsteht Schwefelsäure. Da dies überall in dem Tunnelsystem geschieht, hat man ‚vor Ort' eine hohe Säurekonzentration und somit ein hohes spezifisches Gewicht. Diese Säure ist deutlich schwerer als die Säure außerhalb der jeweiligen Elektrode (maximal 1,84 gr/l zu weniger als 1,20 gr/l). Sie wird also durch das poröse Material hindurchsickern.

Beim Entladen wird die Säureschichtung übrigens auch unterstützt, allerdings nicht so stark. Der Batterieflüssigkeit wird Säure entzogen, sie wird also leichter. Da außerhalb der Elektrode die Säuredichte zwischen 1,20 und 1,29 liegen wird, verdrängt diese Säure die stärker verdünnte Säure in der Elektrode nach oben. Wegen der spezifischen Gewichte ist dieser Effekt aber deutlich weniger ausgeprägt.

Bei einer Gel-Batterie kann es nicht zu einer Säureschichtung kommen, denn das Gel lässt keine Strömung zu. In Vliesbatterien kann die Säureschichtung durchaus auftreten. Dort hat man das Problem, dass sie sich nicht wieder abbauen lässt. Warum das so ist, sehen wir gleich.

Was also kann man gegen eine Säureschichtung tun? Früher bestand die Methode der Wahl darin, die Batterie von Zeit zu Zeit zu heftigem Gasen zu bewegen. Dazu hat man die Batterie nach dem eigentlichen Ladevorgang alle zwei bis 4 Wochen über einige Zeit mit einer etwas zu hohen Spannung weitergeladen. Die zugeführte Energie wurde praktisch vollständig dafür verwendet, Wasser elektrolytisch aufzuspalten. Hierdurch entwickeln sich Gasblasen, die beim Aufsteigen das Elektrolyt durchmischen. Allerdings nimmt die Qualität der Durchmischung von oben nach unten ab, denn unten gibt es nur wenige und kleine Blasen. Je weiter diese aufsteigen, desto größer werden sie (abnehmender Wasserdruck) und es kommen weitere kleine Blasen hinzu. Man muss die Batterie also lange gasen lassen, damit die Durchmischung gut wird.

Diese Methode ist deutlich besser als nichts, aber sie hat drei Nachteile. Erstens benötigt sie sehr viel Energie, zweitens verbraucht die Batterie relativ viel Wasser (destilliertes Wasser ist nicht sehr teuer, aber die Arbeitszeit für die Wartung ist es, zumindest in kommerziellen Anlagen) und drittens entstehen die Gasblasen direkt auf der Oberfläche der Elektroden und die aufsteigenden Gasbläschen rütteln am porösen Elektrodenmaterial (Erosion).

Wenn in einer Gel-Batterie Gas entsteht, muss es wieder zu Wasser rekombinieren. Damit die Batterie nicht platzt gibt es ein Sicherheitsventil. Von diesem Sicherheitsventil haben Vlies-Batterien ihren zweiten Namen (VRLA, valve regulated lead acid). Wenn die Batterien neu sind, enthalten sie mehr Wasser, als eigentlich notwendig wäre. Jede geringe Menge Gas, die entweicht, fehlt hinterher in Form von Wasser in der Batterie. Das Problem hierbei besteht darin, dass es keine Möglichkeit gibt, destilliertes Wasser nachzufüllen. Wenn Sie sichergehen möchten, dass Sie sich hier nicht ein sehr teures Vergnügen leisten, sollten Sie Gel- oder Vlies-Batterien nur an Ladegeräte anschließen, bei denen die Gasungsspannung so eingestellt werden kann, wie es im Datenblatt der Batterie angeführt ist.

Wenn schon zwei volle Zyklen und ein paar Teilzyklen hinreichend sind, um eine ausgeprägte Schichtung zu bewirken, hat eine Gasungsphase alle paar Wochen also eher kosmetischen Wert. Da man bei vielen PV-Anlagen meistens schon froh ist, wenn die Batterie überhaupt voll geladen werden kann, bietet sich vielleicht im Sommer des öfteren die Gelegenheit, die weitgehend volle Batterie zum Gasen zu bringen. Aber im Winter, wenn die Zyklentiefe am größten ist, wird hierfür praktisch nie Zeit sein. Doch es gibt eine Lösung, die im Bereich privater PV-Anlagen weitgehend unbekannt ist: Elektrolytumwälzung!

Mit der Gasung bewirkt man zwar auch eine Elektrolytumwälzung, aber dieser Begriff ist eigentlich nur bei Anlagen gebräuchlich, in denen es eine Pumpe gibt, die die Säure aktiv bewegt. Den Effekt einer solchen Pumpe sieht man in der nachfolgenden Abbildung. Dadurch, dass es keine Konzentrationsunterschiede mehr gibt, sind auch die Unterschiede in den Kapazitäten verschwunden. Alle Bereiche der Batterie altern gleich schnell.

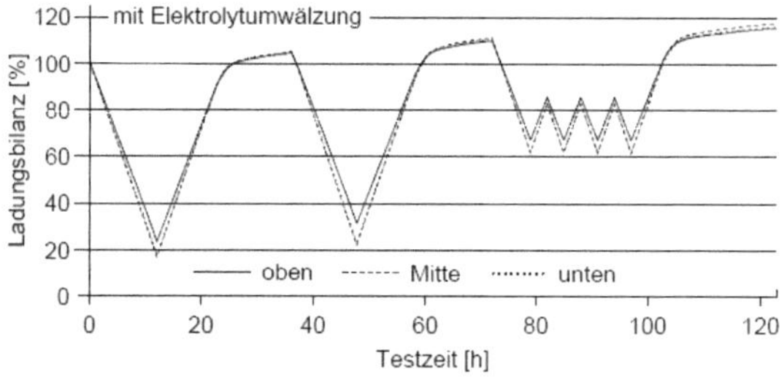

Abbildung 25: Ladungsbilanz mit Elektrolytumwälzung

Meistens wird es unmöglich sein, für die Elektrolytumwälzung eine Tauchpumpe zu verwenden (ich kenne keinen Hersteller, der solche Pumpen anbietet). Eine Lösung, die oft möglich sein wird, ist der Einsatz einer einfachen Belüftung. Auf der Oberseite vieler Zellen wird durch kleine Kreise angezeigt, dass sich darunter eine Sollbruchstelle befindet. Dort kann man mittels eines dünnen Dorns ein Loch mit etwa 8 mm Durchmesser erzeugen. Durch dieses kleine Loch führt man ein recht dünnes Plastikrohr ein, das kurz über dem Sumpf der Batterie endet. Dieses Röhrchen verbindet man mit einem kleinen Kompressor. Die Luft geht durch das Röhrchen und beim Aufsteigen nehmen die Luftblasen die dichtere Säure per Reibung mit. Die Säureschichtung wird hierdurch effektiv aufgelöst. Aus der Praxis wird berichtet, dass schon drei Minuten Blubbern pro Stunde völlig hinreichend sind.

Was jetzt noch fehlt ist, eine kleine Luftpumpe, wie man sie auch für Aquarien verwendet. Dass diese Pumpen praktisch immer säurefest sind, ist deutlich von Vorteil (im Zweifelsfalle ausprobieren, bevor man sie mit der Batterie verbindet; manche Nutzer haben auch festgestellt, dass das Plastik der Schläuche oder Rohre klebrig wurde). Es gibt solche Pumpen ab zwei Watt Pumpleistung und sie können Luft normalerweise mindestens einen halben Meter tief in Wasser (oder auch Säure) hineinpumpen. Die Förderleistung einer solchen Pumpe wird normalerweise für mehrere Batteriezellen hinreichend sein.

Die Elektrolytumwälzung verhindert nicht nur zuverlässig die Ausbildung einer Säureschichtung, sondern sorgt zusätzlich für eine gleichmäßige Verteilung der Wärmeenergie (der elektrische Strom durch die Elektroden erwärmt diese und der Säurefluss nimmt diese Energie jetzt auf). Die Elektroden werden nicht nur aktiv gekühlt, sondern die Wärmeenergie wird effektiv über die Oberfläche der Batterie abgeführt, was wiederum zu einer Verlängerung der Lebensdauer der Batterie führt.

Es sei noch kurz darauf hingewiesen, dass die Elektrolytumwälzung nur beim Laden erforderlich ist, denn nur dann entsteht konzentrierte Schwefelsäure an den Elektroden. Dies ist in einer PV-Anlage natürlicherweise auch die Zeit, in der die meiste Energie zur Verfügung steht. Die Batterien werden also durch die Umwälzung elektrisch nicht belastet.

Leider ist es nicht möglich, den potentiellen Einspareffekt generell auch nur abzuschätzen. Der Bastelaufwand für eine solche Pumpe ist wirklich sehr klein, und der Preis geeigneter Luftpumpen bewegt sich im Bereich weniger Euro. Da eine Elektrolytumwälzung absolut sicher das Beste ist, was man seiner Batterie antun kann, sollte man über einen Versuch zumindest nachdenken. Beim Neukauf einer Batterie sollten Sie darauf bestehen, dass die Batterie mit einer EUW ausgeliefert wird oder zumindest alle notwendigen Teile mitgeliefert werden.

Batterien reagieren recht negativ auf hineingebrachte Verschmutzungen, weshalb man einen kleinen Luftfilter vor der Luftpumpe einbauen sollte; dieser muss so fein sein, dass er Staub jeder Art zuverlässig abfängt.

Beim Durchleiten von Gas durch Schläuche oder Rohre erhöht sich der Gegendruck exponentiell. Das Rohr, das man für die Umwälzung in die Batterie einbringt, nennt sich übrigens Degen. Am unteren Ende des Degens befindet sich ein Reduzierstück. Dieses sorgt dafür, dass kleinere Unterschiede in der Degenlänge keine Rolle spielen; es macht auch nichts, wenn die Batterie ein wenig schief steht.

Im Photovoltaik-Forum fand ich den Vorschlag, einen einfachen Plastikschlauch als Stethoskop zu missbrauchen (obwohl billige Stethoskope auch nur 5 Euro im Versandhandel kosten). Das eine Ende steckt man sich ins Ohr und das andere Ende hält man über das Loch des Stopfens; die Unterschiede in der Lautstärke sind deutlich hörbar. Blubbert es in einer Zelle deutlich stärker als in den anderen, dann ist sehr wahrscheinlich das Reduzierstück unten am Degen abgefallen.

Die Alterung in einer Batterie: Korrosion & Co

Hier wird beschrieben, warum eine Batterie auf jeden Fall altert (auch wenn sie nicht arbeiten muss) und wie sie durch die Arbeit altert. Anschließend widmen wir uns der chemischen Korrosion (die physikalische Erosion hatten wir ja schon).

Die Elektroden bestehen aus einem massiven und gut leitenden Gitter aus Blei, auf das eine Paste aufgetragen wird, die sich in hoch poröses Material verwandelt. Hoch porös bedeutet, es sind sehr viele scharfe Kanten vorhanden. Beim Entladen wird das Material der Elektrode abgebaut und lagert sich irgendwo in der Nähe als Bleisulfat ab. Das bedeutet, dass Flächen abgebaut werden, und wir gehen mal davon aus, dass das Material gleichmäßig von allen Oberflächen abgetragen wird (Teilabbildung b). Wenn die Batterie dann wieder geladen wird, wird Blei beziehungsweise Bleidioxid gebildet, dass sich natürlich nur auf vorhandenen Flächen ablagern kann; da das Material kein Gedächtnis hat, können scharfkantige Strukturen nicht wieder aufgebaut werden.

Um es salopp zu sagen: Das Eckige wird zum Runden. Hierdurch erklärt sich auch, warum Starterbatterien nicht für PV-Anlagen geeignet sind. Sie haben eine extrem große Oberfläche (also sehr viel scharfe Kanten), weshalb die Kapazität bei regelmäßigen Entladungen bis 50% DOD sehr schnell abnimmt, weil die aktive Oberfläche entsprechend schnell kleiner wird. Eine PzS altert langsamer, weil die aktive Oberfläche schon von Beginn an kleiner ist. Oder anders ausgedrückt: Etwas Scharfkantiges abzurunden, ist einfach; etwas Rundes noch runder zu machen, dauert lange.

Wenn eine Batterie sehr lange aktiv genutzt wurde, wurden alle Strukturen in den Elektroden abgerundet. Sogar bei einer Batterie, die nur der Notstromversorgung dient, findet dieser Prozess statt, denn es gibt eine Selbstentladung. Da die Oberflächenstruktur der Elektroden dann aussieht, als sei das Material angeschmolzen worden, spricht man von Versinterung.

Jetzt zur Korrosion. Wenn man bei einer Blei-Säure-Batterie das Wort Korrosion hört, vermutet man natürlich sofort, dass die Säure etwas damit zu tun hat. Das ist berechtigt, aber leider völlig falsch. Der Grund für die Korrosion liegt in der Elektrolyse, und das funktioniert folgendermaßen: Ab einer Spannung von 1,9 Volt beginnt Wasser damit, sich aufzulösen (die Spannung ist hoch genug, um den Sauerstoff vom Wasserstoff zu trennen). Diese Spaltung kann an jedem Ort im Elektrolyt zwischen und in den Elektroden stattfinden. Der Wasserstoff wandert zur negativen Elektrode und der Sauerstoff wandert zur positiven Elektrode. Ein Teil des Gases findet auf dem Weg einen Partner und rekombiniert; hierbei wird die zuvor eingesetzte Trennenergie als Wärme freigesetzt.

Bei Wasserstoff und Blei besteht keine Möglichkeit, dass sie chemisch miteinander reagieren. Folglich bildet der Wasserstoff Bläschen auf den Elektroden. Diese werden immer größer bis sie aufsteigen und aus der Batterie verschwinden. Der Sauerstoff wandert zur positiven Elektrode und findet dort Bleidioxid. Bei Sauerstoff und Bleidioxid besteht ebenfalls keine Möglichkeit, dass sie chemisch miteinander reagieren, doch jetzt kommt eine kleine Gemeinheit ins Spiel. Das Elektrodenmaterial ist sehr porös, folglich wird der Sauerstoff auch tief in das Tunnelsystem wandern; und was findet er dort? Das Grundgerüst der

Elektrode, und das besteht aus Blei, und mit dem kann und will der Sauerstoff reagieren. Es entsteht also weiteres Bleidioxid innerhalb dieser Elektrode. Da Bleidioxid mehr Volumen beansprucht als reines Blei, beginnt das Elektrodengerüst zu wachsen. Praktisch die gesamte Korrosion in einer Bleibatterie geht auf diesen Vorgang zurück und lässt sich nur verhindern, indem man die Batterie möglichst wenig (besser nie) gasen lässt.

Da jede Zelle in einer Bleibatterie nominell 2 Volt liefert, was ja oberhalb von 1,9 Volt liegt, kann die Elektrolyse überhaupt nicht unterbunden werden. Würde man andererseits unter diese Spannung gehen, gäbe es Bleisulfat in jeder beliebigen Menge. Man darf also wieder zwischen Teufel und Beelzebub wählen.

Wir sind wieder in einem Teufelskreis. Das Laden von Batterien erzeugt konzentrierte Schwefelsäure. Konzentrierte Schwefelsäure bewirkt die Säureschichtung. Die Säureschichtung kann durch kräftiges Gasen der Batterie beseitigt werden. Kräftiges Gasen erzeugt sehr viel Sauerstoff, der die positive Elektrode zersetzt. Klasse!

Die Situation sieht ausweglos aus, ist sie aber nicht. Die Antwort lautet Elektrolytumwälzung! Die vorsätzlich bewirkte Elektrolyse, um eine Umwälzung zu bewirken, kann unterlassen werden. Die Elektrolyse kann nicht völlig unterdrückt, aber sehr stark eingeschränkt werden. Hieraus erbibt sich eine Minimierung der Korrosion!

In Deutschland bieten praktisch alle Batteriehersteller Umwälzsysteme an – allerdings oft zu unverschämt hohen Preisen. In vielen anderen Ländern scheinen die Hersteller das Wort noch nicht einmal zu kennen oder halten die Methode für unsinnig. Es bleibt also nichts anderes übrig, als Druck auf die Hersteller und Händler aufzubauen, damit sie Umwälzsysteme zu akzeptablen Preisen anbieten (oder zumindest Batterien, bei denen man selbst entsprechend nachrüsten kann). Also immer wieder fragen!

Bleibatteriearten
Der Inhalt dieses Abschnitts ist Public Domain gesetzt.

Offene Batterien sind solche, bei denen man die kompletten Elektroden ziehen kann (sie werden nur noch sehr selten benutzt). Bei geschlossenen Batterien hat der Plastiktrog einen Deckel, der fest mit dem Trog verbunden ist (verklebt, verschweißt). Es sind Öffnungen im Deckel, die zum einen das Entweichen von Gasen erlauben und zum anderen für Wartungszwecke verwendet werden (Wasser nachfüllen, Säuredichte messen). Die verschlossenen Batterien sind hermetisch dicht, wenn man von einem Überdruckventil absieht (daher Valve Regulated Lead Acid). Bei verschlossenen Batterien sind Wartungsarbeiten praktisch unmöglich, sie verzeihen einem also keine Misshandlungen.

Die geschlossenen Batterien enthalten flüssige Schwefelsäure zwischen den Elektroden. Bei Gel ist die Säure in ihrer örtlichen Ausdehnung begrenzt, weil durch Zugabe von Kieselsäure eine puddingartige Masse erzeugt wird. Bei AGM (Absorber Glass Mat) werden die Elektroden durch säuregetränkte Glasmatten separiert.

Die Bezeichnung der Zellen ist von der Konstruktion der positiven Elektrode, der Art des Elektrolyts sowie der Bauform des Gehäuses abhängig. Bei der Abbildung handelt es sich nur um eine unvollständige Übersicht.

VLA = Ventilated Lead Acid ⇛ Batterie mit Zellenstopfen im Deckel
VRLA = Valve Regulated Lead Acid ⇛ wartungsfreie Batterie mit Überdruckventil

‚S' am Ende = Standard
‚V' am Ende = verschlossen ⇛ VRLA ⇛ Gel oder AGM
‚O' am Anfang = ortsfest; Zellengehäuse stabil ⇛ nur Sicherung gegen Fall nötig

PzS = Panzerplatte; Zellengehäuse nicht fest ⇛ Zellen müssen in einen Trog
PzB = wie PzS, jedoch mit ‚britischen' Abmessungen
OPzS = Ortsfeste Panzerplattenbatterie
OPzV = Ortsfeste Panzerplattenbatterie

EPzS = positive Panzerplatte, geschlossen
EPzV = positive Panzerplatte, verschlossen
Das ‚E' steht (sehr wahrscheinlich) für den Hersteller Exide

GIS = positive Gitterplatte, geschlossen; nicht zyklenfest
GiV = positive Gitterplatte, verschlossen; nicht zyklenfest

DCG = Deep Cycle Gel; relativ zyklenfest und wartungsfrei (also eine VRLA)

ECSM (Expanded Copper Stretched Metal) mit Kupfer-Streckmetall-Platte im Inneren der Elektroden. Hierdurch wird der Innenwiderstand der Elektroden abgesenkt und die Spannung knickt bei stoßartigen Belastungen etwas weniger ein. Kann man auch in einer PVA einsetzen, sind aber unnötig teuer.

Alle Batterien, die ein ‚Pz' (Panzerplatte) im Namen haben, sind immer für PV-Anlagen geeignet. Bei den anderen Batterien muss man einen Blick ins Datenblatt werfen, um die Zyklenfestigkeit zu überprüfen.

Das Laden einer Batterie

Jetzt muss noch darauf eingegangen werden, dass es zwei völlig verschiedene Dinge sind, wenn ein Wissenschaftler von einer vollgeladenen Batterie spricht oder wenn wir das tun. Wenn eine Batterie nach jedem Zyklus zu 99,999% wieder aufgeladen wird, verliert sie keine Kapazität durch Sulfatierung. Beträgt die Aufladung lediglich (!) 99%, dann können schon 10 Zyklen genügen, um die chemisch aktive Oberfläche der Sulfatkristalle auf ein Drittel zu reduzieren.

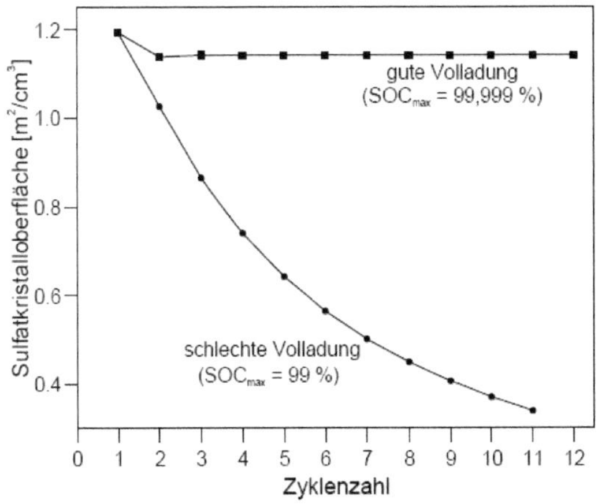

Abbildung 26: Aufladezyklen einer Batterie

Die Batterien der meisten PV-Anlagen werden so ausgelegt sein, dass sie in der Nacht um ungefähr 25% entladen werden, man also zwei zusätzliche Tage überbrücken kann. Am nächsten Tag stehen vielleicht 10 Stunden zur Verfügung, um die Batterie wieder aufzuladen. Schon im Sommer wird man froh sein, wenn man einen SOC von 99% schafft. Es ist also davon auszugehen, dass die Batterie im Winter leidet und Sulfat in dicken Kristallen ansetzt.

Das Einzige, was diesbezüglich hilft, ist eine Vollladung über eine sehr lange Zeit. Korrosion und Erosion in einer Batterie kann man weder verhindern (nur durch niedrige Temperaturen und Verlangsamen der Spannung) noch rückgängig machen. Für die Sulfatierung gilt dies nicht, denn sie kann durch Vollladung verhindert werden (daher die sehr lange Lebensdauer von Batterien, die in großen Notstromsystemen ihren Dienst tun) und lässt sich weitgehend rückgängig machen, falls sie aufgrund akuter Umstände nicht zu verhindern war.

Für PV-Systeme bedeutet dies, dass zumindest zyklisch alle zwei Wochen dafür gesorgt werden muss, dass die Batterie wirklich voll ist. Für eine solche Aktion sollte man durchaus 24 Stunden einplanen und sich auch nicht davor scheuen, das Laden vom Netz aus fortzusetzen.

Rein von der chemischen Reaktionsgleichung her wäre es möglich, Batterien nahezu ohne Verluste zu laden und zu entladen. Leider kommen noch ein paar physikalische Effekte hinzu, die uns hier einen Strich durch die Rechnung machen: elektrische Widerstände und die Gasung.

Die Verluste, die von diesen Widerständen verursacht werden, steigen quadratisch mit der Spannung, die an ihnen anliegt. Da diese Verluste den Wirkungsgrad einer Anlage verschlechtern, wird man die Ladespannung nur ein wenig über der Leerlaufspannung der Batterie halten wollen. Andererseits soll die Batterie in einer endlichen Zeit geladen werden, und je länger diese Zeit ist, desto mehr Zeit haben die Sulfatkristalle zum Wachsen (und um diese dann wieder zu entfernen, ist sehr viel mehr Zeit erforderlich).

Der Ladevorgang einer Batterie ist also ein Kompromiss!

In der Literatur findet man oft die Faustformel, dass der Ladestrom (in Ampere) nicht größer als 10% der Kapazität sein sollte. Bei einer 100Ah-Batterie sollte der regelmäßige Ladestrom daher nicht größer als 10 Ampere sein. Andererseits beginnt die Batterie zu gasen, wenn die Zellenspannung über 2,4 Volt liegt. In diesem Fall wird sehr viel Energie für die Spaltung von Wasser verwendet und steht nicht mehr für das Laden der Batterie zur Verfügung.

Ein typischer Ladevorgang beginnt daher mit einer Konstantstromphase (eine auf die Batterie abgestimmte Stromstärke wird dadurch erreicht, dass das Ladegerät eine entsprechend hohe Spannung an die Batterie anlegt). Diese Phase wird auch oft als Bulk-Charging (Mengen-Ladung) bezeichnet; hierdurch wird die Batterie in kurzer Zeit weitgehend voll. Dann folgt eine Phase mit konstanter Spannung (gerade unterhalb der Gasungsspannung), um die Batterie mit möglichst geringen Verlusten weiter zu laden. Hierbei wird der Strom immer kleiner, und wenn er vom Wert her kleiner ist als 1% des Kapazitätsnennwerts (bei der 100Ah-Batterie also ein Ampere), gilt die Batterie im technischen Sinne als voll.

Wie wir weiter vorne im Buch schon gesehen haben, ist voll im technischen Sinne nicht das gleiche wie im wissenschaftlichen Sinne. Also folgt jetzt eine Phase, während der die Dauer-Erhaltungsspannung (2,23 Volt) an der Batterie anliegen sollte. Es werden jetzt die letzten Lücken mit Energie gefüllt (beziehungsweise die letzten Sulfatkristalle aufgelöst) und es wird der Selbstentladung der Batterie entgegengewirkt (wenn man in dieser Phase dann ab und zu die Elektrolytumwälzung einschaltet, unterstützt man die Diffusion des Bleisulfats hin zu elektrisch leitfähigem Elektrodenmaterial).

Nehmen wir an, wir haben eine PV-Anlage mit einer 100Ah-Batterie, und über Nacht werden 50 Ah verbraucht. Einige Zeit nach Sonnenaufgang beginnt die Bulk-Ladung mit 10 Ampere. Nach 4 Stunden folgt die Konstantspannungsphase, die 4 bis 6 Stunden dauern wird. Bei Sonnenuntergang ist die Batterie weitgehend voll, aber nicht randvoll. Mit anderen Worten: Im Sommer können wir die Batterie in einem weitgehend gesunden Zustand halten, aber im Winter haut das so nicht hin.

Man benötigt also ein Batterieladegerät, bei dem man den Strom für die Bulkladung vorgeben kann. Allgemein wird in der Literatur angegeben, dass ein Ladestrom von 20% der Kapazität noch als akzeptabel gilt (wenn es unbedingt sein muss, etwa weil man mit einem Generator laden muss, kann man auch 30% vertreten). Wir könnten also die Bulkphase auf zwei Stunden verkürzen, und die Konstantspannungsphase kann hinreichend lang werden. Man bedenke Folgendes: Bei einer Autobatterie rechnet man damit, dass sie für eine gute Vollladung mehr als 24 Stunden am Ladegerät angeschlossen sein sollte (wenn es nötig ist, wird die Batterie auch gequält, und man kann sie nach einer Stunde wieder verwenden!).

Mit anderen Worten: Man sollte sich das beste Ladegerät leisten, das im Verhältnis zur Gesamtanlage noch Sinn macht. Wenn man in einer PV-Anlage eine 100Ah-Batterie an ein Ladegerät anschließt, das nur 5 Ampere maximal liefert, ist die Wahrscheinlichkeit recht hoch, dass man sich schon nach kurzer Zeit von der Batterie verabschieden kann. Ohne weiter ins Detail zu gehen, möchte ich hier anraten, darauf zu achten, dass sich zumindest der Bulk-Strom einstellen lässt (damit der Ladestrom optimal zur Kapazität der Batterie passt, die sich im Laufe der Jahre langsam aber deutlich ändert; und damit die Jahreszeiten berücksichtigt werden können). Das Ladegerät sollte drei Ladephasen kennen (ganz technisch ausgedrückt sollte das Ladegerät über eine IuoU-Kennlinie verfügen; erst konstanter Strom, dann konstante Spannung und automatische Umschaltung auf Erhaltungsspannung). Alles andere ist lediglich nett und manchmal hilfreich, aber nicht wirklich nötig.

Nun möchte ich noch beschreiben, wie ein energetisch optimaler Ladevorgang aussehen sollte, und dazu muss man Zeiträume betrachten, die zwei Wochen oder länger sind. Es gibt den schönen Spruch, dass 95% der Verluste auftreten, wenn man die Batterie von 95% SOC auf 100% bringen will (der Grund liegt in der Gasung, die im nachfolgenden Abschnitt beschrieben wird). Was ist einfacher, als schlichtweg darauf zu verzichten? OK, ganz so einfach ist es nicht.

Während der Bulkladung gibt es keinerlei Gasung und auch die ohmschen Verluste halten sich in sehr engen Grenzen. Also muss man seine Anlage so steuern, dass man mit dem voraussichtlichen Ertrag am nächsten Tag wieder auf 90% SOC kommt. Das bedeutet aber auch, dass die Batterie zumindest die Nacht über in teilentladenem Zustand herumsteht, sich also größere Sulfatkristalle bilden können. Dem kann man aber entgegenwirken, indem man etwa alle zwei Wochen die Batterie auf 99% SOC auflädt und auch die großen Sulfatkristalle wieder beseitigt. Mit dieser Methode erzielt man bei einer Bleibatterie (bei Verwendung einer EUW) durchaus Wirkungsgrade von 95%. Wenn Sie also irgendwo lesen, dass Bleibatterien nur einen Wirkungsgrad von 50% oder bestenfalls 70% aufweisen, hat das jemand geschrieben, der sich vor 20 Jahren das letzte Mal mit Bleibatterien beschäftigt hat. Wenn man so dumm ist, die Batterie jeden Tag stundenlang gasen zu lassen, kann man allerdings auf solche Wirkungsgrade kommen.

Gasung

In jeder Bleibatterie wird das Wasser in der Batterieflüssigkeit durch Elektrolyse in Wasserstoff und Sauerstoff zerlegt. Dies ist ein Vorgang, den man nicht vollständig unterdrücken kann. In einer normalen Blei-Säure-Batterie wandern die Gase zu den Elektroden, bilden Bläschen, steigen auf und verlassen die Batterie über die Entlüftungslöcher. Zusammen mit dem Gas verlässt die Energie, die für die Spaltung notwendig war, die Batterie (und das kann eine erhebliche Menge sein).

Gel- und AGM-Batterien haben versiegelte Gehäuse, weshalb sie nie stark gasen dürfen. Risse im Gel und kleine Tunnel im Vlies sorgen dafür, dass Wasserstoff und Sauerstoff wieder zueinander finden und rekombinieren können. Hierbei wird die Energie, die zuvor für die Aufspaltung benötigt wurde, wieder als Wärme freigesetzt. Daher erwärmen sich Flüssigsäure-Batterien praktisch nicht, Gel- und AGM-Batterien jedoch durchaus auch kräftig.

Die Gasung ist also normalerweise unerwünscht, denn sie führt zu einem erheblichen Energieverlust. In zwei Situationen wird sie allerdings gezielt eingesetzt, nämlich um eine Säureschichtung wieder aufzulösen (das haben wir weiter vorne in diesem Buch schon eingehend diskutiert) und für die Ausgleichsladung (die ich sogleich erläutern werde).

Starke Gasung setzt bei 2,4 Volt pro Zelle ein (das sind bei einer 12-Volt-Batterie 14,4 Volt).

Für normale Blei-Säure-Batterien gibt es noch einen technischen Trick, um das Wasser nicht zu verlieren. Hierbei werden sogenannte Rekombinationsstopfen verwendet, die die normalen Verschlussstopfen ersetzen. In ihnen befindet sich ein Katalysator, an dem Wasserstoff und Sauerstoff miteinander rekombinieren. Die Wirkung dieser Stopfen kann derart gut sein, dass die Batterie nahezu wartungsfrei wird. Der Nachteil dieser Stopfen besteht darin, dass sie die Batterie luftdicht verschließen, sie also nicht mit einer normalen Elektrolytumwälzung kompatibel sind.

Es gibt da eine optimale Lösung. Eine Hälfte dieser Lösung hat Varta sich 1985 (DE3503015C2) patentieren lassen, wobei der Patentschutz bereits abgelaufen sein müsste. Der Luftumlauf wird dabei als geschlossenes System realisiert. Wenn man zusätzlich noch einen Druckausgleichsschlauch mit Überdruckventil nach Außen legt, müsste man eine solche Anlage auch in unbelüfteten Räumen betreiben dürfen. Dann setzt man die Rekombinationsstopfen auf die Batterie und die ganze Installation wird praktisch wartungsfrei. Ich frage mich ernsthaft, warum eine solche Lösung nicht auf dem Markt erhältlich ist (es kann ja wohl nicht so schwierig sein, eine Aquariumpumpe zu modifizieren).

Ladeverluste und Ladestrom

In diesem Kapitel geht es mal wieder nur um eine Abschätzung und hierzu nehmen wir uns wieder unsere 100-Ah- Batterie. Eine Batterie kann man in erster Näherung als eine Reihenschaltung von einem Kondensator und einem Widerstand ansehen. Dies ist der berühmte Innenwiderstand.

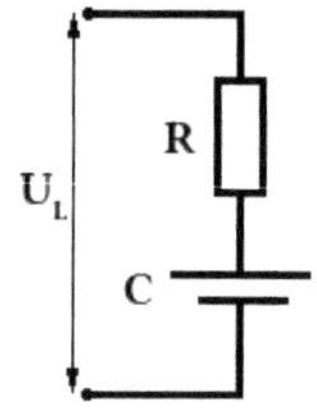

Abbildung 27: Schaltbild eines Innenwiderstands

In den Wert des Innenwiderstandes gehen die Kabel ein, die Elektroden und das Elektrolyt; der Kondensator ist der eigentliche Energiespeicher. Eine 100-Ah-Batterie wird typischerweise einen Innenwiderstand von ungefähr 5 Milliohm aufweisen (der genaue Wert ist hier nicht von Interesse).

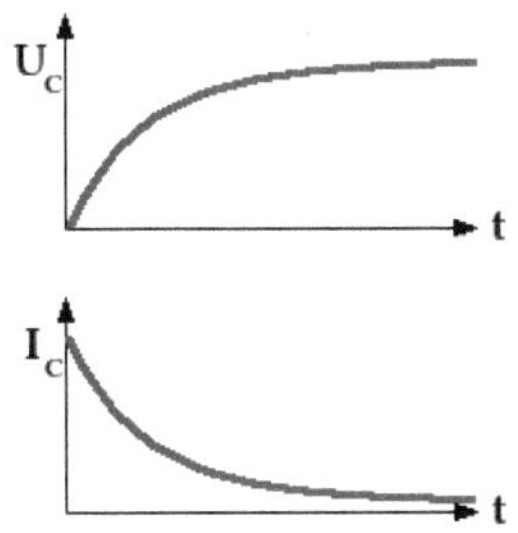

Abbildung 28: Ladespannung

Wenn eine Ladespannung an die Batterie angelegt wird, steigt die Spannung am Kondensator zunächst steil an. Da sich gleichnamige Ladungsträger abstoßen, wird es für die nachfolgenden Ladungsträger immer schwieriger, noch auf den Kondensator zu kommen, und die Spannung steigt langsamer an. Man kann auch den Strom untersuchen. Er ist anfangs relativ groß und nimmt exponentiell ab. Das erklärt jetzt auch, warum man anfangs die fast verlustfreie Bulk-Ladung hat und hinterher nur noch letzte Eckchen füllen kann.

Die Verlustleistung während der Bulkphase ergibt sich aus $P = U * I = I^2 * R$. Bei der 100-Ah-Batterie soll der Strom 10 Ampere betragen; P = 10 * 10 * 0,005 = 0,5 Watt. Die Aufheizung der Batterie wird man messtechnisch nachweisen können, aber technisch gesehen spielt sie keine Rolle. Wir gehen jetzt ein wenig drastischer vor und speisen mit 30 Ampere ein. P = 30 * 30 * 0,005 = 4,5 Watt. Grob gerechnet gehen P = U * I = 12 * 30 = 360 Watt in die Batterie hinein. Wir hätten demnach Verluste von 1,25%, die natürlich beim Entladen auch wieder auftreten würden. Daraus ergäbe sich ein Wirkungsgrad von 97,5%.

Die Besitzer von Opas-Batterien (also Batterien, wie sie etwa in Gabelstaplern verwendet werden) berichten häufig von Wirkungsgraden von ungefähr 90%. Wo fallen also die anderen Verluste an? Die gehen in die Zersetzung von Wasser in Wasserstoff und Sauerstoff, die beim Rekombinieren dann Wärme abgeben oder zusammen mit den Gasen verschwinden.

Hieraus ergibt sich, dass man zu Beginn der Ladephase durchaus mit dem höchsten Strom laden kann, den der Batteriehersteller als erlaubt deklariert, ohne dass die Batterie Schaden nimmt. Die dadurch entstehenden Verluste werden relativ gering sein, sofern man die Spannung deutlich unterhalb der Gasungsspannung von 2,4 Volt pro Zelle (14,4 Volt bei der 12 Volt Batterie) hält.

Ausgleichsladung

Die Fertigungsprozesse bei der Herstellung einer Batterie sind nicht so exakt, dass alle Zellen in ihrem Verhalten identisch sind. Dies kann dazu führen, dass die Zellen auseinanderdriften und sich ihre elektrischen Parameter immer mehr unterscheiden. Nehmen wir an, eine Zelle in einer 12-Volt-Batterie ist schwächer als die anderen 5 Zellen (diese sind ja alle in Reihe geschaltet). Während die anderen Zellen lediglich einen Don von 40% aufweisen, hat diese Zelle bereits einen Don von 50%. Wenn jetzt normal geladen wird, sind alle Zellen schon vollständig geladen, jedoch diese eine Zelle nicht. Wird der Ladevorgang jetzt abgebrochen (das Ladegerät vermutet aufgrund der Stromaufnahme, dass alle Zellen voll sind), dann hat diese Zelle eine hohe Wahrscheinlichkeit, größere Sulfatkristalle zu bilden und noch mehr an Kapazität zu verlieren.

Das Problem besteht darin, dass es keinen natürlichen Prozess gibt, der diese Entwicklung abschwächt oder gar stoppt. Im Gegenteil, er wird beschleunigt. Aber wie soll man es schaffen, eine Batteriezelle nachzuladen, auf die man keinen direkten Zugriff hat (bei einer PS kommt man wenigstens an die einzelnen Zellen heran)? Wenn die Ladeendspannung erreicht wird, sind normalerweise alle Zellen so voll, dass sie keinen Strom mehr durch sich hindurch zulassen wollen (wenn wir mal von dem Strom der Selbstentladung absehen). Die Antwort heißt Gasung!

Wir legen eine Spannung an die Batterie an, die eigentlich zu hoch ist. Die gesamten Zellen wehren sich dagegen, indem sie zu gasen beginnen. Nur eine nicht, denn sie ist noch nicht voll. Während die anderen Zellen dezent (Gel- und AGM-Batterien) oder auch heftiger (normale PS) gasen, wird die abgedriftete Zelle wieder auf Spur gebracht. Die Abdrift wird wieder ausgeglichen.

Bei einem ‚normal' genutzten Bleiakku gibt es letztlich keinen Unterschied zwischen einer Gasung zwecks Aufhebung der Säureschichtung und dem Ausgleichen von Verhaltensänderungen; beides geschieht in einem Auf wasch. Verschlossene Batterien sind so konstruiert, dass es keine Säureschichtung (oder nur eine sehr geringe) geben sollte. Aber sie sind nicht gegen das Auseinanderdriften gefeit (insbesondere nicht AGM).

Wie kann man erkennen, ob eine Ausgleichsladung erforderlich ist? Genau genommen gar nicht, es sei denn, man hat ein ausgefeiltes Batterie-Management-System (also eine technische Totalüberwachung). Wenn der Kapazitätsverlust einer Batterie über die Zeit deutlich höher liegt, als das statistisch der Fall sein sollte, könnte eine Ausgleichsladung fällig sein. Da wir pragmatisch sind und ein solches Überwachungssystem gar nicht erst einrichten möchten, wird halt einmal alle ein bis drei Monate eine Ausgleichsladung durchgeführt. Sofern hierbei nicht die zulässigen Spannungen überschritten werden (siehe Datenblatt der jeweiligen Batterie), können wir hierdurch keinen Schaden anrichten.

Wenn es zu einer Tiefentladung der Batterie (oder mehreren sehr tiefen Zyklen innerhalb relativ kurzer Zeit) kam, sollte gleichfalls eine Ausgleichsladung erfolgen (man hat einer Zelle oder mehreren Zellen die Möglichkeit gegeben, bis an die Grenze der Fertigungstoleranzen zu gehen; folglich würden die betroffenen Zellen ohne Ausgleichsladung ab sofort mit höherer Geschwindigkeit altern).

Wenn die Batterie häufiger zum Gasen gebracht wird, um das Elektrolyt zu durchmischen, müssen keine Ausgleichsladungen vorgenommen werden.

Die Spannung bei einer Ausgleichsladung sollte 2,55 Volt pro Zelle betragen. (Andere behaupten 2,4 Volt; es gelten also die Angaben des Herstellers!) Eine Ausgleichsladung sollte normalerweise nicht länger als etwa 30 Minuten dauern (eine schonende Methode, die öfter angewendet werden kann) oder so lange, bis die Batteriespannung für 2 Stunden konstant bleibt. (Ich persönlich mag die letztere Methode nicht; warum soll man eine Batterie quälen, wenn es nicht wirklich notwendig ist?)

Tipp: Wenn Sie eine Batteriebank haben, die beispielsweise mit 48 Volt arbeitet, und andererseits Verbraucher (wie etwa kleine Lampen für die Nacht), die 12 Volt benötigen, wäre es verlockend, einfach diese Spannung aus der Batteriebank anzugreifen. Damit würden wir aber genau das bewirken, was wir mit einer Ausgleichsladung verhindern wollen: Die einzelnen Zellen (oder Einzelbatterien) driften wertmäßig auseinander! Um das wieder auszugleichen, müssten wir die Batterien quälen.

Für solche Zwecke sollte man DE-DC-Wandler verwenden (eine elektronische Schaltung, die aus 48 VDC etwa 12 VDC erzeugt; für kleine Leistungen kosten diese knapp über einen Euro). Diese Wandler verbrauchen fast nichts, wenn sie im Leerlauf arbeiten, und sie haben einen Wirkungsgrad um die 80%, wenn sie arbeiten. Auf längere Sicht gesehen ist das weniger, als man für Ausgleichsladungen verbrauchen würde.

Peukert und die Temperatur

Der hier beschriebene Effekte kann für Überraschungen sorgen, wenn man eine Batterie mit hohen Strömen belastet oder sie bei kalten Temperaturen einsetzt.

Der Herr Peukert untersuchte den Effekt, dass Batterien weniger Energie abgeben können, wenn sie mit einem relativ hohen Strom belastet werden. Die Elektroden bestehen ja beide aus einem schwammartigen Material, in dem es viele winzige ‚Kavernen' gibt. Wenn jetzt Elektrodenmaterial zu Sulfat umgewandelt wird, müssen frische Schwefelsäuremoleküle per Diffusion von außen her nachgeliefert werden. Wird mit einem relativ hohen Strom entladen, dann reicht die Zeit nicht aus, dass die Schwefelsäuremoleküle tief in das Kasernensystem eindringen können. Also werden sie schon nahe den Eingängen umgewandelt. Das Ergebnis besteht darin, dass die Eingänge verstopfen und somit sehr viel weniger aktive Fläche zur Verfügung steht, und eine kleinere Fläche bedeutet eine kleinere Kapazität.

Die Temperatur ist in der Physik definiert als die Bewegungsenergie von Atomen oder Molekülen. Deshalb bewegen sich Atome (auch Ionen) und Moleküle um so schneller, je höher die Temperatur ist. Wenn man also die Batterie entlädt und die Temperatur niedrig ist, verstopfen die Erbgutmoleküle schneller die Eingänge zu den Kavernen (sie haben keine Zeit, tiefer hineinzugelangen). Der Zusammenhang ist also der, dass höhere Entladeströme und tiefere Temperaturen den Peukert-Effekt verstärken (die gespeicherte Energie ist nicht weg, man kommt nur aktuell nicht mehr an sie heran; nach der nächsten Aufladung ist sie wieder vorhanden).

Wenn man eine Staplerbatterie so belastet, dass sie nach 5 Stunden leer ist (SoC 0%), hat man entsprechend den Prüfvorschriften bei 30°C eine Kapazität von 100%. Kühlt man die Batterie auf -20°C ab, dann kann man ihr nur noch 50% der Energie entnehmen. Bei dieser Belastung nimmt also die entnehmbare Energie um 1% pro Grad ab bzw. zu. Bei einer Belastung mit einem Strom, der eine Entladung innerhalb von 10 Stunden bewirkt (bei 30°C), liegt die Abweichung bei 0,6% pro Grad.

Aus Entladetiefe die Lebensdauer berechnen

Es hält sich hartnäckig der Mythos, dass Batterien deutlich schneller sterben, wenn man sie tiefer entlädt. Dies wird jetzt anhand einer Bleibatterie (PzS) für Gabelstapler oder Flurförderfahrzeuge näher untersucht (bei anderen Technologien sieht es weitgehend ähnlich aus). Die folgenden Daten sind dem Batteriehandbuch von Hoppecke für die PzS-Baureihe entnommen. In diesem Handbuch gibt es eine Graphik, in der dargestellt wird, wie viele Zyklen eine solche Batterie mitmacht, wenn man mit verschiedenen Entladetiefen arbeitet. Ich habe diese Graphik auf eine Batterie mit 100 Ah normiert und die betreffenden Werte in folgender Tabelle zusammengefasst (DoD = Depth of Discharge = Entladetiefe):

DoD in %	Anzahl Zyklen	durchgeleitete Ah
20	8.000	160.000
30	5.200	156.000
40	3.800	152.000
50	2.900	145.000
60	2.200	132.000
70	1.800	126.000
80	1.500	120.000

In der folgenden Abbildung gibt der schwarze Linienzug den Inhalt dieser Tabelle wieder. Die rote Linie stellt die Linearisierung hiervon dar. Wird die Batterie immer wieder mit der gleichen Entladetiefe belastet, dann zeigen die drei vertikalen blauen Linien, welches die kalendarische Lebensdauer der Batterie sein würde, wenn die Batterie täglich entsprechend belastet wird. Die grüne Linie würde sich ergeben, wenn die Energiemenge, die durch eine Batterie fließen kann, überhaupt nicht von der Zyklentiefe abhängen würde.

Die Grenzen von 5 Jahren beziehungsweise 15 Jahren sollte man planerisch nicht über oder unterschreiten. Die Belastung einer PzS könnte man auch so auslegen, dass sie 20 Jahre halten sollte; allerdings ist sie dann alleine durch das Herumstehen dem Tode nahe und hat nur gekostet und nichts geleistet. Wenn man die Lebensdauer auf weniger als 5 Jahre auslegt, werden die Ströme meisten recht hoch und die Batterie leidet; allerdings stirbt diese Batterie an Abnutzung, bevor sie (wahrscheinlich) Zeit hatte, sich eine andere Erkrankung einzufangen (eine geeignete Wartung vorausgesetzt).

Wenn wir auf die grüne Linie schauen, stellen wir fest, dass die Abweichung von den tatsächlichen Werten maximal bei rund 10% liegt. Dies führt zur einer Vereinfachung der Betrachtung, nämlich dahingehend, dass es zwischen der 5-Jahres- und der 15-Jahres-Linie völlig egal ist, mit welcher Zyklentiefe man arbeitet (der Fehler ist kleiner 10%). Jede gespeicherte und später entnommene kWh kostet gleich viel!

Hieraus ergibt sich, dass noch ein Mythos falsch ist, nämlich die Behauptung, dass jeder einzelne Entlade-Ladevorgang, egal wie tief er war, als Zyklus zählt („Um Gottes Willen, nie eine Staplerbatterie in der Mittagspause nachladen!"). In dem nur um wenige Prozentpunkte von der Realität abweichenden Idealfall haben zwei Zyklen á 20% DoD genau die gleiche Wirkung wie ein Zyklus mit 40% DoD. Es ist also letztlich nicht die Anzahl von (Teil-) Zyklen ausschlaggebend, sondern es sind nur die durch die Batterie geleiteten kWh, die die fast lineare Abnutzung bewirken.

Hieraus folgt, dass es im Hinblick auf die Kosten durch Abnutzung völlig egal ist, ob man eine Batterie so auslegt, dass ihre kalendarische Lebensdauer 5 Jahre beträgt, oder ob man die Größe der Batterie so auswählt, dass sie voraussichtlich 15 Jahre halten wird. Jede kWh kostet gleich viel!

Soweit zur Theorie, jetzt zur Praxis. Je größer eine Batterie zum Zeitpunkt des Kaufs ist, desto weniger wird man pro kWh Speicherkapazität zahlen müssen (Mengenrabatt). Auf der anderen Seite muss man einen solchen Briefbeschwerer erst mal bezahlen, und anschließend sind entweder Zinsverluste (aktuell vielleicht 1%) oder zu zahlende Zinsen zu berücksichtigen (wohl so um die 5%). Die nächste Annahme ist also die, dass sich die Kaufpreisvorteile gegen die Zinsen praktisch aufrechnen lassen. Es ist also auch ein weiterer Mythos, dass größere Batterien letztlich teurer sind. Das stimmt nur, wenn die zu erwartende Lebensdauer deutlich über 15 Jahren liegt, aber wer plant denn auch so etwas? Zumindest niemand, der Ahnung von Batterien hat!

Was kostet eine kWh aus der Batterie?
Bisher haben wir gelernt, was erforderlich ist, damit eine Batterie möglichst lange lebt, und zwar vor dem Hintergrund, dass man durch ein wenig Wartung und Nachdenken eine ganze Menge Geld sparen kann. Jetzt kommen wir zu dem Punkt, weshalb wir überhaupt eine Batterie haben möchten: Wir wollen elektrische Energie auch dann, wenn die Sonne nicht scheint! Die große Frage ist: Was kostet das letztlich? Glücklicherweise gibt es eine ziemlich einfache Methode, um diese Frage zu beantworten.

Wir gehen beispielsweise von einer 100-Ah-Batterie mit 12 Volt aus, die 150 Euro kostet und die laut Datenblatt 1.500 Zyklen mitmacht, wenn man sie maximal zu 70% entlädt. Die Batterie kann also 1,2 kWh * 0,7 = 0,84 kWh speichern, und das 1.500 mal, das macht 1.260 kWh Energiedurchsatz für 150 Euro - oder auf die kWh umgerechnet 11,9 Eurocent. Dann berücksichtigen wir, dass wir nur einen Wirkungsgrad von 90% haben und kommen auf 13,2 Cent pro kWh. Wenn man den Laderegler, die Kabel, Verzinsung und die Verluste im Laderegler mit hineinrechnet, landet man bei maximal 15 Cent pro kWh.

Wie bereits gesagt, dieser Preis ist unabhängig davon, ob man eine Sicherheitsreserve von 2 oder 10 Tagen eingebaut hat. Er ist eine Konstante (für den jeweiligen Batterietyp)!

Jetzt haben wir allerdings noch eine Option. Wir verlängern die Nutzung der Batterie, bis sie auf 60% der Nennkapazität gesunken ist. (Das wird bei Li-Akkus übrigens auch so gehandhabt!) Da die Batterie mit zunehmendem Alter auch aus anderen Gründen als Überarbeitung sterben kann, wird man den Preis wohl nicht halbieren dürfen, aber man sollte auf 10 Cent pro kWh kommen können.

Das Retten von Batterien

Es gibt Firmen, die sich darauf spezialisiert haben, Batterien wieder aus dem Reich der Toten zu holen, doch auch die können keine Wunder bewirken. Ich werde zunächst erläutern, was Sie selber tun können, und anschließend, warum das, was diese Firmen machen können, nicht sehr weit darüber hinausgehen kann.

Die einzige Batterieschwäche, gegen die Sie etwas unternehmen können ist die, die Sie selber verursacht haben: Sulfatierung! Diese Sulfatierung entsteht, wenn die Batterie lange Zeit teilentladen herumsteht und die Sulfatkristalle immer größer werden. Hier kann man eine ‚Schnarchladung' vornehmen; dazu wird die Batterie soweit aufgeladen, dass sie wirklich voll ist (von der Spannung her), und dann lässt man sie etliche Tage (lieber Wochen) stehen, wobei die Ladeerhaltungsspannung die ganze Zeit anliegt. Dabei lässt man sie einmal pro Tag ein paar Minuten gasen (oder schaltet die EUW ein).

Um die Kapazität abschätzen zu können, haben wir zum einen die Zellenspannung und zum anderen die Säuredichte. Wenn beide Werte den gleichen Ladezustand ausweisen, hat man eine (fast) neuwertige Batterie. Wenn sich innerhalb einer Woche keine Änderungen an der Zellspannung oder der Säuredichte ergeben, ist das das Ende der Bemühungen. Jetzt bleibt nur ein Batterietest und die Entscheidung, ob man die Batterie weiter betreiben möchte oder sie den Weg zum Recyclinghof finden muss.

Das bringt mich noch kurz zum Thema alte Schätzchen. Wenn Sie im Keller eine alte Batterie finden, die Sie vor Jahren dort abgestellt haben, ist diese Batterie mit an Sicherheit grenzender Wahrscheinlichkeit hinüber. Wenn die Restspannung noch über 10 Volt beträgt, kann man eine Wiederbelebung versuchen; wenn die Spannung deutlich niedriger ist, kann man sich die Mühe sparen.

Bei allen anderen Methoden zur Rettung einer Batterie, ob angeblich patentiert oder nicht, werden Sie (fast) absolut sicher Ihren Verlust nur noch vergrößern, und dies hat ganz einfache Gründe. Jegliches Material, das seinen Weg von den Elektroden in den Batteriesumpf gefunden hat, ist nur mit aufwendigem Recycling wieder aktivierbar, nämlich als fabrikneue Batterie. Es gibt weder physikalisch noch chemisch einen Weg, wie dieses Material aus dem Sumpf heraus wieder geordnet auf die Elektroden gelangen könnte. Verluste, die durch Korrosion oder Erosion entstanden, sind unumkehrbar!

In jeder Batterie hat man Elektrodengitter, auf die als hochporöse Masse Blei oder Bleidioxid aufgetragen wurde. Zusammen mit der Schwefelsäure bildet dieses aufgetragene Material das sogenannte aktive Material. Diese drei aktiven Materialien sind mengenmäßig aufeinander abgestimmt, und es gibt nur eine Reaktionswechselwirkung: von diesen drei Materialien zu Bleisulfat oder wieder zurück.

Falls die Batterie normal zu retten gewesen wäre, hätten wir es schon mit unserem Dauer-Lade-Versuch geschafft. Das bedeutet, das Sulfat muss sich an Orten befinden (zum Beispiel in dicken Kristallen), die nicht zugänglich sind. Es gibt sicherlich einige chemische Reaktionen, mit deren Hilfe man Bleisulfat auflösen kann, vielleicht sogar auf eine Art, die den Rest der Batterie nicht allzu sehr schädigt. Vielleicht lässt sich sogar das Blei und das

Bleidioxid wieder trennen. Aber wie sollte man es schaffen können, dieses Material wieder als poröse Bedeckung auf die Gitterstrukturen zu bringen? Das Stichwort ist ‚porös'! Sogar wenn man das Material zurückbringen könnte, die chemisch aktive Fläche würde von Quadratmetern abfallen auf Quadratzentimeter pro Gramm Material.

Tut mir leid, da besteht keine Hoffnung. Die Kapazität ist für immer weg!

Verschaltung von Batterien
Mancher wird sich noch aus seiner Schulzeit daran erinnern, dass es die Spannungsreihe der Metalle gibt. Entsprechend ergeben sich zwischen verschiedenen chemischen Stoffen Spannungen. Bei Blei-Säure-Batterien ergeben sich, je nach Ladungszustand, Spannungen zwischen 2,13 Volt (Vollladung) und 1,93 Volt (praktisch leer) pro Zelle. Vereinfachend geht man von 2 Volt aus. Eine normale Starterbatterie hat 12 Volt, folglich besteht sie aus 6 Zellen. Diese sind intern verdrahtet. Von außen sieht man nur die beiden Pole. Bei Batterien, die nicht wartungsfrei sind, lassen sich die 6 Zellen anhand der 6 Stopfen erkennen (wenn man die Stopfen entfernt, kann man destilliertes Wasser nachfüllen; bei wartungsfreien Batterien kann man kein Wasser nachfüllen, also keine Stopfen).

Der Grundbaustein besteht also immer aus einer 2-Volt-Zelle. Möchte man eine höhere Spannung erhalten, dann muss man die Batterien bzw. die Zellen in Reihe schalten (man führt den Minuspol der ersten Zelle heraus; dann verbindet man den Minuspol der zweiten Zelle mit dem Pluspol der ersten Zelle; dann verbindet man den Minuspol der dritten Zelle ....; anschließend führt man den Pluspol der letzten Zelle heraus). In Schritten von zwei Volt lässt sich also jede beliebige Spannung einstellen.

Es gibt noch eine Verschaltungsart, nämlich die Parallelschaltung. Hierbei verbindet man alle Minuspole miteinander und alle Pluspole. Die Ausgangsspannung einer solchen größeren Einheit ist die gleiche wie die jeder einzelnen Zelle. Die Parallelschaltung wird verwendet, um mehr Energie bei einer vorgegebenen Spannung zur Verfügung stellen zu können.

Parallelschaltung und Reihenschaltung kann man mischen, man muss nur aufpassen, dass die Einheiten, die man in Reihe schaltet, alle die gleiche Kapazität aufweisen, und die, die man parallel schaltet, alle die gleiche Ausgangsspannung haben. Wenn man zwei Reihenschaltungen parallel schaltet, dann man auf jedem Spannungsniveau auch eine elektrische Verbindung quer legen; diese Verbindung ist nicht zwingend erforderlich, verhindert aber, dass die einzelnen Zellen wertmäßig zu stark auseinanderdriften. Wenn man diese Querverbindungen hergestellt hat, sollte jede dieser Verbindungen mit einer Sicherung versehen werden; das ist der Schutz, falls eine Zelle einen internen Kurzschluss hat (die Sicherung rettet die parallelen Zellen). Eine Batteriebank ist eine Verschaltung, bei der einzelne Batterien oder Zellen separat ausgetauscht werden können.

Wenn man eine PV-Anlage mit einer Batteriebank ausstattet, hat man natürlich zuvor berechnet, welche Kapazität man benötigt, und oftmals ist durch die Verwendung bestimmter Komponenten bereits vorgegeben, welche Spannung die Batteriebank ungefähr haben sollte. Mit diesen Angaben sucht man dann in den Katalogen der Anbieter. Falls man keine Batterie findet, die exakt den Ansprüchen genügt, kann man durch Reihen- und Parallelschaltung die Batterie komponieren, die man benötigt. Damit das besonders einfach ist, werden größere Batterien komponentenweise verkauft, nämlich in Komponenten mit jeweils 2 Volt (größere Batterien wären sonst auch viel zu schwer für den Transport).

Diese Komponenten (Zellen) sind meistens wesentlich höher als die Batterien, die wir vom Auto her kennen. Sie werden nach Anlieferung mit vorgefertigten Kabeln miteinander verbunden (Schraubanschlüsse). Die gewünschte Batteriebank entsteht so innerhalb von Minuten.

Diese Art des Aufbaus bietet noch einen weiteren Vorteil, denn alles geht irgendwann auch mal kaputt, entweder wegen normaler Alterung oder wegen Material- oder Fertigungsfehlern. Wenn man jetzt eine Batterie wie die im Auto hat und eine der Zellen kaputtgeht, muss man die gesamte Batterie entsorgen (wenn nur eine der Zellen defekt ist und die gesamte Batterie 100 Euro gekostet hat, entsorgt man 83 Euro in Form funktionierender Zellen, weil man sie nicht abtrennen kann).

Bei einer Batteriebank kann man die Zellen einzeln austauschen und natürlich auch prüfen. Die einfachste Art der Prüfung erfolgt im Leerlauf, indem man die Spannungen der einzelnen Zellen misst. Diese sollten (+/- ein bis zwei Prozent) alle identisch sein. Man kann die Messung auch unter Last durchführen oder bei unterschiedlichen Entladetiefen. Weicht eine Zelle stark von den anderen ab, kann man schon mal eine neue bestellen (oder eine Ausgleichsladung durchführen und noch einmal messen).

Sogar wenn eine Zelle komplett ausfällt, etwa durch einen internen Kurzschluss, ist man flexibel. Man nimmt die defekte Zelle einfach aus dem Verbund heraus. Die Batteriebank hat dann vielleicht statt der eigentlich vorgesehenen 48 Volt nur noch 46 Volt, aber die gesamte Anlage läuft noch (vergessen Sie dabei nicht, den Laderegler und den WR auf die neue Situation einzustellen).

Zusammenfassung: Wichtige Fakten über Batterien

Es gibt drei Haupttypen an Blei-Säure-Batterien:

- *geschlossene Batterie, Nasszellen-Batterie; FLA (Flooded Lead Acid)*

  In der Bauform als Traktionsbatterien sind dies exakt die Batterien, die man in einer Solaranlage einsetzen sollte (beispielsweise OPzS- oder PzS-Batterien).

- *Vlies-Batterie, AGM (absorbant glass mat), VRLA (valve regulated lead acid)*

  Ein mit Säure durchtränktes Vlies aus Glasfaser separiert die positiven und negativen Elektroden. Wenn eine Batterie dieses Typs gast, entweicht das Gas bei zu hohem Druck durch das Sicherheitsventil. Das anschließend fehlende Wasser kann nicht ersetzt werden (es würde sich wegen der Glasfasermatte nicht mit der Säure mischen können), weshalb solche Batterien keine Verschlussstopfen haben. Diese Batterien darf man nicht zum starken Gasen bringen!

- *Gel-Batterien (sind letztlich auch VRLAs)*

  Die verdünnte Schwefelsäure wird mit Silikat gemischt und verfestigt sich zu einer puddingartigen Masse, die nicht fließfähig ist. Die Ionen können sich allerdings in ihr (frei) bewegen. Solche Batterien können auch kopfüber genutzt werden. Diese Option, die die Batterie deutlich teurer macht, wird man in einer PV-Anlage selten benötigen. Solche Batterien darf man nicht zum starken Gasen bringen!

Anmerkung: Es gibt AGM-Batterien, bei denen die Elektroden aufgewickelt werden. Bei dieser Bauform sind die Elektroden so dünn, dass praktisch keine konzentrierte Schwefelsäure durch die Elektroden sickern kann. Batterien dieser Bauform sind vor Säureschichtung weitgehend geschützt. Billig sind sie allerdings nicht! Dafür extrem rüttelfest - aber wer braucht das in einer PVA?

Jede kWh, die man in eine PzS-Batterie einspeist und ihr wieder entnimmt, kostet mindestens 10 Eurocent. Auch wenn sich das merkwürdig anhört, dies liegt an der mechanischen Abnutzung der Batterie.

Batterien haben drei tödliche Gegner, nämlich Korrosion, Sulfatierung und hohe Temperaturen, wobei die hohen Temperaturen nicht selber schaden, sondern die ersten beiden Gegner massiv unterstützen. Die Erosion kann auch tödlich sein, spielt im regulären Betrieb aber eine untergeordnete Rolle.

Die ideale Temperatur liegt bei 23 bis 25°C!

Jede 8°C über 25°C halbieren jeweils die verbleibende Lebensdauer der Batterie!

Eine ständige Temperatur von 33°C lässt die Lebensdauer auf 50% sinken; eine ständige Temperatur von 41°C lässt die Lebensdauer entsprechend auf 25% sinken und so weiter.

Korrosion lässt sich nicht verhindern. Sie kann durch niedrige Temperaturen aber gebremst werden und lässt sich weitgehend vermeiden, wenn die Batterie nie gast (der Sauerstoff greift das Gitter der Elektrode aus Bleidioxid an).

Sulfatierung lässt sich verhindern, indem die Batterie regelmäßig komplett geladen wird. Eine vollgeladene Batterie altert nur durch Korrosion. Beim Entladen einer Batterie entstehen Bleisulfat-Kristalle. Es lässt sich nicht verhindern, dass große Sulfatkristalle auf Kosten von kleinen Kristallen wachsen. Je höher die Temperatur, desto schneller dieser Wandel. Große Kristalle lösen sich überproportional schlecht wieder auf. Daher muss die Batterie regelmäßig (z.B. alle zwei Wochen) vollgeladen werden.

Jede Entladung, egal wie gering sie ist, zerstört die Batterie mechanisch. Diese Schäden lassen sich nicht rückgängig machen. Tiefentladungen verursachen exponentiell steigende Schäden. Schon eine Tiefstentladung kann die Batterie killen!

Schutzmaßnahmen gegen Sulfatierung: Führen Sie eine Elektrolytumwälzung beim Laden durch (oder bringen Sie die Batterie häufiger zum Gasen). Laden Sie Batterien regelmäßig vollständig (zur Entfernung möglichst aller Sulfate). Je länger die Zeiträume sind, in denen die Batterie nicht vollständig geladen war, desto größer sind die Sulfatkristalle; je länger die letzte Phase bei der Ladung ist, desto besser für die Batterie.

Bei industriell eingesetzten Traktionsbatterien führen Entladetiefen bis zu 70% zu guten Betriebsergebnissen. Bei billigen Starterbatterien sollte der DoD unter 50% liegen (weil der Zusammenhang zwischen Zyklenzahl und Energiedurchsatz doch etwas komplizierter ist, als zuvor dargestellt).

Hier eine Tabelle für eine EpzS:

SOC in %	**Spannung in Volt**	**Säuredichte in kg/l**	**Gefrierpunkt °C**
100	2,13	1,29	-69
90	2,11	1,27	-63
80	2,09	1,25	-52
70	2,07	1,23	-41
60	2,05	1,21	-31
50	2,03	1,19	-24
40	2,01	1,17	-19
30	1,99	1,15	-15
20	1,97	1,13	-12
10	1,95	1,11	-9
0	1,93	1,09	-7

Die Ladungserhaltungsspannung beträgt 2,23 Volt pro Zelle. Dies entspricht 13,4 Volt bei einer normalen 12-Volt-Batterie. Oberhalb dieser Spannung setzt vermehrt Gasung ein.

Bei einer Spannung von 2,4 Volt setzt starke Gasung ein (das sind 14,4 Volt bei einer 12V-Batterie). Wenn die Gasung nicht der Elektrolytumwälzung oder einer Ausgleichsladung dienen soll, ist sie zu vermeiden (Energieverschwendung, Korrosion und moderate Zerstörung der Elektroden).

Die Säuredichte wird mit Hilfe eines Säurehebers bestimmt (Glasrohr mit Gummiball als Pumpe oben drauf; darin ein Schwimmkörper mit Skala; der korrekte Name ist Areometer). Die Säuredichte kann an der Skala am Schwimmkörper abgelesen werden. Säureheber sind für ein paar Euro im Kfz-Zubehörhandel erhältlich.

Arbeitssicherheit: Batteriesäure ist stark ätzend. Deshalb sollte man bei allen Wartungsarbeiten an einer Batterie eine Schutzbrille und Gummihandschuhe und möglichst alte Kleidung (oder eine Plastikschürze) tragen. Bei Verätzungen sofort mit Wasser spülen. Bei Verätzungen der Augen reichlich mit Wasser spülen und ab zum Augenarzt. Batteriesäure ist sehr stark ätzend!

Wenn Sie Batterien irgendwo fest installieren (und diese nicht sicher auf dem Fußboden stehen), sollten sie auch gegen das Herunterfallen gesichert sein (der Kabelanschluss reicht hierfür ganz sicher nicht aus). Traktionsbatterien sind nicht dafür ausgelegt, aus beispielsweise einem Meter Höhe auf Betonboden zu fallen; die Batterie könnte platzen und ihren Inhalt großflächig verteilen. Also lieber zwei oder drei Euro für einen kleinen Spanngurt oder Ähnliches ausgeben.

Metallteile: Batterien haben so viel Energie, dass man sie direkt zum Elektroschweißen verwenden kann. Deshalb müssen alle Werkzeuge isoliert sein (bei Notreparaturen sollten Sie zumindest einige Lagen Isolierband um die blanken Metallteile wickeln; diese Methode wird allerdings ausdrücklich nicht empfohlen); erzeugt man, etwa mit einem Werkzeug, einen Kurzschluss zwischen den Batteriepolen, kann das Metallteil mit den Polen verschweißen (es lässt sich nicht mehr entfernen) und die Batterie heizt sich auf. Dies kann durchaus zum Platzen der Batterie und der großflächigen Verteilung von Säure führen. Legen Sie auch Metallschmuck wie Halsketten und Uhrenarmbänder ab, denn man weiß nie, wie dumm sich eine Situation entwickeln kann.

Elektrolyt auffüllen: Es sollte so viel Elektrolyt in der Batterie vorhanden sein, dass die Elektroden zumindest ein paar Millimeter bedeckt sind. Bei Batterien mit transparentem Gehäuse sind auf der Außenseite entsprechende Markierungen angebracht. Zum Auffüllen sollte man am besten destilliertes Wasser verwenden, die nächstbeste Wahl ist demineralisiertes Wasser. In Notfällen kann man auch sauberes Leitungswasser nehmen. Auf keinen Fall Salzwasser verwenden, denn dann bildet die Batterie Giftgas!

Entlüftung: Eine Batterie, die gast, erzeugt Knallgas, und dieses ist explosionsfähig. In Deutschland regelt die DIN VDE 0510 Teil 2, wie ein geeigneter Batterieraum auszusehen hat und wie er belüftet werden muss. Batterien, die gasen können, dürfen beispielsweise nicht in Wohnräumen (in denen möglicherweise auch noch jemand raucht) aufgestellt werden. Wasserstoff ist sehr flüchtig; kleine Öffnungen nach außen werden meist reichen (eine am Boden und die andere nahe an der Decke). Wenn Sie irgendwelche Zweifel haben, fragen Sie Ihren Batterielieferanten! Sie können ihn auch nach Entlüftungsstopfen fragen; diese leiten die Gase durch einen Schlauch direkt nach draußen und man muss sich überhaupt keine Sorgen mehr hierum machen.

Batteriepflege

Batterien verursachen hohe Kosten, wenn man sie über eine längere Zeit falsch behandelt. Bei einer vernünftig dimensionierten Anlage sollte man sich vielleicht alle vier Wochen mal um seine Batterie kümmern. Also Elektrolytmenge prüfen und gegebenenfalls nachfüllen, die Spannungen der einzelnen Batterien (oder Zellen) messen und entscheiden, ob eine Pflegemaßnahme fällig ist; einmal im Vierteljahr sollte man auch die Säuredichte messen. Die Werte trägt man dann alle in einer Kladde (dem Batteriebuch) ein, damit man auch langfristige Veränderungen bemerken kann. Bei einer normalen Hausanlage ergibt sich daraus ein Zeitaufwand von vielleicht 15 Minuten pro Monat (wahrscheinlich verwenden Sie mehr Zeit darauf, Ihr Auto sauber zu halten).

Bisher gibt es auf dem Markt kein vernünftiges System, das das Nachfüllen mit destilliertem Wasser zuverlässig und automatisch übernehmen könnte. Diese Arbeit bleibt Ihnen also auf keinen Fall erspart (es sei denn, man gibt unvernünftigerweise sehr viel Geld für wartungsfreie Batterien aus). Es gibt viele Besitzer von PV-Anlagen, die Nachfüllsysteme getestet haben, und es gibt auch viele Berichte darüber, warum diese Systeme ihren Weg in den Mülleimer fanden (meistens, nachdem der Besitzer das ätzende Problem aufgewischt hatte).

Bleibt also das Problem der Abdrift von Zellen. Es wurde erwähnt, dass die einzelnen Zellen (Einzelbatterien) einer Batteriebank sich bestenfalls ähneln. Hieraus ergeben sich unterschiedliche Entladegrade, die zu unterschiedlich starker Sulfatierung führen. Dabei ergibt sich eine positive Rückkopplung (leider nur im regelungstechnischen Sinn) und der Zustand verschlechtert sich mit wachsender Geschwindigkeit.

Um erkennen zu können, ob korrigierende Maßnahmen erforderlich sind, muss man regelmäßig zumindest die Zellspannungen messen. Bei einer Batterie hat, hat man keinen Zugriff auf die einzelnen Verbinder zwischen den Zellen; daher kann man bei ihr nur eine Ausgleichsladung durchführen, also die Batterie so lange zum Gasen zu bringen, bis es in allen Zellen ungefähr gleich laut blubbert.

Wenn man eine Batteriebank hat, die aus Einzelzellen besteht, kann man das Problem auch ganz gezielt angehen. Nehmen wir an, Sie haben eine eine 12-Volt-PzS-Batterie mit 100 Ah. Alle Zellen weisen eine Ruhespannung von 2,07 Volt auf, aber eine Zelle hat 2,09 Volt. Sie schauen in die Tabelle und stellen fest, dass diese Zelle also einen um 10% höheren Ladezustand aufweist. Da wir eine 100 Ah-Batterie haben, hat diese Zelle also 10 Ah zu viel gespeichert.

Diese Abweichung kann man jetzt ganz einfach beseitigen, indem man sich einen Lastwiderstand mit 2 Ohm besorgt. Wenn wir diesen an die Pole der Zelle anschließen, fließt ein Strom von (fast) exakt einem Ampere. Da 10 Ah zu viel in der Zelle sind, lassen wir den Widerstand 10 Stunden an der Zelle und das Problem ist beseitigt. In dem Widerstand werden 2 Watt in Wärme umgewandelt ($P = U * I = 2 * 1 = 2$); wenn man einen 5-Watt-Widerstand nimmt, kann dieser die Wärme vertragen.

Jetzt nehmen wir den umgekehrten Fall. Alle Zellen weisen eine Spannung von 2,09 Volt auf, nur eine Zelle hat lediglich 2,07 Volt. Um dieses Problem gezielt lösen zu können, benötigen wir ein kleines Netzteil, das über eine Strombegrenzung verfügt. Diese Strombegrenzung stellen wir auf ein Ampere ein und als Spannung wählen wir 2,4 Volt. Dann verbinden wir das Netzteil mit der Zelle und nehmen es nach 10 Stunden wieder ab.

Das Praktische an diesen beiden Methoden beseht darin, dass wir sie im laufenden Betrieb nutzen können. Egal, ob die Batteriebank geladen oder entladen wird, unsere Pflege ‚addiert' sich einfach dazu, ohne zu stören.

Wenn Sie die Batterie auf diese Art pflegen, müssen Sie nie eine Ausgleichsladung durchführen, und wenn Sie eine EUW einsetzen, muss die Batterie auch nie gasen. Anders ausgedrückt heißt das, dass es praktisch keinen freien Sauerstoff in der Batterie geben wird und der Hauptgrund für Korrosion (fast) völlig entfällt. Außer durch die Selbstentladung entstehen auch keine Gasblasen, die an den Elektroden rütteln könnten.

Mit anderen Worten: Die Batterie altert (fast) nur noch durch Arbeit, versintert so langsam und kann ein ‚biblisches Alter' erreichen.

Kapazität einer Batterie messen
In diesem Abschnitt wird eine ‚quick & dirty'-Methode beschrieben, wie man die Restkapazität einer Batterie misst; ‚quick', denn die Messung benötigt nur wenig Zeit, und ‚dirty', weil die Genauigkeit nicht besonders hoch ist. Das Ergebnis könnte durchaus 10% von der tatsächlich vorhandenen Restkapazität abweichen. Folglich hat man eher eine Kategorisierung in sehr gut, gut, brauchbar, demnächst entsorgen und gleich wegschmeißen, aber das ist in vielen Fällen genau das, was man wissen möchte.

In der Beschreibung gehe ich davon aus, dass die Batteriebank aus einzelnen Zellen besteht; wenn Ihre Anlage aus Einzelbatterien aufgebaut ist, müssen Sie die Vorgehensweise entsprechend gedanklich ‚übersetzen'.

Die hier vorgestellte Methode hat den großen Vorteil, dass zum einen die Batterie nicht voll aufgeladen sein muss und zum anderen die einzelnen Zellen nicht den gleichen Zustand aufweisen müssen. Wenn man sich ein paar Seiten weiter vorne die Tabelle mit den Ladegraden, der zugehörigen Spannung und der Säuredichte ansieht, dann man fest, dass sowohl die Spannung als auch die Säuredichte linear mit dem Ladegrad zusammenhängen und diesen Umstand machen wir uns zunutze.

Im ersten Schritt wird von allen Zellen die Säuredichte und die Zellspannung gemessen und dokumentiert. Ein Vergleich mit der voranstehenden Tabelle zeigt, ob Spannung und Säuredichte zumindest ungefähr zusammenpassen; ist das nicht der Fall, dann hat man schon mal eine ungepflegte Batterie vor sich. Anschließend wird eine elektrische Last komponiert, die normalerweise dafür sorgen würde, dass die volle Batterie (mit Nennkapazität) nach 10 Stunden leer wäre. Bei kleinen Batterien eignen sich gut Auto- oder LKW-Glühlampen.

Bei größeren Batterien kann man beispielsweise einen Wechselrichter anschließen und mit Heizlüftern die Last einstellen; gut geeignet sind auch Staubsauger, die elektronisch geregelt werden können. Bitte berücksichtigen Sie den Wirkungsgrad des Wechselrichters. Zur Prüfung, ob die Last richtig eingestellt ist, eignen sich die Energiemessgeräte sehr gut, die in Extrakapitel 2 beschrieben wurden.

Dann belasten Sie die Batterie eine Stunde lang mit der bekannten Last und messen nach einer Wartezeit von 15 Minuten wieder die Zellspannungen und die Säuredichten. Aufgrund der Last und der Zeit kann man berechnen, wie viel Energie aus jeder Zelle entnommen worden sein muss.

Bei der Zellspannung liegen zwischen voll und leer 0,2 Volt. Bei der Säuredichte sind es 0,2 kg/l. Diese beiden ‚0,2' entsprechen jeweils 100%. Wir haben also für die Berechnung der tatsächlichen Kapazität zwei Mal die gleiche Formel als Dreisatz, wobei Delta die gemessene Differenz ist:

$$\frac{0{,}2}{100} = \frac{\text{Delta}}{x}$$

oder

$$x = \frac{100 * \text{Delta}}{0{,}2}$$

Das ‚x' ist jetzt die Angabe in Prozent, wie weit der SoC (State of Charge) bei einer gesunden Batterie abgesunken sein würde. Nehmen wir mal an, der Wert von x wäre 20 und unsere Berechnung aus Nennkapazität und ‚Belastung mal Zeit' hätte ergeben, dass bei einer gesunden Batterie nur 10% entnommen worden wären.

Also bleibt eine letzte Formel:

$$\text{SoH} = \frac{\text{entnommene Prozent berechnet}}{\text{entnommene Prozent gemessen}} * 100$$

In dem Beispiel wäre das (10 / 20) * 100 = 50% SoH beziehungsweise Restkapazität.

Diese Information liegt für jede einzelne Zelle zweimal vor, nämlich einmal elektrisch und einmal chemisch. Wenn an dieser Stelle gravierende Unterschiede vorhanden sind, sollte man eingehend darüber nachdenken. Bei einer wartungsfreie Batterie hat man jeweils nur einen Wert und muss bei Abweichungen raten, was sie einem verraten könnten.

5. Extrakapitel: Kühlaggregate rein solar

Dieses Kapitel wendet sich eigentlich mehr an die Industrie (außer der Teil über die Modifikation bestehender Kühlschränke), denn Kühlgeräte, die rein für den solaren Betrieb ausgelegt sind, glänzen auf dem Markt (weitgehend) durch Abwesenheit.

Natürlich habe ich Verständnis dafür, dass man lieber etwas produziert, wenn die Konkurrenz schon bewiesen hat, dass ein aufnahmefähiger Markt existiert. Ich bin aber der Meinung, dass ein großer Markt vorhanden ist, und einen Beweis, dass ein riesiger Bedarf besteht, den habe ich auch, nämlich eine Studie zur sogenannten Energierevolution in Kuba.

1) http://www.oe2.de/fileadmin/user_upload/download/Energierevolution_Cuba_dt.pdf

Kuba hat 11,3 Millionen Einwohner und in einer Aktion wurden 2,5 Millionen Kühlschränke gegen modernere und effizientere ausgetauscht. Das hat der Staat nicht aus Freundlichkeit veranlasst, sondern aus volkswirtschaftlichen Gründen, denn Kuba ist kein reiches Land und muss Öl importieren. Jetzt muss man das nur einmal hochrechnen. Wenn schon in Kuba fast jeder vierte Einwohner einen Kühlschrank besitzt, wie groß wird dann wohl der Weltmarkt für solar betriebene Kühlschränke sein, wenn die Betriebskosten auch noch sehr viel niedriger sind, als bei handelsüblichen Kühlschränken?

Kühlschrank

Wir hatten im Kapitel über Kühlschränke gesehen, dass sehr viel Aufwand betrieben werden muss, damit der Kühlschrank auch nachts laufen kann. Dieser Aufwand war so groß, dass sich preislich kein Vorteil gegenüber der Netzversorgung ergab (ein Äquivalent von über 30 Cent pro kWh = Kosten für zwei Tage). Wie passt das mit der Aussage vom Beginn des Buches zusammen, dass man solar Strom generieren kann zu einem Preis von knapp über 3 Cent pro kWh? Ganz einfach: Es sind 3 Cent, **falls** die Sonne scheint und der Strom **sofort** verbraucht wird!

Ein Kühlschrank muss aber rund um die Uhr laufen! Jede kWh, die wir durch die Batterie schleusen, kostet 10 Cent Abnutzungsgebühr. Dann kommen die Sicherheiten dazu, die eingeplant werden müssen. Mit dem Konzept, mit dem Kühlschränke heute gebaut werden, kommt man an all dem auch nicht vorbei, denn diese Kühlschränke sind nicht für den solaren Betrieb gemacht bzw. gedacht.

Aber es geht auch anders. Wenn man in den Archiven zum Thema Kühlschrank gräbt, findet man aus den Anfangstagen der Kühlschränke Photographien, auf denen mit Pferdeanhängern Eisblöcke zu den Kunden transportiert wurden, die man dann in Kühlkammern eingelagert hat. Schon vor 2.000 Jahren wurden Blöcke aus gestampftem Schnee von Spanien aus über das Mittelmeer nach Rom transportiert, damit man dort Speiseeis zubereiten konnte. Es geht also anders.

Die Kühlschränke müssten schlicht anders aufgebaut sein. Als Speichermedium für die Kälte nehmen wir Wasser (wir wollen ja nur einen Kühlschrank und keinen Gefrierschrank; obwohl das auch geht). Wasser ist einer der besten Wärme- oder Kältespeicher, und zudem sehr preiswert. Einen Teil des Innenraums opfert man für einen isolierten Wassertank. Der Kühlschrank wird dadurch etwas größer. Wenn die Sonne scheint, wird das Wasser in diesem Tank abgekühlt (bei knapp über 0 °C hört man auf, damit kein Eis den Wärmefluss behindert).

Ich skizziere mal, wie ein solcher Solarkühlschrank aussehen könnte. Zunächst brauchen wir das Solarpanel. Es muss mindestens 50 Watt abgeben können, damit jeden Tag genügend Energie für den Kühlschrank eingefangen werden kann. Wir müssen auch unseren Reservespeicher auffüllen, also wählen wir ein Solarpanel mit 75 Watt. Da es unsinnig wäre, auf den Energiegewinn einer Wärmepumpe zu verzichten, benötigen wir wieder einen Kompressor. Wir wählen einen solchen mit einem Gleichstrommotor, der zuverlässig ohne hohen Einschaltstrom anläuft. Um die Verluste klein zu halten, verwenden wir einen MPPT-Regler.

Ein normaler Kühlschrank hat eine Stellfläche von 60 mal 60 Zentimetern, also 0,36 Quadratmeter. Als Sockel für den eigentlichen Kühlraum nehmen wir einen Wassertank mit 50 cm Höhe, der zumindest genauso gut isoliert ist, wie der eigentliche Kühlraum. In diesen Tank passen rund 150 Liter Wasser.

Wasser hat eine spezifische Wärme von 4,182 J / (g * °F) was sich umrechnen lässt in 1,16 kWh / (m^3 * °C); man braucht also ganz grob gerechnet eine kWh, um einen Kubikmeter Wasser um ein Grad Celsius zu erwärmen oder abzukühlen. Wenn wir eine maximale Temperatur von 8°C im Kühlschrank zulassen, kann das Kühlwasser Temperaturen zwischen 0°C und 7°C annehmen (ein Grad Unterschied ist mindestens, erforderlich, damit noch ein sinnvoller Kältetransfer stattfinden kann). Wir können also knapp über eine kWh an Kälte in dem Wassertank speichern. Das passt!

Halt, nein, Anfängerfehler! Die Kilowattstunde in der Batterie ist nicht gleich der thermisch gespeicherten Kilowattstunde im Tank. Wir haben den Wärmepumpeneffekt ausgelassen. Die Wärmepumpe in einem Kühlschrank macht aus einer kWh elektrischer Energie mindestens drei kWh thermischer Energie (dass der Koeffizient bei Klimaanlagen besser ist, liegt am geringeren Temperaturhub). Wir brauchen ein Redesign.

Der Tank als Sockel für den Kühlschrank reicht nicht, wir machen den Tank versuchsweise genauso groß wie den Kühlschrank und könnten ihn nun danebenstellen. Bei dieser Höhe hätten wir dann fast 300 Liter Kühlflüssigkeit und sind immer noch um den Faktor 2 vom eigentlichen Ziel entfernt. Das Lösen wir dadurch, dass wir die Temperatur im Speicher unter den Gefrierpunkt von Wasser senken. Brennspiritus, also vergällter Alkohol, kostet in größeren Mengen 50 Cent pro Liter, und wenn wir 20% des Wassers durch Spiritus ersetzen, ist der Tankinhalt bis -10°C gegen Gefrieren geschützt. Somit haben wir einen Temperaturhub von 17°C und liegen wieder auf der sicheren Seite.

Wasser in der erforderlichen Menge kostet praktisch nichts. Den gut isolierten Wassertank selbst veranschlage ich mal mit 50 Euro (Preis eines Kühlschrankes ohne teures Innenleben). Damit die vom Kompressor erzeugte Kälte auf das Wasser übertragen werden kann, brauchen wir im Wassertank einen Wärmetauscher, etwa in der Art, wie sie auch hinten an den Kühlschränken befestigt sind, nur deutlich kleiner. Den berechne ich mal großzügig mit 10 Euro.

Jetzt müssen wir die Kälte noch in den Kühlraum bekommen. Da Kälte nicht von alleine aufsteigt, benötigen wir hierzu eine kleine Pumpe mit vielleicht zwei Watt Leistung. Diese transportiert das kalte Wasser durch den Wärmetauscher, der sowieso im Kühlschrank vorhanden ist. Da diese Pumpe auch nachts und während der Überbrückungszeiten arbeiten muss, wird hier zusätzlich eine kleine Batterie samt Ladeelektronik benötigt. Pumpe, Elektronik plus Batterie kosten zusammen vielleicht 25 Euro.

Wir haben insgesamt folgende Kosten:

Solarpanel 75 Watt	75 €
MPP-Regler	45 €
Wassertank	50 €
Spiritus, 60 Liter	30 €
Wärmetauscher Tank	10 €
Umlaufpumpe & Zubehör	25 €
Mehrkosten DC-Kompressor	30 €
Total	265 €

Wir gehen wieder von 20 Jahren Laufzeit für den Kredit und einem Zinssatz von 5% aus.

Rückzahlung pro Tag	3,6 Cent
Zinsen pro Tag	1,8 Cent
Zahlung pro Tag	5,4 Cent

Diesen Betrag müssen wir wieder vergleichen mit dem, was wir normalerweise an Stromkosten hätten. Da man für diese Kühlleistung 0,5 kWh benötigt, käme man auf einen Preis von **10,8 Cent pro kWh**.

Bei diesem Preis wäre der Betrieb eines solchen Kühlschranks in den meisten Ländern konkurrenzfähig, sogar wenn gleich nebenan eine Steckdose vorhanden ist. In wenigen Ländern wäre er es nicht, etwa in großen Teilen der USA. Die Amerikaner müssen also noch ein paar Jahre warten, bis die Panele und die anderen Solarkomponenten noch etwas preisgünstiger geworden sind (oder der Strom aus ihrem Netz deutlich teurer).

Klimaanlage
Jetzt liegt es natürlich nahe, den Trick, den wir beim Kühlschrank angewendet haben, auch bei Klimaanlagen anzuwenden. Bei diesen Anlagen haben wir den riesigen Vorteil, dass wir sehr viel weniger Kühlleistung benötigen, wenn wir schlechtes Wetter haben. Diese Zeiten brauchen wir also nicht zu überbrücken.

Da sehr stark gekühlte Räume gefährlich für die Gesundheit sind, gehen wir mal davon aus, dass die Luft beim Austritt aus der Klimaanlage nicht kühler als 20 Grad sein sollte. Wir haben also den Temperaturbereich zwischen zwei Grad und achtzehn Grad für die Speicherung zur Verfügung, wenn das Wasser zuverlässig nicht gefrieren soll. Da wir maximal eine Nacht überbrücken müssen, sieht das schon mal vielversprechend aus.

Unser Systemdesign sieht also folgendermaßen aus: Wir haben mehrere Solarpanele die, über einen MPPT-Controller, direkt einen Gleichstrommotor antreiben. Dieser Motor treibt den Kompressor einer Wärmepumpe an, und wir leiten die Kälte in unseren Thermospeicher. Über einen zweiten Kreislauf wird die Kälte vom Speicher in den Wärmetauscher der Inneneinheit geleitet. Dort strömt ein Luftzug am Wärmetauscher vorbei und die Innenluft kühlt sich ab.

Eine Klimaanlage mit 2,5 kW thermischer Leistung benötigt 400 Watt elektrischer Leistung, also 9,6 kWh für einen 24-Stunden-Betrieb. Diese Energiemenge müssen wir tagsüber aufnehmen und in Form von thermischer Energie (in diesem Fall in Form von Kälte) speichern. Da der MPPT-Controller einen Wirkungsgrad von 95% hat, benötigen wir ziemlich genau 10 kWh. Wir nehmen uns wieder die Daten von Palma de Mallorca. Im Juli können wir mit 5,20 kWh pro kWp rechnen. Wir brauchen also 2 kWp, um die Klimaanlage zu betreiben.

Ein Wp kostet rund 71 Cent, also kosten die 2 kWp 1.420 Euro. Die Kosten für einen passenden Solar-Controller schätzen wir mal auf 100 Euro. Eine normale Klimaanlage mit 2,5 kW thermischer Leistung kostet ungefähr 350 Euro. Den Mehraufwand dafür, dass wir einen Gleichstrommotor statt eines Asynchronmotors haben und auch einen anderen Kompressor benötigen, schätze ich auf 150 Euro. Jetzt müssen wir nur noch herausfinden, wie groß der Kältespeicher sein muss.

Tagsüber wird die Kälte in den Speicher eingebracht. Da wir einen Leistungsfaktor von 6 haben, wird insgesamt eine Kälteleistung von 60 kWh erzeugt. Der Bedarf für 8 Stunden wird tagsüber direkt entnommen, er muss also nicht gespeichert werden. Wir müssen also für die Überbrückung bis zum nächsten Morgen 40 kWh an Kälte speichern. Wir erinnern uns, dass man einen Kubikmeter Wasser mit einer kWh um ein Grad erwärmen kann (zumindest ungefähr). Wir haben aber nur einen Temperaturhub von 18°C - 2°C = 16°C zur Verfügung. Wir brauchen also einen Wasserspeicher mit 2 ½ Kubikmetern Wasser, um die Kälte für die Nacht zu speichern. Das ist machbar, aber ziemlich aufwändig.

Wenn wir unsere Bedürfnisse herunterschrauben und die Klimaanlage nur die ersten vier Stunden nach Sonnenuntergang zusätzlich läuft, benötigen wir einen Tank, der nur ein Viertel so groß ist, aber das sind immer noch 600 Liter. So wird das nichts, wir müssen mal wieder zum Trick mit dem Alkohol greifen. Wir ersetzen 20% des Wassers durch Alkohol und schon vergrößert sich unserer Temperaturhub: 18°C - (-10°C) = 28°C Hub. Für eine Version mit Kühlung während der ganzen Nacht wäre ein Tank mit 700 Litern erforderlich (ein Würfel mit ungefähr 90 cm Kantenlänge), was durchaus machbar wäre. Die Version mit der Kühlung nur am Abend kommt hingegen mit 175 Litern aus; das wäre beispielsweise ein Quader, 90 cm hoch, 40 cm breit und 60 cm tief, also ungefähr die Größe eines Schuhschranks. Damit könnte man leben.

17 Solarpanele á 86 Euro	1.462 €
Solar-Controller	100 €
Mehraufwand Kompressor	150 €
Wassertank	50 €
Spiritus, 60 Liter	30 €
Wärmetauscher Tank	10 €
Umlaufpumpe & Zubehör	25 €

Total	1.827 €

Wir gehen wieder von 20 Jahren Laufzeit für den Kredit und einem Zinssatz von 5% aus.

Rückzahlung pro Tag	25,0 Cent
Zinsen pro Tag	12,5 Cent

Zahlung pro Tag	37,5 Cent

Eine reguläre Klimaanlage, die zwölf Stunden läuft, verbraucht 4,8 kWh; da wir unser Beispiel in Spanien angesiedelt haben, kostet die kWh 22 Cent, wir geben also jeden Tag 1,06 Euro dafür aus, dass die Klimaanlage ihren Dienst verrichtet. Unsere Anlage läuft für 7,8 Cent pro kWh, kostet uns also nur rund ein Drittel. Zum Ausgleich haben wir irgendwo einen formschönen Quader stehen, der hervorragend als Stele für Kunstobjekte geeignet ist.

Anmerkung: Ich habe nicht mit eingerechnet, dass sich durch die Absenkung der Temperatur im Kältespeicher der CoP der Wärmepumpe verschlechtert.

Kühlung, bekommen wir die noch besser hin?
Es gibt in der Physik noch einen weiteren Effekt, den wir ausnutzen könnten. Sie sind ihm in diesem Buch bereits begegnet. Beim Desertec-Projekt sollte Wärme in Phasenwechselspeichern gespeichert werden, damit man die gespeicherte Energie nachts nutzen kann, um weiterhin Strom zu produzieren. Nur werden wir kein Salz schmelzen, sondern Eis (das Salz brauchen wir etwas später, um den geeigneten Gefrierpunkt festzulegen). Aber sehen wir uns doch zunächst an, was das bringen könnte.

Eis hat eine Schmelzenthalpie von 333 kJ/kg oder umgerechnet 92,5 kWh/m^3 (wenn man die unterschiedliche Dichte von Eis und Wasser vernachlässigt). Das heißt, dass ich bei einen Tank mit einem Kubikmeter Eis von 0°C erst 92,5 kWh an Wärme in den Tank bringen muss, bevor die Temperatur über Null Grad steigt.

Bei der letzten Version des Kühlschranks hatten wir einen Tank mit 300 Litern Wasser-Alkohol-Gemisch und einen Temperaturhub von 17 Grad. Auf diese Art und Weise konnten wir 5,1 kWh an Kälte speichern. Wir ändern das Design mal wieder. Hierzu füllen wir simple Plastikflaschen mit normalem Wasser und stellen sie in den Tank hinein, bevor das Wasser-Alkohol-Gemisch eingefüllt wird. Wir ersetzen einfach 200 der 300 Liter durch ganz normales Wasser (die hundert mit Alkohol versetzten Liter müssen bleiben, damit die Flüssigkeit die Kälte transportieren kann).
Jetzt kommt die kleine Überraschung. Zu den 5,1 kWh, die wir schon hatten, kommen 18,5

kWh an Schmelzwärme hinzu, wir haben also eine gespeicherte Kälte von 23,6 kWh. Bei einem einfachen Kühlschrank hatten wir einen elektrischen Verbrauch von 0,5 kWh pro Tag, was wegen des Wärmepumpeneffekts (einem CoP von 3) 1,5 kWh entsprach. Wenn wir zur Not zwei Tage und zwei Nächte überbrücken wollen (am Tag zwischendurch reicht die solare Ausbeute), bräuchten wir 6 kWh an Kühlenergie. Ein Tank mit 300 Litern ist jetzt, trotz erweiterter Brückenzeit, viermal zu groß. Ein 80-Liter-Tank genügt, wenn man zwei Drittel mit Wasserflaschen füllt. Es ergeben sich somit völlig neue Designmöglichkeiten, denn ein Sockel von 30 cm Höhe reicht für den Kühlschrank völlig aus!

Wenn dieser Trick so gut beim Kühlschrank funktioniert, sollte das auch für eine Klimaanlage gelten. Wir hatten dort herausgefunden, dass wir 40 kWh an Kälte für die Nacht speichern müssten (wenn wir die ganze Nacht über kühlen). Der Speicher hätte dann eine Größe von 2,5 m^3 gehabt. Wenn wir wieder 2/3 des Volumens mit Wasserflaschen auffüllen, käme eine Kältemenge von 154 kWh ((2,5 * 2 / 3) * 92,5 = 154,1) hinzu, wir hätten also 194 kWh an Kälte zur Verfügung. Das ist ungefähr fünf Mal mehr, als wir für die Nacht benötigen, uns reicht also ein Tank mit 500 Litern. Das Teil könnte aussehen wie ein Sideboard mit 90 cm Höhe, 40 cm Tiefe und 1,6 m Breite. Das ist nicht sehr handlich, aber wesentlich einfacher unterzubringen als ein Tank mit 2,5 Kubikmetern. Auch hier muss man die benötigte elektrische Leistung wegen dem geringeren CoP noch einmal nachkalkulieren.

Eisfach und Gefrierschrank

Wasser hat per Definition seinen Gefrierpunkt bei 0°C. Wenn wir mit einem Wasser-Alkohol-Gemisch arbeiten, hängt der Gefrierpunkt davon ab, wie viel Alkohol im Wasser ist. Zur Übersicht eine kurze Tabelle mit der Temperatur in °C:

Temp	-1	-2	-4	-6	-8	-10	-12	-14	-16	-18	-20	-22	-24
Vol.%	3,2	6,3	10,6	16,4	20,4	23,3	26,4	29,1	31,3	33,8	36,1	38,6	40,0

Wenn wir in unserem Kühltank 20,4% des Wassers durch Alkohol ersetzen, könnten wir in einem solchen Kühlschrank auch ein Eisfach betreiben (innerhalb der EU wäre das ein Eisfach mit einem Stern und die Temperatur würde -6°C betragen). Wenn man den Alkoholgehalt auf 40% erhöht, stößt man mit Leichtigkeit in den Bereich der Gefrierschränke vor (Idealtemperatur von -18°C plus/minus 3°C). Allerdings hätten wir hier ein Problem, wenn wir Wasser als Latentspeicher nutzen wollten, denn es gefriert bei 0°C.

Unser Ausweg aus diesem Dilemma ist einfaches Salz. Falls Sie zufälligerweise an einer Küste hoch im Norden leben, kennen Sie diesen Effekt. Im Winter sind schon alle Teiche zugefroren, aber auf dem Meer sieht man nicht eine einzige Eisscholle. Das liegt daran, dass Salzwasser erst bei Temperaturen deutlich unterhalb von 0°C gefriert. Der ganz genaue Zusammenhang ist ziemlich kompliziert, aber es gibt eine Daumenregel: „Süßwasser gefriert bei 0°C und 0% Salzgehalt. Salzwasser gefriert bei -22°C und einem Salzgehalt von 22%." Oder ganz einfach: Mit jedem Prozent Salzgehalt geht die Gefriertemperatur um ein Grad nach unten.

Das gibt uns eine einfache Möglichkeit, den Gefrierpunkt des Latentspeichers an unsere Zwecke anzupassen. Wenn wir einen Kühlschrank mit einem einfachen Eisfach (-6°C) haben möchten, müssen wir die Wasserflaschen mit 60 Gramm Salz pro Liter füllen (die Kühlflüssigkeit muss 16 bis 18% Alkohol enthalten).

Wenn wir das Kühlgerät als Gefrierschrank einsetzen wollen, muss die Kühlflüssigkeit 40% Alkohol enthalten und im Latentspeicher benötigen wir 210 Gramm Salz pro Liter Wasser.

Jetzt muss noch schnell geklärt werden, warum wir denn kein Salzwasser als Kühlflüssigkeit verwenden. Der erste Grund ist der, dass Salzwasser stark korrodierend wirkt (was uns in Plastikflaschen aber nicht stört). Der zweite Grund besteht darin, dass wir mit Salzwasser keine Temperaturen unter -22°C erreichen können, mit einem Wasser-Alkohol-Gemisch hingegen schon.

Vorhandene Kühl- und Gefrierschränke modifizieren
Bevor Sie warten, bis die Industrie solche effizienten und für den solaren Betrieb geeigneten Geräte auf den Markt bringt, wäre es da nicht eine Alternative, wenn Sie Ihre Geräte ganz einfach selbst modifizieren, um in den Genuss preiswerter Kühlung zu gelangen? Das Ziel besteht darin, eine einzige Nacht zu überbrücken.

Ich gehe von der Annahme aus, dass Sie einen handelsüblichen Kühlschrank besitzen, der direkt mit einem Wechselrichter verbunden ist, der wiederum mit dem Einschaltstrom des Kühlschranks fertig wird (zu Gefrierschränken komme ich am Ende des Kapitels). Sie haben Solarpanele, die groß genug sind, um während der Zeit mit Tageslicht genügend Energie für 24 Stunden aufzufangen; dazu haben Sie einen Solar-Controller und eine kleine Batterie (diese soll hauptsächlich kleinere Wolkenfelder überbrücken). Sie haben bereits den Verbrauch Ihres Kühlschranks gemessen und wissen, wie viel er während der Tagesstunden und wie viel er in der Nacht verbraucht. Ihr Solar-Controller muss von der Sorte sein, die den Verbraucher abtrennen kann, wenn die Batteriespannung zu weit abgesackt ist (sonst funktioniert der Trick nicht, dass alles vollautomatisch arbeitet, wie gleich gezeigt wird).

Ihr Kühlschrank muss über ein Eisfach verfügen, denn dort werden wir die Phasen-Wechsel-Energie zwischen (Salz-)Wasser und Eis speichern. Als Speicher für die latente Wärmeenergie (latent, weil man keine Temperaturänderung fühlen kann, solange nicht der gesamte Inhalt seine Phase geändert hat) nehmen wir ganz einfach kleine Plastikflaschen, die wir mit Wasser füllen. Wir werden knapp unter 10 Litern benötigen, aber lesen Sie erst das Kapitel bis zum Ende, bevor Sie einkaufen gehen.

Der Trick besteht jetzt darin, dass das Wasser tagsüber gefroren wird und nachts genügend Kälte abgeben kann, um den Inhalt des Kühlschranks bis deutlich nach Sonnenaufgang kühl zu halten. Das bedeutet, dass der Kompressor des Kühlschranks den Tag über hart arbeiten muss und nachts überhaupt nicht arbeitet.

Nehmen wir an, es ist Nachmittag, das Wasser in den Flaschen ist gefroren (die Temperatur liegt bei -2°C) und der Sonnenuntergang färbt den Himmel leicht rosa. Die Solarpanele liefern nicht mehr genügend Energie und der Wechselrichter bedient sich daher aus der Batterie. Hierdurch sinkt die Spannung der Batterie langsam ab, und wenn die zuvor eingestellte Abschaltspannung erreicht ist, schaltet der Solar-Controller den Wechselrichter ganz einfach ab (manchmal wird die Schaltleistung des Solar-Controllers nicht groß genug für den Wechselrichter sein; dann muss er ein Relais schalten, das wiederum den Wechselrichter schaltet). Sogar wenn der Kompressor des Kühlschranks arbeiten wollte, er könnte nicht.

Da die Umgebung wärmer ist, als der Inhalt des Kühlschranks (6 - 8 °C), würde sich dieser langsam erwärmen, aber dieser Erwärmung stemmt sich das Eisfach (-2 °C) entgegen. Irgendwann hat das Eisfach eine Temperatur von 0 °C (der Inhalt des Kühlschranks hat sich auf 7 - 9 °C erwärmt) und das Eis in den Wasserflaschen wird ‚aktiviert'. Die Umwandlung von Eis in Wasser beginnt. Die Temperatur im Eisfach bleibt bei 0 °C, und zwar so lang, wie noch ein kleiner Rest Eis im Wasser schwimmt (und das kann etliche Stunden dauern, weshalb wir das alles ja machen).

Das bedeutet, dass der Kompressor vom Kühlschrank in dieser Zeit anspringen würde, denn die Kühlraumtemperatur ist um beispielsweise 2 °C zu hoch. Für den deutschen Geschmack wäre das Bier tagsüber mit 6 °C etwas zu kalt und nachts wäre es mit 8 °C etwas zu warm (aber beide Temperaturen wären noch völlig innerhalb der geschmacklichen Toleranzgrenzen). Es wirkt sich also nicht wirklich störend aus, dass wir nachts keinen Strom aus den Panelen oder aus der Batterie haben.

Am nächsten Morgen, kurz nach Sonnenaufgang, beginnen die Solarpanele wieder, Strom zu produzieren, und der Solar-Controller beginnt wieder, die Batterie aufzuladen. Wenn die Batterie hinreichend voll ist, schaltet der Solar-Controller den Wechselrichter wieder an. Die Steuerung des Kühlschranks wartet schon lange auf diesen Moment und der Kompressor beginnt wieder zu arbeiten. Er wird zwar ab und zu eine Pause einlegen, aber im Prinzip arbeitet er jetzt, bis das Wasser in unseren Plastikflaschen wieder vollständig gefroren ist.

Jetzt kommt natürlich die große Frage, nämlich wie viel Wasser bzw. Eis benötigen wir für den Latentspeicher? Hier kommt jetzt die Messung ins Spiel, die Sie zuvor durchgeführt haben (Stromverbrauch des Kühlschranks in der Nacht). Da ich diesen Messwert natürlich nicht kennen kann, begnüge ich mich mit einer Schätzung, nämlich dass der Kühlschrank pro 24 Stunden 0,5 kWh verbraucht und dass 0,3 kWh hiervon während der Zeit verbraucht werden, wenn die Sonne nicht scheint. Bei modernen Kühlschränken liegt der CoP (also der Wärmepumpeneffekt) ziemlich nahe bei 3, also werden sie für die Nacht annähernd 0,9 kWh thermischer Energie benötigen.

Wasser hat eine Gefrier-Enthalpie von 333 kJ/kg was 0,0925 kWh/kg entspricht, und das sind schätzungsweise 0,1 kWh pro Liter. Für die 0,9 kWh an Kälte während der Nacht benötigen wir also 9 Liter Eis.

Da die Kälte vom Eisfach aus in den eigentlichen Kühlraum transportiert werden muss, müssen wir eine Luftströmung ermöglichen. Wenn unsere 9 Liter als solider Block im Eisfach liegen würden, gäbe es keine Möglichkeit, die gespeicherte Kälte schnell genug auszuliefern (ich schätze, das würde etliche Tage dauern). Was wir brauchen sind also viele kleine Blöcke (wie etwa Kühlakkus) oder kleine Flaschen, zwischen denen immer ein wenig Abstand vorhanden sein muss. Dadurch, dass wir kleine Blöcke oder kleine Flaschen verwenden, haben wir eine sehr große Oberfläche und kurze Distanzen für den Energietransport. Und wegen der eben erwähnten Abstände zueinander haben wir eine wirksame Ventilation im Eisfach.

Wenn es bei Ihrem Kühlschrank nicht möglich ist, 9 Liter in Wasserbehältern in das Eisfach zu quetschen, müssen Sie die fehlende latente Kälte durch Strom aus der Batterie ersetzen (Salzwasser in die Flaschen zu füllen, bringt nichts, denn es wird nur das Temperaturniveau verschoben, aber nicht mehr Kälte gespeichert). Sie müssen also die Batteriespannung, bei der der Wechselrichter abschalten soll, weiter nach unten verschieben und/oder eine größere Batterie verwenden. Der Kühlschrank muss also abends länger auf Batterie laufen, und der Latentspeicher übernimmt die Arbeit erst ein paar Stunden später (dann ist das Bier abends auch länger richtig kalt; und abends ist natürlich auch der völlig falsche Zeitpunkt, warme Bierflaschen in den Kühlschrank zu stellen!).

Angenommen Sie möchten dieses Verfahren bei Ihrem Gefrierschrank (oder Ihrer Gefriertruhe) anwenden. Ein Gefrierschrank sollte eine Temperatur von -18 °C haben und die aktuelle Temperatur darf nicht mehr als 3 Grad von diesen Wert abweichen (das gilt zumindest in dieser Form für die Gastronomie und den Handel in Deutschland). Also gehe ich davon aus, dass Sie Ihren Gefrierschrank auf -18 °C eingestellt haben. Jetzt füllen Sie Ihre Plastikflaschen mit Wasser, das 160 Gramm Salz pro Liter enthält. Diese Flaschen verteilt Sie (am besten relativ weit oben) gleichmäßig. Wieder gilt, dass man besser sehr viele kleine Flaschen nimmt statt weniger großer Flaschen.

Wie viele Liter Latentspeicher benötigt werden, können Sie wieder anhand des Energieverbrauchs während der Nacht bestimmen. Der Umstand, dass wir den Gefrierpunkt durch die Zugabe von Salz verschoben haben, verändert nicht die Enthalpie (zumindest nicht so weit, dass wir uns darum kümmern müssten). Wieder benötigen wir einen Liter Eis um 0,1 kWh an Kälte speichern zu können. Sie multiplizieren den elektrischen Nachtverbrauch mit dreißig (COP von 3 und 10 Liter pro kWh) und erhalten so die Anzahl der erforderlichen Liter.

Die Verbindung zur Solarinstallation ist genauso wie beim Kühlschrank. Wir sehen uns an, was geschehen wird. Im Laufe des Tages wird die Temperatur im Gefrierschrank zwischen -17 °C und -19 °C schwanken. Diese Temperatur wird genügen, um das Salzwasser in den Flaschen gefrieren zu lassen. Die Sonne geht unter und die Temperatur im Gefrierschrank steigt langsam an. Falls Sie die Anzahl der Flaschen (Liter) richtig berechnet hatten, wird am nächsten Morgen die Temperatur immer noch bei -16 °C liegen und ein Großteil des Eises in den Flaschen wird aufgetaut sein.

Es lässt sich prinzipiell feststellen, dass man bei dieser Methode die Abnutzung einer Batterie gegen Platz im Kühlschrank/Gefrierschrank eintauscht. Sie müssen also für Ihr Gerät ausrechnen (und vielleicht auch ausprobieren), ob sich die Methode für Sie lohnen könnte.

Apropos lohnen: Ich will noch schnell diese Betriebsart mit der Umschaltung auf Netzbetrieb während der Nacht vergleichen. Ein Latentkältespeicher kostet praktisch kein Geld und man wird ihn nur einsetzen, wenn der Platz für die Wasserbehälter wirklich vorhanden ist. Die Investitionskosten können komplett vernachlässigt werden. Wir hatten einen Verbrauch von 0,3 kWh elektrisch pro Nacht, wofür man in Spanien 6,6 Cent bezahlen müsste.

Bei einer Laufzeit von 20 Jahren hätten wir 482 Euro gespart, also genug Geld, um einen neuen Gefrierschrank zu kaufen. (Was sagte die Ameise, als sie in die Elbe pinkelte? "Jedes bisschen hilft!")

6. Extrakapitel: Wechselrichter für Minigrids

Aktuell werden praktisch alle Wechselrichter entweder für Inselanlagen gebaut (meistens kleine Inselanlagen mit nur einem Wechselrichter) oder sie dienen der Einspeisung ins Verbundnetz (in Deutschland fast alle). In diesem Kapitel beschäftigen wir uns mit der Frage, wie Wechselrichter aussehen (und funktionieren) sollten, die jene Menschen mit Elektrizität versorgen könnten, die noch keine Stromversorgung haben oder an Orten leben, an denen die Stromversorgung zu unzuverlässig oder deutlich zu teuer ist. Solche Wechselrichter wären also nicht dafür gedacht, ein bestehendes Verbundnetz zu unterstützen oder zu nutzen (normalerweise).

Letztlich richtet sich dieses Kapitel an die Hersteller von Wechselrichtern; es könnte aber auch für viele andere Personen interessant sein.

Zunächst muss (stark vereinfacht) erläutert werden, wie ein Verbundnetz funktioniert. Anschließend erkläre ich, wie Minigrids funktionieren könnten. Es handelt sich dabei um Zusammenschlüsse von wenigen bis etlichen Wechselrichtern, jedoch ohne den Einsatz von klassischen Generatoren. Minigrids sind ein Verbund mehrerer bis vieler Erzeuger, mit der Absicht, auf diese Weise schwankende Verbräuche besser ausgleichen zu können.

Grundlagen: Verbundnetz

Das Rückgrat eines Verbundnetzes bilden die Synchrongeneratoren (von diesen kam in Deutschland vor der Energiewende praktisch die gesamte elektrische Energie). Synchrongeneratoren liefern eine dreiphasige sinusförmige Spannung. Beim (Groß-)Verbraucher kommen vier Kabel an, nämlich die drei Phasen und der Nullleiter. Zwischen dem Nullleiter und einer der drei Phasen beträgt die Spannung (in großen Teilen von Europa) 230 Volt. Die Spannung zwischen den einzelnen Phasen lässt sich mit 400 Volt beziffern. Die Frequenz der Wechselspannung beträgt 50 Hertz (kurzfristig sind Abweichungen möglich; auf lange Sicht ist die Frequenz in Europa so exakt wie eine Atomuhr). Die zeitliche Verschiebung zwischen den einzelnen Phasen beträgt 120°.

Wie schon im Kapitel über elektrische Maschinen beschrieben wurde, sind all diese Generatoren über die entsprechenden Kabel so miteinander verbunden, als gäbe es zwischen ihnen eine direkte mechanische Kopplung. Ein solches Verbundnetz hat eine gigantische Kraft. Wenn man eine Synchronmaschine mit diesem Netz verbinden möchte, muss man sie zuerst auf die richtige Drehzahl bringen. Erst dann wird der elektrische Kontakt hergestellt (wenn die Drehzahl oder die Phasenlage nicht korrekt war, gibt es einen vernehmlichen Knall, und dann muss man etliche Euro für neue Sicherungen ausgeben).

In einem solchen Netz muss die erzeugte Energiemenge der verbrauchten Energiemenge exakt entsprechen (sonst müsste ja irgendwo Energie verschwinden oder aus dem Nichts auftauchen, und das geht nicht). Man kann sich das so vorstellen, dass alle Generatoren Druck von links auf das Sinussignal ausüben und alle Verbraucher den Gegendruck von rechts her bilden. Wenn die Gesamtheit der Generatoren mehr Kraft hat als die Verbraucher, drehen sich die Generatoren schneller. Wenn sie schneller drehen, erhöht sich ihre Ausgangsspannung, und wegen der Gleichung $P = U^2 / R$ werden die Verbraucher mehr Wirkleistung aufnehmen. Durch die höhere Frequenz werden sich die elektrischen Maschinen schneller drehen und mehr Leistung aufnehmen (wenn etwa eine Wasserpumpe schneller dreht, wird ihr Verbrauch mit der Drehzahl zunehmen). Die Gegenkraft der Verbraucher erhöht sich also und wir haben wieder ein Gleichgewicht. Da die Elektrizitätsunternehmen nur sehr geringen Einfluss darauf haben, wer wann und wo wie viel verbraucht, erfolgt die Regelung des Systems weitestgehend auf der Generatorseite.

Wenn Schwankungen sowohl der Frequenz als auch der Spannung zulässig sind, ist ein Verbundnetz von der Regelung her unkompliziert. Die spannende Frage ist jetzt, wo man die Grenzen bei den Abweichungen zieht. Wenn ich einem PC eine 230-Volt-Wechselspannung von 0,5 Hertz anbiete, wird er ziemlich sicher überhaupt nicht funktionieren; biete ich ihm hingegen die gleiche Spannung mit 55 Hertz an, so wird er problemlos seinen Dienst verrichten.

Laut IEC 60038 darf die Spannung um 10% vom Nennwert abweichen. Bezogen auf die 230 Volt, mit denen wir normalerweise arbeiten, wären dies also Spannungen zwischen 207 Volt und 253 Volt. Das heißt, alle elektrischen Geräte, die in Europa für den Netzanschluss verkauft werden, müssen mit allen Spannungen zwischen diesen beiden Grenzwerten zurechtkommen.

Laut DIN EN 50160 sind Frequenzen zwischen 49,5 Hz und 50,5 Hz im normalen Betrieb erlaubt. Sinkt die Frequenz unter 49 Hertz, dann werden (in vorher festgelegter Reihenfolge) Verbraucher vom Netz abgetrennt. Wenn die Frequenz unter 47,5 Hertz sinkt, gehen die Kraftwerke aus Gründen des Selbstschutzes vom Netz (Notabschaltung). Wir haben dann einen wunderschönen Blackout. Die Frequenz darf also um maximal 5% abweichen (auch nach oben). Mit dieser Bandbreite müssen alle elektrischen Geräte ebenfalls zurechtkommen. Die Hauptregelgröße in einem Verbundnetz ist übrigens die Frequenz!

Jetzt müssen wir uns noch kurz anschauen, welchen Einfluss verschiedene Geräte auf die Sinusform haben (diese Erklärung ist nicht völlig richtig, veranschaulicht aber sehr gut, worum es geht). Ganz grob eingeteilt haben wir in einem Verbundnetz Synchron-Generatoren, Synchron- und Asynchron-Motoren und (mehr oder weniger) normale ohmsche Verbraucher.

Ich hatte eben schon angemerkt, dass die Generatoren versuchen, von links zu schieben, und den Sinus schneller machen wollen. Man kann vereinfacht sagen, dass die Generatoren versuchen, die Sinuswelle von links her einzudrücken. Die Motoren widersetzen sich einer Beschleunigung und dellen die Sinuswelle von rechts her ein. Den ohmschen Verbrauchern ist die Frequenz ziemlich gleichgültig; sie versuchen über ihren Verbrauch den Sinus plattzumachen. Was im Moment wichtig ist, ist die Tatsache, dass alles in einem Verbundnetz einen Einfluss auf diese Kurvenform hat.

Elektrische Geräte in einem Minigrid

Praktisch alle Geräte, die in einem Verbundnetz mit 230 Volt verwendet werden, sind Massenartikel. Wie wir in den diversen Abschnitten zum Thema Kühlschrank gesehen haben, wird es deutlich teurer, wenn wir einen Kühlschrank mit einer abweichenden Betriebsspannung betreiben möchten. Folglich muss ein Minigrid sich an die lokalen/nationalen (Netz-) Vorgaben anpassen. Aber es gibt einen deutlichen Unterschied: Ein Minigrid muss nicht kompatibel mit dem Verbundnetz sein! Solange die abgegebene Leistung innerhalb des zulässigen Rahmens geliefert werden kann (in Europa gelten folgende Werte: Frequenz +/- 5% und die Spannung +/- 10%), ist alles in Ordnung.

Unter diesen Umständen können also sämtliche Geräte genutzt werden, die auch am öffentlichen Netz betrieben werden. Man benötigt keine Sonderanfertigungen, und weil auch die Wechselrichter für ein Minigrid sozusagen von der Stange erhältlich wären, sollte sich das auch deutlich auf deren Beschaffungspreis auswirken.

Was genau ist ein Minigrid

Ein Wechselrichter, der in das Netz einspeist, muss sich mit dem Netz synchronisieren (wenn kein externes Netz gemessen werden kann, muss sich dieser Wechselrichter aus Sicherheitsgründen sofort abschalten). Wenn man einen Wechselrichter für Inselanlagen mit dem Netz verbindet, wird man anschließend einigen teuren Elektronikschrott entsorgen müssen (er synchronisiert sich nicht und versucht, sich mit ein paar hundert Watt gegen einige Terawatt durchzusetzen, was er nicht schaffen kann). Wenn man zwei Inselwechselrichter auf ein gemeinsames Netz schaltet, dann stirbt, wenn man Glück hat, nur einer der Wechselrichter. Der Grund ist der, dass sie keine Möglichkeit haben, sich zu synchronisieren.

Bei einem Minigrid handelt es sich um die Zusammenschaltung mehrerer WRs in einer nahen Umgebung (etwa ein Dorf). Es wird dadurch gebildet, dass man mehrere Wechselrichter miteinander synchronisiert. Es gäbe da mehrere Möglichkeiten der technischen Realisierung. Mein Vorschlag wäre der, dass es eine separate Verbindung zwischen den Wechselrichtern geben sollte, um diese Synchronisation zu etablieren. Wir haben also einmal die Kabelverbindung mit den 230-Volt-AC. Zusätzlich haben wir eine Wechselspannung (kleiner als 50 Volt, damit auch Hilfsarbeiter die Kabel installieren dürfen), die als Vorgabe dazu verwendet wird, wie genau die Spannung auf dem 230-Volt-Kabel aussehen soll.

Je größer diese Vorgabespannung ist, desto unempfindlicher wird sie gegen Störungen etwa durch Einstrahlungen sein. Wenn man die Modellspannung über ein zweiadriges Kabel überträgt, werden mögliche Störungen fast identisch auf beide Adern übertragen. Arbeitet man mit der Spannungsdifferenz zwischen den beiden Adern, dann kann man die Modellspannung auch über größere Entfernungen (etliche hundert Meter) weitgehend störungsfrei übertragen. Als Spannung würden sich 23 Volt anbieten (Teilungsverhältnis 1 zu 10). Die Modellspannung würde also zwischen 25,3 Volt und 20,7 Volt schwanken dürfen.

Da ein Minigrid durchaus dreiphasig ausgeführt sein kann, muss es eine elektronische Schaltung geben, die drei Sinussignale ausgibt, die jeweils um 120° gegeneinander verschoben sind (wenn man lokal nur ein einphasiges Netz benötigt, nutzt man einfach die beiden anderen Signale nicht). Zu allen Wechselrichtern, die Energie für die gleiche Phase liefern, wird diese Vorgabespannung durchgeschleift, damit sie versuchen, ihr Ausgangssignal (im 230-Volt-Bereich) dieser Vorgabe anzugleichen. Je nach Leistung des NF-Verstärkers können Dutzende bis Hunderte Wechselrichter angesteuert werden.

Die einzelnen Wechselrichter vergleichen die Vorgabespannung mit der Spannung auf der Leitung. Entsprechend den eigenen Energievorräten versucht jeder Wechselrichter, die Spannung auf der 230-Volt-Leitung so gut zu unterstützen, wie es ihm möglich ist, damit sie der Vorgabe möglichst ähnlich ist. Wenn die Energievorräte der Wechselrichter aufgebraucht sind, verändert sich natürlich die Form des Signals im Verhältnis zur Vorgabe, weil keine Unterstützung mehr möglich ist.

Da wir keine elektrischen Maschinen als Generatoren im Minigrid haben, wird die linke Flanke des Sinussignals nicht eingedrückt. Die rechte Flanke wird eventuell eingedellt, weil es durchaus elektrische Motoren im Minigrid gibt. Weil es meistens sehr viele ohmsche Verbraucher geben wird, werden diese versuchen, den Sinus plattzumachen. Die Motoren und ohmschen Verbraucher senken also die effektive Spannung im Minigrid.

Regelung eines Minigrid

Beim Verbundnetz hatten wir gesehen, dass sowohl die Frequenz als auch die Spannung in gewissen Grenzen schwanken dürfen, und im Verbundnetz ist die Hauptregelgröße die Frequenz. Da es deutlich schwieriger ist, ein System über zwei Parameter zu regeln statt nur über einen, erfolgt die Regelung im Minigrid nur über die Spannung (Frequenzen lassen sich relativ leicht messen, Spannungen lassen sich aber noch sehr viel leichter messen und vergleichen).

Wenn von den Verbrauchern mehr Energie eingefordert wird, als die Gesamtheit der Wechselrichter liefern kann, sinkt die Spannung auf der Leitung und entsprechend $P = U^2 / R$ wird weniger Leistung an die Verbraucher abgegeben. Hierbei muss natürlich die Spannung innerhalb des Bereiches der Nennspannung +/- 10% bleiben.

Wird von den Verbrauchern weniger Energie eingefordert, als die Gesamtheit der Wechselrichter aktuell liefern könnte, dann steigt die Spannung auf der Leitung und entsprechend $P = U^2 / R$ wird mehr Leistung an die Verbraucher abgegeben. Hierbei muss natürlich ebenfalls die Spannung innerhalb des Bereiches der Nennspannung +/- 10% bleiben.

Im Idealfall wird ein Minigrid so ausgelegt, dass bei normaler Sonneneinstrahlung die Spannung im Minigrid 230 Volt beträgt, also genau so viel elektrische Energie angefordert wird, wie auch zur Verfügung gestellt werden kann. Wie die Regelung im Einzelnen funktionieren könnte, wird gleich beschrieben.

In einem Verbundnetz werden die Kraftwerke geregelt und im Notfall wird Last abgeworfen (also Verbraucher abgeschaltet). In einem Minigrid kann man nicht mehr Leistung von der Sonne einfordern und man kann nur in einem relativ kleinen Rahmen durch Absenken oder Anhebung der Netzspannung einen Ausgleich schaffen. Folglich bleibt in einem Minigrid nur die Möglichkeit, die Abschaltung von Verbrauchern als Normalzustand anzusehen.

Des Weiteren arbeiten in einem Verbundnetz Techniker 24 Stunden am Tag daran, dass Angebot und Nachfrage im Netz möglichst gut ausgeglichen sind. Das ist jedoch eine Arbeit, die in einem Minigrid nicht einmal ansatzweise erbracht werden kann. Nehmen wir an, wir haben ein Minigrid, das 100 kWh pro Tag erzeugt. Sogar wenn wir einen Preis von 10 Cent pro kWh ansetzen, ‚verdient' die Anlage 10 Euro pro Tag. Neun Euro pro Tag gehen für die Bedienung des Kredits drauf, bleibt also ein Euro für eine voll ausgebildete Fachkraft, die für die Regelung verantwortlich ist. Ein solcher Stundenlohn wäre nicht einmal in sehr armen Ländern realisierbar. Es muss also anders gehen.

Die Lösung besteht darin, den Lastabwurf schon in der Planungsphase zu berücksichtigen und zu automatisieren.

Gehen wir einfach einmal von einer Standardsituation für nicht (vollständig) entwickelte Länder aus. Wenn die Sonne scheint, gibt es Strom, und wenn sie nicht scheint, dann gibt es keinen (es sei denn, man hat eine Batterie aufgeladen). Über den Tag verteilt schwankt das Energieangebot. Da eine Solaranlage jeden Tag den gleichen Betrag kostet, egal wie viel man von ihrem Energieangebot verbraucht, sollte ein Minigrid so ausgelegt sein, dass man immer ein paar (sinnvolle) Reserveverbraucher hat, die bei einem Überangebot an Energie eingeschaltet werden könnten. Man muss also Prioritäten festlegen!

Schon bei der Planung des Minigrids muss man bestimmen, welche Verbraucher absolut wichtig sind und welche weniger wichtig. Morgens, kurz nach Sonnenaufgang, werden die wichtigsten Verbraucher eingeschaltet, und wenn die Sonne höher steigt (und mehr Energie zur Verfügung steht), werden auch die ‚unwichtigen' Verbraucher bedient. Schiebt sich eine Wolke vor die Sonne, dann werden die ‚unwichtigen' Verbraucher wieder abgeschaltet.

Was jetzt auf den ersten Blick so aussieht, als ob man einen riesigen Aufwand betreiben müsste, um die gesamten erforderlichen Informationen zu sammeln, ist im Prinzip absolut simpel. Die einzelnen Stromkreise sind mit dem Minigrid über eine ‚Einschaltbox' verbunden. In dieser Box gibt es einen einstellbaren Spannungsvergleicher. Ist die Spannung im Minigrid kleiner als die Referenzspannung, dann bekommen die Verbraucher keinen Strom. Wenn die Spannung im Minigrid über die eingestellte Spannung steigt, werden die Verbraucher mit Strom versorgt (eine solche Box könnte um die 5 Euro kosten). Eine Hysterese verhindert das sofortige Hin- und Herschalten.

Genau genommen handelt es sich um eine primitive Form des Smart Grid. Im Smart Grid soll der Kunde dazu gebracht werden, dass er seinen Konsum an die wechselnden Preise im Netz anpasst. Im Minigrid wird all das, was nicht unbedingt notwendig ist, nur eingeschaltet, wenn Energie im Überfluss zur Verfügung steht. Und woher weiß man das? Hierüber gibt die Höhe der Spannung Auskunft!

Nehmen wir als Beispiel eine Näherei im 37°-Gürtel. Nach Sonnenaufgang wird zunächst die Minimalbeleuchtung eingeschaltet (die Arbeiter bzw. Arbeiterinnen können sich orientieren und gewisse Arbeitsvorbereitungen treffen). Dann werden, Reihe um Reihe, die Nähmaschinen samt Arbeitsleuchte mit Strom versorgt. Anschließend wird Strom in die Büros geleitet und ganz zum Schluss wird die Klimaanlage eingeschaltet. Am Nachmittag werden die einzelnen Verbraucher in umgekehrter Reihenfolge wieder abgeschaltet.

Als Preis dafür, dass man elektrische Energie für deutlich unter 5 Cent die kWh erzeugen kann, muss man also eine gewisse Flexibilität entwickeln, und die ist in den meisten Ländern, für die diese Lösung in Betracht kommt, sowieso vorhanden.

Die Netzspannung in einem Minigrid

In einem Verbundnetz können sowohl die Frequenz als auch die Spannung genutzt werden, um den Verbrauch zu beeinflussen (meistens ohne Abschaltungen). In einem Minigrid haben wir keine Synchrongeneratoren (das würde die Sache nur unnötig kompliziert machen), also kann man die Frequenz auch gleich fest vorgeben. Wenn man einen Mikroprozessor verwendet, um die Vorgabespannung zu erzeugen, wird die Vorgabefrequenz vielleicht im Promillebereich schwanken; die Auswirkungen auf die Drehzahl von eventuell angeschlossenen Synchron- oder Asynchron-Motoren wird also absolut zu vernachlässigen sein.

Die Grundlage der Regelung besteht darin, dass jeder einzelne Wechselrichter versucht, die Sinusform auf dem Netz entsprechend der Vorgabespannung zu unterstützen, solange sein Energievorrat reicht. Wenn ein Gleichgewicht besteht zwischen Verbrauch und Energieerzeugung, haben wir einen (annähernd) perfekten Sinus auf dem Netz.

Jetzt kommen wir zu dem Baustein zurück, der die drei Sinusspannungen erzeugt. Dieser erhält jetzt noch eine Zusatzaufgabe, und zwar berechnet er für jede Phase die Flächendifferenz zwischen dem idealen Sinus, den er ausgibt, und dem Signal, das er auf dem Netz messen kann. Wenn es eine Abweichung nach unten gibt, ist das Netz so stark belastet, dass der Energieertrag, der den Wechselrichtern von den Panelen zur Verfügung gestellt wird, nicht reicht, um die Wellenform hinreichend zu stützen. Folglich muss die Amplitude der Vorgabespannung abgesenkt werden.

Durch die Absenkung wird der Verbrauch der überwiegend ohmschen Verbraucher reduziert. Die Vorgabespannung wird solange abgesenkt, bis die Kurvenform der Netzspannung wieder hinreichend gut ist. An dieser Stelle kommt die Unterstützung durch die Einschaltboxen hinzu. In diesen wurde bei der Installation eingestellt, bei welcher Netzspannung sie einen Verbraucher vom Netz nehmen sollen (die Einstellung lässt sich natürlich später wieder ändern).

Sinkt die Spannung unter 207 Volt, dann sind alle Verbraucher abgeschaltet, denn bei Spannungen unter diesem Wert wäre der Bereich der zulässigen Spannungen unterschritten (da die Motoren die Kurvenform von rechts her eindellen, sorgen auch sie dafür, dass die Spannung abgesenkt wird; wird die Absenkung zu groß, dann werden natürlich auch die Motoren abgeschaltet).

Wenn die Flächenabweichung zwischen Vorgabewechselspannung und der Wechselspannung auf dem Netz nahezu Null ist, wird die Vorgabespannung erhöht. Hierdurch erhöht sich der Verbrauch der ohmschen Verbraucher. Die Spannung im Minigrid darf eine maximale Spannung von 253 Volt erreichen.

Insgesamt ergibt sich also ein linearer Zusammenhang zwischen Energieangebot und Spannung auf dem Minigrid. Die Spannungen, bei denen geschaltet wird, dürfen sich also im gesamten Bereich zwischen 207 und 253 Volt bewegen.
Das einzige größere Problem bei der Planung besteht darin, dass man Geräte mit einem

sehr hohen Verbrauch nur einschalten darf, wenn eine hinreichende Energiereserve zur Verfügung steht.

Einschaltbox und Umschaltbox
Jede Box besteht aus drei Komponenten, nämlich einem kleinen Netzteil, einem Spannungsvergleicher mit Hysterese und einem Relais. Das Netzteil ist direkt mit dem Minigrid verbunden (Verbrauch im Leerlauf im unteren mW-Bereich).

In einer Einschaltbox gibt es ein Relais mit einem Einschaltkontakt. Ist die Spannung auf dem Minigrid höher als die Referenzspannung, dann wird der Verbraucher mit dem Minigrid verbunden. Wenn die Spannung unter den Referenzwert minus der Hysterese sinkt, wird der Verbraucher wieder abgeschaltet.

Die ganz einfache Umschaltbox enthält ein Umschaltrelais statt eines Einschaltrelais. Ein Verbraucher könnte etwa tagsüber vom Minigrid aus betrieben werden, und wenn die Spannung im Minigrid absinkt, schaltet man den Verbraucher auf das normale Netz um (das war schon mal bei den Klimaanlagen vorgeschlagen worden).

Diese Ein- und Umschaltboxen liegen preislich im Bereich von etwa 5 Euro.

Es stellt schaltungstechnisch kein Problem dar, dafür zu sorgen, dass die Spannung im Minigrid mit einer eventuellen Netzspannung synchron läuft. Wenn dies der Fall ist, können auch induktive Lasten problemlos umgeschaltet werden (zum Beispiel Kühlaggregate), ohne dass hohe Stromimpulse erzeugt werden.

Anforderungen an Wechselrichter (in einem Minigrid)
Aktuell sind mir keine Wechselrichter bekannt, die alle nachfolgend aufgeführten Ansprüche erfüllen können (es handelt sich bei meinen Ausführungen also um Maximalforderungen). Falls sich jedoch eine Firma entscheiden sollte, diese Anforderungen zusammen mit dem zuvor beschriebenen Regelungskonzept umzusetzen, würde ich ziemlich gute Marktchancen erwarten, es sei denn, man macht das Produkt unnötigerweise so teuer, dass es niemand kaufen will (auch der Kunde braucht einen deutlichen Vorteil!).

- Die DC-Eingangsspannung beträgt weniger als 120 Volt, damit angelernte Hilfskräfte sowohl die Panele als auch die Kabel und die Wechselrichter installieren dürfen. (Es geht dabei nicht nur um juristische, sondern auch um technische Sicherheit.)

- Es muss eine galvanische Trennung zwischen AC und DC realisiert werden, weil anderenfalls keine Arbeitssicherheit auf der DC-Seite garantiert werden kann.

- Wenn man von sicheren 100 Volt und technisch noch angenehmen 20 Ampere ausgeht, sollte ein Stringwechselrichter maximal 2 kW verarbeiten können.

- Anlagen müssen sich im laufenden Betrieb erweitern und auch verkleinern lassen.

- Hieraus ergibt sich, dass für sich entwickelnde Länder folgende Größen sinnvoll wären: 100 Watt, 200 Watt, 500 Watt, 1 kW und 2 kW. Da Minigrid-Wechselrichter problemlos parallel geschaltet werden können, lassen sich alle Leistungsanforderungen (bis in den Megawattbereich hinein) mit minimalem Aufwand erfüllen.

- Wechselrichter für ein Minigrid müssen bis zu 500 Millisekunden mindestens um den Faktor zehn (Einschaltstrom elektrischer Maschinen) überlastbar sein; dies könnte mit Kleinbatterien oder (Super-)Elkos realisiert werden.

- Die Wechselrichter müssen sowohl mechanisch als auch elektrisch absolut robust sein.

- Der interne Aufbau der Wechselrichter muss modular sein, damit Reparaturen per Komponentenaustausch möglich sind (Kannibalisierung)

- Wechselrichter für den 37°-Gürtel müssen zumindest staubdicht und sprühwasserfest sein. Daher eventuell Kühlkonzepte mit Wasserkühlung oder Heatpipe plus Lüfter.

- Im 37°-Gürtel sind Temperaturen von 40 bis 50°C im Schatten keine Seltenheit (manch gängiger Wechselrichter stellt hier seine Funktion schon ein.

- Installation, Wartung (und möglichst auch die Reparatur) müssen so einfach sein, dass ein maximal 5-tägiger Kursus das gesamte notwendige Wissen vermitteln kann.

Dreiphasiges Minigrid

Da ein einphasiges Minigrid einfacher zu verwalten ist, als ein dreiphasiges Netz, wird man allgemein einphasige Minigrids bevorzugen. Wenn die Ströme anfangen ‚unhandlich' zu werden, wird man das einphasige Minigrid in mehrere autonome Minigrids aufspalten. Wenn man jedoch größere elektrische Maschinen versorgen muss, wird man um die Einrichtung eines dreiphasigen Minigrids nicht herum kommen.

Die kleine elektronische Schaltung, die die Vorgabe für die Kurvenform macht, gibt nicht nur ein sinusförmiges Signal ab, sondern drei, die jeweils um 120° gegeneinander verschoben sind. Im Verbundnetz ist man immer bestrebt, dafür zu sorgen, dass die Belastung der drei Phasen annähernd gleich ist (ein zu starkes Ungleichgewicht könnte die Generatoren beschädigen). In einem dreiphasigen Minigrid ist das ein wenig anders, denn die pro Phase erzeugte Leistung darf und kann deutlich unterschiedlich sein.

Es muss also auch dreiphasige Einschaltboxen geben. Wenn die dreiphasige Maschine damit klarkommt, dass die Spannungen auf den drei Phasen unabhängig voneinander um +/-10% schwanken können, gibt es kein Problem (die Maschine wird abgeschaltet, wenn eine der Spannungen unter den vorgegebenen Abschaltwert fällt). Falls die elektrische Maschine derartige Spannungsunterschiede nicht verträgt, muss die Regelung der Vorgabekurve etwas komplizierter werden (eine robustere Maschine wird wahrscheinlich billiger sein).

Index